The Ontology of Aesthetic Object

The Phenomenological Interpretation on Dufrenne's
Phenomenology of Aesthetic Object

浙江省哲学社会科学规划课题成果

审美对象存在论

——杜夫海纳审美对象现象学之现象学阐释

张云鹏　胡艺珊　著

中国社会科学出版社

图书在版编目（CIP）数据

审美对象存在论：杜弗海纳审美对象现象学之现象学阐释 / 张云鹏，胡艺珊著 . —北京：中国社会科学出版社，2011.9

ISBN 978 - 7 - 5004 - 9976 - 3

Ⅰ. ①审… Ⅱ. ①张…②胡… Ⅲ. ①现象学 - 美学 - 研究 Ⅳ. ①B83 - 069

中国版本图书馆 CIP 数据核字（2011）第 143289 号

责任编辑 郎丰君
责任校对 张丽霞
封面设计 杨　蕾
技术编辑 戴　宽

出版发行	中国社会科学出版社		
社　　址	北京鼓楼西大街甲 158 号	邮　编	100720
电　　话	010 - 84029450(邮购)		
网　　址	http://www.csspw.cn		
经　　销	新华书店		
印　　装	三河君旺印装厂		
版　　次	2011 年 9 月第 1 版	印　次	2011 年 9 月第 1 次印刷
开　　本	710×1000　1/16		
印　　张	21		
字　　数	313 千字		
定　　价	39.00 元		

前　言

　　杜夫海纳审美经验现象学的理论体系包含了两个主要的相关部分：审美对象现象学和审美知觉现象学。胡塞尔在他的意向分析中曾明确强调意向对象对意识作用的优先地位；《审美经验现象学》英译本"前言"的作者爱德华·S. 凯西也认为现象学方法对研究经验的对象或内容要比对行为的经验本身更完备；从杜夫海纳审美经验现象学理论体系两个主要构成部分的比较来看，也充分显示了上述论断的正确性。所以笔者选审美对象现象学作为对杜夫海纳美学思想研究的第一步。

　　本书是对杜夫海纳审美对象现象学的现象学阐释。现象学阐释的宗旨、意图和目的，就是立足于现象学的基本精神、原理和方法对杜夫海纳的审美对象现象学进行检讨、批判和重构。毫无疑问，杜夫海纳是现象学美学最具代表性和实绩性的理论家，他在现象学精神和方法指导下对"事情本身"——审美经验（审美对象现象和审美知觉现象）的回溯是彻底的，他的理论构架是合乎研究对象之理的，他所提出的许多美学命题是包含着深邃的理论意蕴的，他的诸多具体的论述既具有逻辑的严密性又具有艺术的灵性。但是，如果不是对他的现象学美学作亦步亦趋注疏式的研究，如果企图站在现象学哲学的高度对他的现象学美学做出新的现象学的阐释，那么，我们就会发现他的美学理论的确存在着诸多遗漏、不完善甚至不严谨的方面和地方。假如笔者对其美学理论的现象学阐释是彻底的，那么本书在实质上就从对杜夫海纳现象学美学的研究转变为对其美学的现象学的研究上来了。

　　在全面理清杜夫海纳审美经验现象学与胡塞尔、海德格尔、梅洛－庞蒂等现象学诸家思想所具有的深层学术关联的基础上，本书以"存在"为核心重构了审美对象现象学的理论构架：如何、是、什么。

"如何"即审美对象的存在方式。所谓"存在方式",即对象"如何存在"、"怎样存在"。这种"如何"、"怎样"决定了对象的"存在形态"。简言之,审美对象的"如何是"决定了它的"是什么"。断言审美对象是"纯粹知觉"对象就已经表明了它的存在方式,这就涉及了"意向性"。对意向性可做不同的理解:纯粹意识意向性、知觉意向性、纯粹知觉意向性。很显然,审美对象是纯粹知觉意向性的相关项。由此得出审美对象的存在方式的具体含义是:"自在——自为——为我们"的准主体。审美经验中审美对象的显现过程就是由纯粹意识意向性对象向知觉意向性对象再到纯粹知觉意向性对象的还原过程。

"什么"即审美对象的存在形态。审美对象作为"纯粹知觉"对象这样一种存在方式,也就必然决定了它的存在形态是"感性",所以说"审美对象是感性的辉煌呈现"。在"艺术作品——审美对象——审美知觉"这个理论框架中考察"感性",可以看出,审美对象作为纯粹感性是在审美知觉与艺术作品之间的意向性活动中得以显现的,在此,显现与存在同一。因此,审美对象的感性是存在性感性。

作为存在性感性,审美对象包含三个构成要素:形式、意义、世界。

审美对象的生成,有赖于相应的"材料"(客体)和特定的"主体",因此,"材料"(客体)和"主体"构成了审美对象的两极。与此相应,审美对象形式论的理论框架中便包含了"客体(物)"、"审美对象"、"主体"三个要素,这三个要素分处两个层面:现实层面、审美层面,在每一层面上且各有其形式方面。就审美对象自身的形式而言,由上到下、由内到外包含着形上层、本质层、形相层三个层次。由此可以见出审美对象形式的生成在主客之间、在材料和对象之间,最终显现为一个整体。因此,从存在论的角度可以说,审美对象的感性是形式感性;与此相应,审美对象的形式则是感性形式。如果说形式感性强调的是形式对审美感性的生成作用,那么感性形式则是强调审美感性对形式的生成作用——形式在感性中。

现象学的现象与本质是统一的,而这个统一的"单元"就是意义,由此可见"意义"在现象学中的地位和重要性,对现象学美学来说,亦应作如是解。以主客二分为参照,可把人与世界的关系分为如下三个层次:前主客关系、主客关系、超主客关系。这是意义分层理论的根据。把意义与不同层次的意向性——纯粹意识意向性、身体意识意向性、自由意识意向性——相关联，可见出不同层次上意义的发生机制、存在形态及其特点。而审美对象意义的发生过程明显是一个由主客层次向前主客层次再到超主客层次回溯的还原过程，因而其意义的存在形态是纯粹感性的，纯粹感性的意义具有多样性、暧昧性、深刻性之特点。

对于现象学来说，世界观念的根源在于主体性。据此，"生活世界"是身体主体性的相关项，"科学世界"是意识主体性的相关项，"审美世界"是自由主体性的相关项。时间和空间是世界的经纬，这就是说世界的构造源于时间意识和空间意识。据此，不同的时间意识和空间意识会以其特有的意向性构造出不同的世界。艺术品与纯粹知觉的相遇，通过时间的时间化、空间的空间化、时间的空间化、空间的时间化，最终构造了审美对象特有的世界。

"是"就是存在，即审美对象的存在本性。真、善、美是审美对象存在本性集中、典型、充分的体现，真展现为"真实性"，善展现为"表现性"，美展现为"自然性"。

审美对象的真实性问题，更为本质地说是一个真理问题。在人与世界不同层次的关系中，真理具有不同的含义。在主客关系层次，真理表现为两者在认识上的符合；在前主客关系层次，真理表现为此在生存的展开；在超主客关系层次，真理表现为存在的自由。形式、主体和内容的真实，是经验层面的证明。情感特质作为主体先验是审美对象可能性的条件，同时又是审美对象的构成因素。这是先验层面上的证明。从人类学的角度看，人在世界中生存。这不仅仅意味着不同的主体或在审美世界中或在现实世界中，而更重要的是意味着同一个主体在两个世界之间的生存运动：或是从现实到艺术，或是从艺术到现实。借助于欣赏者，审美对象以其真实性促使我们完成构成一种现实性的运动；借助于创作者，现实以其现实性促使我们完成构成一种审美对象真实性的运动。从本体论的角度看，存在先于主体和客体，并奠定主体和客体的基础，使主客体的亲缘关系成为可能。因此，存在于主体和客体中的情感先验也就是本体层次上的存在先验。

审美对象是作为一个"自在—自为"的感性整体在世界之中存在的。因此，此在的特征在一定意义上也就是审美对象这个"准主体"的特征。与此在相比，其特殊性在于，审美对象总是个性地、风格化地存在，在审美对象这里，没有平均状态的"常人"，只有天马行空的"这一个"；审美对象没有日常生活，只有辉煌的节日。"在世界之中"表明的是审美对象的一种存在性质——表现，表现就是审美对象的展开状态，就是它的类似于此在的"此"。审美对象的表现，其具体展开则有超越、表演、言说等方式，最终则趋向建立世界。审美对象的表现性当然是主体表现性，但最终展现为存在的表现。从语言存在论的角度看，审美对象的言说是对存在召唤的应合。

自然对象、实用对象和技术对象向审美对象的转化需要一个中介环节——艺术作品，无论何种对象，当作为艺术品诉诸审美知觉而显现为辉煌的感性时，审美对象就"是"自然。

"审美对象就是自然"含义有三：一是作为自在的自然，它是物；二是作为自为的自然，它具有表现力；三是感性存在的自然。作为本体层次上的自然，这个自然具有表现力且是自然的。在此，具有表现力的是必然性，必然性自己表现自己，而自然就是必然性。审美对象存在的自然性可进一步具体地显现为深度、奥秘乃至神性。审美对象因为是自然的，所以它不仅显示出物性（此岸—现实性），而且闪耀着神性（超越性）和神圣性（彼岸—理想性），它以有限通向了无限，它以瞬间蕴含了永恒，这就是审美对象向人开显的本然世界、澄明之境——"大地—天国—家园"。

以上是对本书内容的简要勾勒。与上述内容相应，本书建构了由审美对象的"主体现象学"、"感性现象学"和"存在现象学"所构成的一个更为严谨的审美对象现象学的理论体系。

目　录

第一章

审美对象的存在方式

第一节　审美对象作为纯粹知觉对象

一、知觉对象

论审美对象，从论证的次序上看，首先要问的是审美对象的存在方式，其次才是它的存在形态。如果审美对象的存在方式尚在晦暗不明之中，那么它的存在形态也必然是晦暗不明的，由此我们也就没有充分根据、理由和方法去区分审美对象与其他对象。如此必将导致这样一种处境：我们处在"对象域"的混沌当中，美学将因此丧失它存在的权利了。

所谓"存在方式"，其基本的意思是说对象"如何存在"、"怎样存在"。这种"如何"、"怎样"决定了对象的"存在形态"。简言之，审美对象的"如何是"决定了它的"是什么"。

审美对象如何存在呢？杜夫海纳的《审美经验现象学》通篇涉及了这个问题。从全书的框架看，"审美对象的现象学"和"审美知觉的现象学"是本书的两个基本组成部分，这就从理论体系的构架上确定了审美对象与审美知觉具有现象学意向性的基本结构：意向行为——意向对象。在这里，意向行为指的就是审美知觉，意向对象指的就是审美对象。当然，在《审美经验现象学》的不同章节对审美对象作为知觉对象的存在方式是有着不同的表述的，但我们可以在这里对种种表述之间的细微差异作出厘清。

我们知道，杜夫海纳《审美经验现象学》的逻辑起点是艺术作品。这样的一种做法，表现在审美对象的定义上，便是从艺术作品出发。当然这样做与审美事实的差异以及可能引起的误解，杜夫海纳是非常清楚的。从审美事实上来看，艺术作品并不涵盖全部审美对象。但从艺术作品出发界定审美对象却可能使人产生把审美对象和艺术作品等量齐观的误解。而他之所以冒着上述危险仍从艺术作品出发界定审美对象的理由是：其一，艺术作品的存在是无疑的；其二，以此描述的审美经验是典型的、最纯粹的、或许是历史上最早的；其三，对自然进行的审美化会给审美经验提出一些既是心理学的又是宇宙论的问题，有超出审美经验现象范围的危险。总之，这样做就是为了追求描述纯粹审美经验这样一种理论本身的自洽。通观《审美经验现象学》一书，杜夫海纳是完满地做到了这一点的。清楚了这一点，我们就可以来看他是怎样对审美对象的存在方式作出规定的。

在《审美经验现象学》"引言"部分，在论述审美对象与艺术作品差别的时候，杜夫海纳说：

"审美对象乃是作为艺术作品被感知的艺术作品，这个艺术作品获得了它所要求的和应得的、在欣赏者顺从的意识中完成的知觉。简言之，审美对象是作为被知觉的艺术作品"。① 他在这里的意思是说，审美对象和艺术作品两者都是具有同样内容的意识对象，但又因意识作用不同而相异。当意识作用表现为"审美知觉"的方式时，艺术作品便显现为审美对象。当意识作用表现为"一般知觉"或其他的方式时，艺术作品仅作为世界上的一种存在物而存在。在第一章"审美对象和艺术作品"中，又有专论审美对象与艺术作品文字。其所表达的意思与上述是一致的："审美对象丝毫不是别的，只是为了自身的缘故而被感知的艺术作品。"② 而"艺术作品就是审美对象未被感知时留存下来的东西——在显现以前处于可能状态的审美对象"。③ 在《美学与哲学》"审美价值"一文中，他也曾说，艺术作品"期待公平对待它的知觉。这就是说，它主要的是作为知觉的对象。它在完满的感性中，获得自己完满的存在、自己的价值的本原"。④ 至此，有

---

① ［法］杜夫海纳：《审美经验现象学》，韩树站译，文化艺术出版社 1996 年版，第 8 页。
② 同上书，第 41 页。
③ 同上书，第 39 页。
④ ［法］杜夫海纳：《美学与哲学》，孙非译，中国社会科学出版社 1985 年版，第 24 页。

两点对我们来说是明确的：一、艺术作品未被感知时是一存在物（也可以说是潜在的审美对象），二、审美对象的显现就是在艺术作品之上加上审美知觉。这第二点实际上已经在说明审美对象如何显现了。但杜夫海纳在第一章"审美对象和艺术作品"中，借助于"表演"这个概念对审美知觉、审美对象的显现做了更形象的说明："当作曲家的工作完毕时，表演者的工作开始了。因为，作品是完成了，但尚未上演，尚未呈现。……因此，音乐作品只有演奏时才是音乐作品：它就是这样呈现的。……通过演奏给它增添了些什么呢？什么都没有，但有什么都有：它有了被人听到的可能，即以它特有的方式呈现在意识中，并有成为这个意识的一个审美对象的可能。"① 在第二章"作品及其表演"中杜夫海纳更为明确地说："作品必须呈现于知觉。它必须经过表演才可以说从潜在存在过渡到显势存在。"② 而像朗读诗歌、阅读小说，在杜夫海纳看来，则是"表演"或"呈现"的一些特定方式。这里所谓"呈现"指的就是审美对象的存在，"呈现于知觉"就是指审美对象的存在方式。由此得出的结论就是：审美对象实质上是知觉对象。"知觉对象"在此有两种含义：一是知觉对象，指对象之存在方式；一是知觉对象，指对象之存在形态。在阐述审美对象存在方式的时候，我们自然取"知觉对象"的第一种含义：知觉对象。

二、纯粹知觉对象

但我们必须马上做一点补充，"知觉对象"之"知觉"指的是"审美知觉"。什么是审美知觉呢？在回答这个问题前，必须注意到杜夫海纳在《审美经验现象学》中，论述审美对象和审美知觉的关联时是存在着循环论证的。他一方面指出审美对象的标准构成了审美知觉的标准："审美对象的标准，乃是它那渴求绝对的意志。它只有说出并达到这个标准才反过来成为审美知觉的标准。审美对象为审美知觉提出的一项任务，正是不带任何成见地去接近对象，尽可能信任它，将它置于能够证实自己存在的地

---

① ［法］杜夫海纳：《审美经验现象学》，韩树站译，文化艺术出版社 1996 年版，第 28—29 页。

② 同上书，第 43 页。

位。"① 另一方面他又说审美对象是知觉对象。从审美对象说起，是杜夫海纳走出循环所遵循的途径。而如果从审美知觉出发，杜夫海纳担心，就要把审美对象从属于审美知觉，结果是赋予审美对象一种宽泛的意义。这是杜夫海纳所明言的，但在我看来，杜夫海纳虽未明言但更为主要的担心是，从审美知觉出发容易滑向胡塞尔所一直坚持批判的心理主义。这种担心，在我看来是多余的，因为无论审美对象还是审美知觉都是在审美活动中生成的，而非既成的。两者在审美活动中相互关联共同生成。所以，在理论上从任何一方说起都无不可，但这并不意味着已经走出了循环论证。当然，杜夫海纳说过现象学接受这种循环，因为他认为"这个循环集中了主体——客体关系的全部问题。现象学接受这种循环，用以界定意向性并描述意识活动（noesis）和意识对象（noema）的相互关联"。② 在我看来，接受这种循环并在审美对象和审美知觉之间进行循环论证仅限于在"意识活动——意识对象"层面上进行，一旦回溯到前"意识活动——意识对象"层面，这个循环便自行突破了。正如海德格尔在《艺术作品的本源》中所做的，既非艺术家使艺术品成为艺术品，也非艺术品使艺术家成为艺术家，而是"艺术"使他们分别成为艺术家和艺术品。海德格尔在此提出了一个存在性的"艺术"概念，来突破艺术家和艺术品的循环论证："艺术家和作品都通过一个最初的第三者而存在。这个第三者才使艺术家和艺术作品获得各自的名称。那就是艺术。"③ 杜夫海纳在《审美经验现象学》第四编"审美经验批判"中同样提出了一个第三者的概念——存在性的"情感先验"。正是存在性的"情感先验"使审美对象成为可能、使审美知觉成为可能、使审美经验成为可能。在"情感先验"的层面上，杜夫海纳走出了审美对象与审美知觉的循环。由于本节的重点在分析审美对象存在的方式，所以，不可能在此对"情感先验"展开论述。在此，只需把"情感先验"使审美对象和审美知觉成为可能作为一个前提接受下来，然后我们来径直探讨什么是审美知觉。

---

① ［法］杜夫海纳：《审美经验现象学》，韩树站译，文化艺术出版社 1996 年版，第 19 页。
② 同上书，第 4 页。
③ ［德］海德格尔：《林中路》，上海译文出版社 1997 年版，第 1 页。

　　杜夫海纳把审美知觉称为"构成审美经验的鉴赏判断"，然后，他像康德在《判断力批判》中分析鉴赏判断的特点时所做的那样，首先把鉴赏判断与"表示我们的特殊趣味即肯定我们的爱好的那些判断"作出了区分。趣味、爱好不是审美知觉的有机部分，因而也不是审美经验的构成要素，它虽然给审美经验涂抹上一种个人的色调，但是在审美上仅具有相对性。甚至它有可能影响或遮蔽知觉，因为它们的目的不像知觉那样在于把握审美对象的实在。而审美知觉是构成审美经验的基本要素，它具有普遍有效性，因为它让对象去叙说。

　　在作了这样的区分之后，杜夫海纳对审美知觉作出了如下的描述："它是典型的知觉，纯粹的知觉，其目标只是自己的对象，并不把自己融合到行动当中去。"① 这样的描述当然是非常模糊的。在"意向性与美学"一文中，杜夫海纳对其作了更详细的说明："审美知觉是极端性的知觉，是那种只愿意作为知觉的知觉，它既不受想象力的诱惑，也不受理解力的诱惑。想象力引人围绕着眼前的对象胡思乱想，理解力则引人将眼前的对象纳入概念的确定性以便掌握它。一般知觉一旦达到表象，就总想进行智力活动，它所寻求的是关于对象的某种真理，这就可能引起实践，它还围绕对象，在把对象与其他对象联系起来的种种关系中去寻求真理。而审美知觉寻求的是属于对象的真理、在感性中被直接给予的真理。全神贯注的观众毫无保留地专心于对象的突出表现，知觉的意向在某种异化中达到顶点。这种异化可以与完全献身于创作要求的创作者的异化相比较。我们敢说，审美经验在它是纯粹的那一瞬间，完成了现象学的还原。对世界的信仰被搁置起来了，同时，任何实践的或智力的兴趣都停止了。说得更确切些，对主体而言，唯一仍然存在的世界并不是围绕对象的和在形相后面的世界，而是——这一点我们还将探讨——属于审美对象的世界。"②

　　上述所引两段话，其要点有二：一是审美知觉是纯粹的知觉（所谓"典型的知觉"、"极端的知觉"、"作为知觉的知觉"其意与"纯粹的知觉"同）；二是审美知觉其目标只是自己的对象。所谓"纯粹的"不能放

———————

① ［法］杜夫海纳：《审美经验现象学》，韩树站译，文化艺术出版社 1996 年版，第 22 页。
② ［法］杜夫海纳：《美学与哲学》，孙非译，中国社会科学出版社 1985 年版，第 53 页。

在胡塞尔现象学的框架里来理解。"纯粹"在胡塞尔那里首先意味着对经验内容的排斥和对本质要素的诉诸；其次意味着对外部世界之存在的搁置和向意识本身的回溯。而在杜夫海纳这里，"纯粹知觉"是相对于普通知觉而言。这就涉及两者之间的差异，在杜夫海纳看来，就意识样式之间的关系看，普通知觉一旦达到表象就会转向认识活动（理解、思考）和实践活动（行动）。而审美知觉则只愿意作为知觉停留于自身，并不向想象、理解、行动等其他意识样式转化，所以它是纯粹的、典型的、极端的知觉。

就两者与其对象的关系看，普通知觉的对象是外部世界的现实对象，但对象的存在尚未完全呈现出来，尚未达到辉煌的感性。知觉主体还带着此前所获得的知识与对象会面，并去寻求关于对象的真理。这样，知觉意识便开始向智性意识滑动，知觉对象也就随之转化为理解和意志、思考和行动的对象。普通知觉从对象走向世界，但这个世界是存在于对象之外的。审美知觉的对象在知觉主体面前达到完完全全的呈现，显现与存在完全同一。审美知觉的目标只是自己的对象，它拒绝想象力和理解力的诱惑，从容不迫，深入考察对象，以便通过感觉去发现一个对象内部的世界。在这个过程中，对象始终是知觉的对象。

综上所述，普通知觉与审美知觉的区别可作如下概括：普通知觉因含有智性、想象、行动的残渣或向这些意识样式转化的趋势，故尚不纯粹。而审美知觉因排除了智性、想象和行动的诱惑，坚守住自己的阵地，已为纯粹的知觉本身。由此我们可以看出，杜夫海纳所谓"纯粹的"虽然诉诸本质，但并不排斥经验的内容；虽然对外部世界的存在进行悬置，但并不是回溯到纯粹意识，而是回溯到纯粹知觉。

杜夫海纳所说的"审美经验在它是纯粹的一瞬间，完成了现象学的还原。对世界的信仰被搁置起来了，同时，任何实践的或智力的兴趣都停止了"指的就是知觉的纯化过程。一句话，在杜夫海纳那里，纯粹知觉是现象学还原之后的剩余者——"纯粹知觉意识"。而纯粹知觉意识总有它的相关物——纯粹知觉对象：审美对象。至此，我们就可以对审美对象的存在方式作更准确的表述：审美对象是纯粹知觉对象。

这个命题包含了三层意思：其一，意识活动——意识对象；其二，知觉意识——知觉对象；其三，纯粹知觉——纯粹知觉对象。这三层意思层层递进且都指向一个共同的概念：意向性。如果从审美对象存在方式的角度解读这个命题的话，那么，可以说审美对象是一个纯粹知觉意向性对象。所以，为了更清楚地说明审美对象存在的方式，我们必须回到"意向性"这个现象学的核心概念上来。

第二节　纯粹意识意向性

一、"意向性"含义

在经过了本质还原和先验还原之后所剩余的纯粹意识所具有的一个本质特性便是意向性。胡塞尔就此写道："意向性是一般本质体验领域的一个本质特性，……意向性是在严格意义上说明意识特性的东西。"① 意向性理论是胡塞尔现象学的核心理论，有人这样说过："胡塞尔是一个有体系的思想家，他把认识论、本体论、逻辑和现象学联系起来，并作为一种方法论，发展了这些学说。几乎所有这些工作的基础，是他的意向性理论。"② 胡塞尔自己也说过，现象学，不论作为意识的哲学理论，还是作为对人类意识提供描述的特殊形式，简单说就是意向性的理论。"意向性这个概念涵盖了现象学的全部问题"。③

意向性一词来源于拉丁文 Intendere ，意思是"指向"。作为一个哲学概念则出自中世纪哲学，而胡塞尔则是直接从他老师布伦塔诺那里接受了这一概念。布伦塔诺把全部世界现象分为物理现象和心理现象，在他看来，物理现象无所谓真假，而只有心理现象是自明性知觉的对象，心理现象的总特征就是"意向性"。布伦塔诺在《从经验的观点看心理学》一书中指出："中世纪经院哲学用关于某个对象的意向（或精神）中存在这个

---

① ［德］胡塞尔：《纯粹现象学通论》，李幼蒸译，商务印书馆1992年版，第210页。
② David woodruff smith and Ronald McIntyre《Husserl and Intentionality》，转引自章启群：《哲人与诗》，安徽教育出版社1994年版，第59页。
③ ［荷］泰奥多·德布尔：《胡塞尔思想的发展》，李河译，生活·读书·新知三联书店1995年版，第5页。

概念来指示任何心理现象，而我们则把它称为——尽管如下说法不无含糊之处——对于某内容的关联性，对于某对象的指向性（在这里，它不应被理解为某种实在物），或一种内在的对象性。每个心理现象都以不尽相同的方式包含着作为其自身内部对象的某物：在一个表象中某物被呈现着，在一个判断中某物被肯定或否定着，在爱中某物被爱着，在恨中某物被恨着，在欲望中某物被渴望着，诸如此类。"① 在这段论述中，包含着两个意思：第一，心理现象包含着某个内容，这个内容被确切地界定为意向性的、内在的或精神的；第二，心理现象对于某个内容的指向性。

胡塞尔继承了布伦塔诺指向性的见解，他把意向性定义为：意识总是"关涉于某物的意识"，它总是意指着某物，"以不同方式与被设想的对象发生联系"。意向性的另一种表达是"思"，而"思"总是有它的"所思"，即以经验、思维、情感、意愿等方式"意识地拥有某物"。胡塞尔在《纯粹现象学和现象学哲学的观念》第一卷中就意向性写道："我们把意向性理解作一个体验的特性，即'作为对某物的意识'。我们首先在明确的我思中遇到这个令人惊异的特性，一切理性理论的和形而上学的谜团都归因于此特性：一个知觉是对某物的、比如说对一个物体的知觉；一个判断是对某事态的判断；一个评价是对某一价值事态的评价；一个愿望是对某一愿望事态的愿望，如此等等。行为动作与行为有关，做事与举动有关，爱与被爱者有关，高兴与令人高兴之物有关，如此等等。在每一活动的我思中，一种从纯粹自我放射出的目光指向该意识相关物的'对象'，指向物体，指向事态等等，而且实行着极其不同的对它的意识。"②

胡塞尔虽然接受了布伦塔诺关于意识具有指向性的观点，但胡塞尔不是根据意识所指向的对象，或伴随意识指向动作的实际精神观念说明意识的意向性，而是根据意识所指经的抽象的内涵结构来说明意识的意向性。如果说布伦塔诺的意向性是一种心理的意向性，那么胡塞尔的意向性则是一种意义的意向性。也就是说，意向性不是在实际的意义上指明作为心理

---

① ［德］布伦塔诺：《从经验的观点看心理学》，转引自泰奥多·德布尔：《胡塞尔思想的发展》，生活·读书·新知三联书店1995年版，第7页。

② ［德］胡塞尔：《纯粹现象学通论》，李幼蒸译，商务印书馆1992年版，第210—211页。

事件的体验与作为事实存在的对象之间的关系，那被指向的对象既非实在
地存在于意识之外，而意识只需被动地去加以占有就可以了，亦非真实地
存在于意识之内，如同装在一个容器里面。毋宁说，意识是自己建构其对
象的，而这个对象只是依赖于意识的建构行为的"意向客体"、"意向对
象"、"意识的充分相关物"。这便意味着意识当它和实在没有关系时仍然
是自身完整的，因此，意识能够拥有纯粹的意向性和纯粹的活动。在胡塞
尔看来，意向性就是意识的纯粹本质，是那种先天地、无条件必然地被包
含在本质中的东西，它实际上就是纯粹意识的先验结构。这个结构先验地
决定了意识体验的本质内容以及对象在意识体验中的建构和存在方式。由
于胡塞尔经历了由心理学的现象学向先验现象学的转折，所以他对意识的
意向性分析也表现在两个领域。法国现象学家保罗·利科在《纯粹现象学
和现象学哲学的观念》第一卷法译本译者导言中曾评价说："意向性可以
在现象学还原之前和之后被描述：在还原之前时，它是一种交遇，在还原
之后时，它是一种构成。它始终是前现象学心理学和先验现象学的共同主
题。"①

二、意向行为——意向内容——对象

现象学心理学的代表作是《逻辑研究》，在《逻辑研究》中，胡塞尔
所描述的意识活动的结构是："意向行为——意向内容——对象"。意向行
为即意识活动本身，意向内容则是指意向行为所表达的意义，而对象则是
意向行为通过意向内容所指称的客体。由于在《逻辑研究》中胡塞尔对意
向性问题的探讨是从表达入手的，所以胡塞尔才这样说："每个表述都不
仅表述某物，而且它也在言说某物；它不仅具有其含义，而且也与某些对
象发生关系。"②"表述是借助于它的含义来称呼（指称）它的对象"。③
　　胡塞尔从内容的角度区分了意向行为和意向内容，他所提出的概念是

---

① ［法］保罗·利科："法译本译者导言"，见胡塞尔《纯粹现象学通论》，李幼蒸译，商务
印书馆 1992 年版，第 476 页。
② ［德］胡塞尔：《逻辑研究》，见倪梁康选编：《胡塞尔选集》（下），上海三联书店 1997
年版，第 795 页。
③ 同上书，第 798 页。

"实在的（real）和意向性的（intentional）内容"。意识行为的实在内容指的是发生在意识的内时间中的实际的过程方面，这是一种属于并且只属于这一个行为的特殊事实，是某些"真实的"实体在当下意义上适合于意识构成的东西。意识行为的意向性内容是一个"理念的"或抽象的实体，是一种普遍性的"意向性本质"。一个意识活动的实在的内容，在每一个境况中把一个理念的或抽象的东西具体化。一个意识活动的实在的内容因而是这个意识活动字面上体现的部分，是一个具体的实例。而意向的内容不是直接地存在于意识活动中。实际上意识活动的意向的内容就是意识活动的含义或意义。我们可以看出，意识活动的实在的内容就是意向行为的内涵，意识活动的意向的内容就是意向内容。

1. 意向行为

意向行为即意识活动本身。在这里，我们发现意识活动包含两个层次，一个是材料层次（包括感觉材料和想象材料），如色彩感觉、声音感觉等；一个是意向活动层次，在这一层次上所进行的是意义给予，即激活材料并赋予材料以意义，胡塞尔又称其为"意指"。更明白地说，意向行为在活动的层次上所做的工作就是组织、整理、解释感性材料，并使之作为意向内容而指向对象。人们可以这样理解，同一意向的行为相对于意向的对象而言起表象的作用（是进行知觉、想象、反映的意向），相对于属于实有行为的感觉而言起把握、解释、统觉的作用。

意向行为的意指过程，具有性质（qualitaet）和质料（materie）两个方面："前者随情况的不同而将行为标识为单纯表象的或判断的、感受的、欲求的等等行为，后者将行为标识为对这个被表象之物的表象，对这个被判断之物的判断等等。"① 可以看出，"性质"即使一行为为该种类行为的东西，或者说，是行为中决定这个行为是什么类型的行为的那种内在规定性。更简单地说，性质就是意向活动指向对象的方式。如对于同一房屋对象我们可以有"正看着"、"回忆中看着"、"想象中看着"三种不同种类

---

① ［德］胡塞尔：《逻辑研究》（第二卷·第一部分），倪梁康译，上海译文出版社 1998 年版，第 447 页。

的行为。而"质料"则是行为中确定哪一个是被意向的对象的那种要素，是使意向行为从一定角度或在一定意义上意指一对象的意识行为成分。质料不仅可使行为指向客体，而且使其以一定方式指向客体。它被看作是"在行为中赋予行为以与对象之物的关系的东西，而这个关系是一个具有如此确定性的关系，以至于通过这个质料，不仅行为所意指的对象之物一般得到了牢固的确定，而且行为意指这个对象之物的方式也得到了牢固的确定"。① 性质和质料相结合形成了意向行为的意向本质。质料告诉我们把对象作为"什么"来理解，性质则表明我们"如何"理解它。意识行为的性质和质料是互为依存、不可分离的。

2. 意向内容

意向内容乃是意识活动的含义或意义。对于什么是意义，胡塞尔是从语言表达入手进行探讨的。表达是有意义的符号，但这意义并非符号本身固有的，符号本身只是物理现象——语音或字，唯有凭借意识的一个授予意义的行为，这种无意义的物理现象才获得意义，从而成为表达。一个表达式所表达的东西有三个方面：第一，作出这一表达的心理体验，主要是意识中的意义授予行为，有时还包括意义充实行为；第二，这个表达式的意义，即上述意义授予和意义充实行为的内容；第三，通过表达式的意义所指向的对象。我们可以看出，在一个语言表达式中包含着三个环节：表达——意义——对象。它与意识活动所包含的三个环节（意向行为——意向内容——对象）是恰相对应的，意向内容对应着意义。

在语言表达式中探讨意义是什么，胡塞尔首先所做的是主张意义不是什么。意义不是表达式所指示的对象，不是表达主体的心理体验，而是处在这两者之间的一种东西，主体的心理行为借之而指向对象。在说明意义不是什么之后，胡塞尔正面阐述了意义是什么，当然他的阐述是非常繁复的，概要说来，他的意思是：意义是表达体验的理想内容、逻辑内容，是理想统一体，是构成"一般对象"意义上的一类概念。据此我们大致可以

---

① ［德］胡塞尔：《逻辑研究》（第二卷·第一部分），倪梁康译，上海译文出版社 1998 年版，第 450—451 页。

确定，胡塞尔所理解的意义是指显现在表达行为中的某种恒定不变的内容，是一种理想的客观化的单元。

虽然胡塞尔是从语言入手来探讨意义的，但这并不意味着意义的存在依赖于语言。意义有自己的存在和呈现的领域，它是一种先于语言的东西。具有意向性结构的意识行为包括知觉、记忆、想象等各个行为层次，表达只是与它们平行的一个行为层次。每个行为层次均有其意向结构和相应的意义，但这些意义在获得语言表达之前是非概念的。胡塞尔曾说"表达"是一个特殊形式，它可适应于一切"意义"，并将其提升到"逻各斯"、概念物因而也是"普遍物"的领域。也就是说，作为一种特殊的意识行为，语言表达有其独特的意向结构，这种意向结构可以赋予意识内其他一切层次的行为内容即意义以相应的概念形式，并显示在自己的行为内容中，从而把这些非概念的意义转变为概念性的意义。所以，表达不是生产性的，表达式的意义仅是内在意识行为的意义的一种概念性显示。所以，对表达式意义的探讨又使我们回到纯粹意识的一般结构上来，意义即意识结构中的意向内容。

需要说明的是，《逻辑研究》时期，胡塞尔对意识一般结构的分析其中心点放在"意向行为"上，即研究意识行为本身的本质要素及其本质结构。而"对象"在他看来不在现象学的范围之内，在现象学的先验还原中对象已被悬搁。所以，在对意义的理解上，他也是偏向于意义的意向活动方面，即意义与意指的关系。

三、意向作用——意向对象

在《纯粹现象学和现象学哲学的观念》第一卷（以下简称《观念1》）中，胡塞尔正式提出了后期纯粹意识结构分析的成熟概念：noesis 和 noema。noesis 可译作意识活动、意向活动、意识行为、意向作用，noema 可译作意识对象、意向对象、意向内容。《观念1》所描述的意识结构是：意向作用（noesis）——意向对象（noema）。意向作用是一切客体化行为的总称，意向对象则是此类行为的一切对象的总称。后者是被意向者，前者是意向着对象者。总之，noesis 和 noema 就是意向行为中的意识本身和意识的相关物。如同在《逻辑研究》中所做的一样，在《观念1》中，他对两者作出了基本的区别，"即在意向性体验的固有组成成分和其意向性相关物或其组成成分之间的区别"①。作为真实的体验成分的是意向作用，作为意向的体验成分的是意向对象。

1. 意向作用（noesis）

意向体验中的真实的组成成分包含着两个因素，一是"质料"，二是"意向作用"。此处所谓质料的组成部分，与前述构成意向行为的意向本质的"质料"不同，在此胡塞尔所指的是参与到意向体验中的感性材料，如颜色感觉材料、触觉材料、声音材料等。有时胡塞尔也把它称之为"感性的质素"。其意义在于"它在意向性的织体中提供可能的构架，提供意向构成的可能的质料"②。但是它与意向作用有别，意向作用是意向活动本身，是一个指向的作用，它本身具有意向性，因而它是属于意识的纯粹本质的。感觉材料则是意识的不纯粹部分，它本身不具有意向性，也就是说，它本身不是一个对某物的意识，它本身不具有含义。"质料是由意向作用因素'活跃化'的，它们经受着（而自我不是转向它们，而是转向对象）'统握'、'意义给予'"。③ 是意向作用赋予材料以生命，意向作用把感觉材料带进了意向性经验并使它具有了意向性的特性。意向作用和感觉材料相结合而产生了显现给意识的东西。胡塞尔由此得出的结论是："不只是质素因素（颜色感觉，声音感觉等），而且也是使其活跃化的统握作用——因此是这二者的结合：颜色、声音的出现，因此对象的任何性质的出现——都属于体验的'真实的'组成。"④

意向作用是关于某物的意识本身，其本质正在于自身中隐含着作为"灵魂"、"精神"、"理性"之要素的"意义"。它是一切理性和非理性、一切合法性和非合法性、一切现实和虚构、一切价值和非价值、一切行动和非行动等的来源。意向作用具有两个方面：其一，意识行为的规定性，

---

① ［德］胡塞尔：《纯粹现象学通论》，李幼蒸译，商务印书馆1992年版，第223页。
② 同上书，第220页。
③ 同上书，第247页。
④ 同上。

这个规定性决定了一个行为成为什么种类的行为（知觉的或想象的或判断的等）；其二，意义给予的特性，这个特性决定了一个行为的内容，也就是意向的内容。

2. 意向对象（noema）

意向体验的非真实组成部分就是意向对象，说它"非真实"，是指它并非真实地、而是意向地存在于意识内，是意识对于其对象物的一种"指向"关系。和意向作用相对应，意向对象也有两个方面：其一，意向行为规定性的抽象内容，这是行为的方式即意向作用的第一方面的相关物；其二，意向行为的含义，这是意向作用第二方面的相关物。含义（或意义）是意向对象的根本成分，所以它始终受到胡塞尔的关注。在《逻辑研究》中，胡塞尔把重心点放在了含义与意指的关系上。在对含义与意指作了区分之后，他举例说，不论谁何时在何种情况下作出"三角形的三条高相交于一点"这个判断，这种判断行为每次都不相同，并且旋生旋灭，可是这个判断所表达的内容却是持存不变的，它是同一个几何真理。由此看出，含义是一种普遍性的内容，它不以具体行为类型的变化为转移。在《观念1》中胡塞尔把重心点放在了含义与对象的关系上。但为了更清楚地说明这个问题，我们还必须回到《逻辑研究》。

在《逻辑研究》中，胡塞尔在涉及对象因素时，他区分了被"指示（anzeigen）"的对象和被"意指（meinen）"的对象这样两个概念。被指示的对象就是意向行为通过意向内容所指向的客体，也就是说，在意义背后存在着一个"某物"，这个对象对于表达及其意义是非本质性的。所以，在先验还原中必须对其加以悬置。被意指的对象就是意向的对象，这丝毫不涉及对象是否实存的问题。我设想朱庇特神，正如设想俾斯麦一样，设想巴比伦塔，正如设想科伦大教堂一样。

在《现象学的观念》中，胡塞尔进一步指出，即使完全悖谬的东西也可以是被给予的意向对象，例如尽管"圆的方"不能在知觉或想象中向我们呈现，但是，它确实是"对圆的方的思考"这个行为中的被思之物。按以上解说，两种含义上的对象之间的关系是：当行为指向实存的对象时，被指示的对象无疑就是这个实存的对象，被意指的对象则是此对象的观念性存在，或它的观念性内容即意义，而对它的实存并不关心；当行为指向非实存的观念对象时，没有被指示的对象，只有被意指的对象，即意义。

在《观念1》中，胡塞尔大量论述涉及了意义与对象的关系，此时他提出的概念是"意向客体"和"现实客体"。以"树"为例，他区分出"树本身"和"被知觉的树本身"。"树本身"是现实客体，而"被知觉的树本身"则是知觉的意义，是意向客体。他说："这个树本身可烧光，可分解为化学成分，如此等等。但此意义——此知觉的意义，即必然属于其本质的东西——不可能烧光；它没有化学成分，没有力，没有实在的属性。"① 其他如"被回忆者本身"、"被期待者本身"、"被想象者本身"、"被判断物本身"、"被喜爱者本身"等都是意向客体，即意向行为的意义。在本书另一个地方他谈到了 noema 与对象的关系："意向对象也是相关于一个对象并具有一个'内容'，'借助'这个内容它与对象相关。"② 由此我们得出这样的印象，即意识指向的是一个 noema 并通过它再次指向一个对象。这样一个结论是与《逻辑研究》一致的。但实际上，在《观念1》中，胡塞尔关于意义与对象的关系的看法已发生了质的变化，这个变化首先表现在他所提出的"完全的意向对象"这个新的概念上。"完全的意向对象"是广义的意向对象，与此相对的是狭义的意向对象，即意向内容或意义。胡塞尔是在"完全的意向对象"这个概念下分析意向对象的结构的。

"完全的意向对象是由诸意向对象因素的复合体组成的，在该复合体中特定的意义因素只形成一种必不可少的核心层，其他因素本质上基于此核心层之上，因此这些因素同样可被称为意义因素，不过是在一种扩大的意义上"。③

"意向对象本身在自身中，即通过它自己的意义，有对象性关系"。④

"在每一个意向对象中存在有一个作为统一点的纯客体的某物，……这个纯统一点，这个意向对象的'对象本身'和'在其规定性的方式中的

① ［德］胡塞尔：《纯粹现象学通论》，李幼蒸译，商务印书馆1992年版，第226页。
② 同上书，第315页。
③ 同上书，第227页。
④ 同上书，第312页。

对象'——包括未被规定性，后者时时'在待定中'，并在此样式中被共同意指着"。①

从胡塞尔的一系列论述看，意向对象的结构是：（1）意向对象的"对象本身"，（2）意向对象的"在其规定性的方式中的对象"，（3）被共同意指着的"在待定中"的未被规定性。胡塞尔的这些话非常拗口，让我们对其作一些解释性的说明。

意向对象的"在其规定性的方式中的对象"指的是意向作用所给予的"意义"或者说"内容"。胡塞尔明确地在二者之间画了等号："'意义'即这个意向对象的'在方式中的对象'。"② 在《逻辑研究》中，意义即是意向对象的全部，但在《观念1》中，意义仅是意向对象的一个基本部分，一种必不可少的核心层。胡塞尔称之为"意向对象核"。

意向对象的"对象本身"是指被进行的综合意向行为所发现的、由一系列相关的意义所形成的一个同一性的统一体。这个同一性的统一体是诸可能谓词的联结点或载者，而"意义"就是所规定的内容和谓词。但这个意义载者是一个"纯可规定的 X"，一个"空 X"，一个"在抽离出一切谓词后的纯 X"。在《逻辑研究》中，"对象"是一个凭借"意向内容"被指示的对象，在现象学的观点中它已被悬置，被排除在现象学的领域之外。而在《观念1》中，"对象"则内在于 noema 自身，它不是意指对象后面的额外对象，而是 noema 之中的核心要素。通过对"对象本身"的规定，胡塞尔做到了三点：第一，彻底切断了"对象"与存在包括观念性存在的联系，"对象"既非经验对象，也非观念对象，它只是一个有待规定的 X；第二，完全抽空了"对象"的内容，它是一个"空 X"，一切内容都被划归"意义"；第三，在"被意指的对象"这个概念中混淆在一起的两层含义，即作为纯粹对象的"可规定的 X"和作为有内容的"意向对象"的"意义"，现在分离开来了。

被共同意指着的"在待定中"的未被规定性，指的是当意向行为指向一个对象时所潜在地指向着的这个对象周围的东西，胡塞尔把它称之为

---

① ［德］胡塞尔：《纯粹现象学通论》，李幼蒸译，商务印书馆1992年版，第318页。
② 同上书，第318页。

"背景直观的晕圈"（hof）或"边缘域"（horizont）。当我们感知一个物体时，物体在显现方式中被给予，但以此物体为核心必围绕着一随同所予的边缘域，这个边缘域即构成感知的背景，它是被共同意指着的。虽然"这个边缘域具有某种模糊的非规定性。而这种非规定性的意义又是由一般被知觉物本身的普遍意义，或由我们称作物知觉的这类知觉的普遍本质所显示的"①。所以，胡塞尔得出结论说"非规定性必然意味着一种在严格规定的方式下的可规定性"②。由于作为背景的边缘域尚未进入感知的核心，所以它是不明晰的、灰暗的，但它存在着进入感知核心的可能，所以它是"在待定中"。可以说，对作为核心的某物体的知觉和对围绕此物体的边缘域的知觉，彼此不断相互融合，共同汇为一个知觉统一体。在胡塞尔看来，意识不仅在外感知中存在着一个边缘域，而且同样存在着作为体验反思的边缘域。"这意味着，每一现在体验都具有一个体验边缘域，它也具有同样的'现在'原初性形式，并这样构成了纯粹自我的一个原初性边缘域。"③ 由此我们可以说，边缘域不只意味着可能出现的更多的对象范围，同时还意味着某种原初性的认知特性。

在阐明了"完全的意向对象"的结构以及各个因素的含义之后，我们就有必要回到"意义"与"对象本身"的关系上来。由于《观念1》和《逻辑研究》各自所描述的意识结构有着很大的差异，所以两者对其关系的阐述也不一样。综括胡塞尔的繁多论述，可概括为如下要点：

（1）"意义"与"对象本身"相关。这被胡塞尔称之为"意向对象的意向性"。"我们把意义理解作内容，关于意义我们说，意识在意义内或通过意义相关于某种作为'意识的'对象的某物。""每一意向对象都有一个'内容'，即它的'意义'，并通过意义相关于'它的'对象"。④ 但它们的相关是意向对象内部的相关，以至于"意义"不能与"对象本身"分离。胡塞尔就此写道："在任何意向对象中和在它的必然中心中，都不可能失去统一点，即纯可规定的 X。没有'某物'，又没有'规定的内容'，也就

---

① ［德］胡塞尔：《纯粹现象学通论》，李幼蒸译，商务印书馆1992年版，第121—122页。
② 同上书，第122页。
③ 同上书，第207页。
④ 同上书，第313页。

没有'意义'。"①

（2）对象与意义的关系有如一个命题的主词对其诸谓词的关系。对象即统一的中心，即与诸谓词不同的，又只为它们所决定的同一性原则。在此，对象是主词，意义是谓词。主词是谓词的联结点或载者，而谓词则是这个对象在特定行为中所呈现的种种确定性质或属性。

（3）当意义发生变化时，对象本身保持同一。也就是说，每一个对象都可以通过无数不同的意义被构造出来。譬如，以对"房子"的感知为例，对房子的各个不同角度的观看所赋予房子的意义是不尽相同的，但房子作为对象是同一个。再如，一部文学作品不等于某个读者的某次阅读，或者说，众多读者对同一部文学作品的众多次阅读会赋予这部作品诸多不同的思想意义，但作品却只是"这一部"。胡塞尔说："若干行为意向对象在此处处有不同的核，然而尽管如此，它们却结合在一起以形成一个同一性的统一体，即形成这样一个统一体，在其中'某物'，存在于每一核中的可规定者，被意识作同一的。"② 胡塞尔的这个"意义"与"对象本身"关系的理论合适地解决了几个不同的意向行为拥有不同的意义而却具有同一个对象的问题，这就避免了认识上的极端相对主义和极端机械主义。

3. 意向作用与意向对象的普遍相关性

对意向作用与意向对象相互关系的探讨，使我们再次回到"意向性"这个主题上来。意向作用与意向对象具有普遍的相关性，用胡塞尔的话说就是"二者在本质上互相依属。意向性因素本身只是作为如是构成的意识的意向性因素，而意识就是对意向性因素的意识"。③ 也就是说，不存在赤裸裸的封闭的意识本身，而意识的相关项也不能与意识分离。意识与对象的这种相关性关系被胡塞尔描述为"意向性"。

关于意向性的基本含义前文已有述及，在此笔者仅仅提及它的两个基本方面："指向"和"构造"，并把重点放在后一方面的阐述上。指向和构

---

① ［德］胡塞尔:《纯粹现象学通论》，李幼蒸译，商务印书馆 1992 年版，第 318—319 页。
② 同上书，第 318 页。
③ 同上书，第 249 页。

造是从不同角度考察意识而得的结果，前者是指从意识活动方面考察意识而言；后者则是指从意识对象方面考察意识而言。这也就意味着，在先验的水平上，指向就包含着构造，反之亦然。但在心理学的水平上，意向性则只有指向的含义而没有构造的含义。泰奥多·德布尔准确地指出："在涉及1907年以后相关性主题时，我们必须分清心理学水平和先验水平上的相关性研究。……在心理学水平上，它是某种心理活动与其意向对象的关系。而在先验水平上，它是绝对意识与由它构成的世界之间的关系。"①

由于先验还原方法的发现，胡塞尔完成了由现象学的心理学向先验现象学的思想转变，这时，"对象在意识中的构造"问题已经进入胡塞尔思想的中心。胡塞尔这时所考虑的不仅仅是意识活动的观念性或客观性，而且更多的是作为意识活动之结果的意向对象的观念性或客观性。赫伯特·施皮格伯格评论说："构成是胡塞尔的超验唯心论及其关于我们意识的对象是构成活动的'成果'这一思想的基本概念。"②"构造"（konstitution）问题又被称为"功能"（funktion）问题，它被胡塞尔看作是现象学的中心，是一切问题中最重要的问题，由其产生的诸研究几乎包含着整个现象学范围。

胡塞尔曾说现象学的存在之流具有一个质料层次和一个意向作用层次，那么，所谓"对象在意识中的构造"无非是指质料因素和意识活动因素如何构成为意向对象的问题。当然，这是一个先验的"构造"。胡塞尔认为意识并不是一个到处都同样空洞的形式，在里面这次装进这个，下次装进那个；而"事物在这些体验中并不是像在一个套子里或是像在一个容器里，而是在这些体验中构造着自身，根本不能在这些体验中实在地发现它们"。③

对象在意识中构造自身的原理在于，在"意向行为——意向内容——对象"结构中，意向对象仅只是一个心理学的"意义"，这个意义指示着

① ［荷］泰奥多·德布尔：《胡塞尔思想的发展》，李河译，生活·读书·新知三联书店1995年版，第431页。
② ［美］赫伯特·施皮格伯格：《现象学运动》，王炳文、张金言译，商务印书馆1995年版，第951页。
③ ［德］胡塞尔：《现象学的观念》，倪梁康译，上海译文出版社1986年版，第16页。

在其外的一个对象。这个对象是一个自在存在，它不是现象学的对象。此时"构造"的思想无由产生。在"意向作用——意向对象"结构中，"完全的意向对象"产生了，因此意向对象（狭义的）与对象本身的关系就在于通过作为意向对象（广义的）最终结构的先验意识去构成自身。对象本身是一个空 X，它通过无数不同的意义被构造出来。在这里"自在之物"是不存在的，存在就是意义。如果说《逻辑研究》中所谈论的意向对象是一种意义观念论，那么《观念1》中所谈论的则是一种存在观念论，即一种将存在还原为意义的本体论的观念论。

四、自我——我思——所思

对"意向作用——意向对象"结构的另一种表述是"自我——我思——所思"，简称我思结构。我思结构观念自《观念1》以来始终是胡塞尔思想的基本框架，对其最完满表达的是《笛卡尔式的沉思》。由于"我思"与"所思"分别对应于"意向作用"和"意向对象"，所以在此无须再述。需要阐述的是"自我"这一概念。

在纯粹意识的结构中，既有其客观方面——意向对象，它被胡塞尔称之为"对象极"；又有其主观方面——它由纯粹自我构成，它被胡塞尔称之为"自我极"。如果把纯粹意识看成是一条河流，那么对象极和自我极则构成了河流的两岸。在对"体验本身"和"体验行为的纯粹自我"、"体验方式的纯主观因素"和"从自我离开的体验内容"作出区别之后，胡塞尔得出结论说："结果，在体验范围的本质中存有一种确定的、极其重要的两面性，对此我们也可以说，在体验中应当区别主体方向的侧面和客体方向的侧面。"① 在主体方向侧面的是纯粹自我，在客体方向侧面的是意向对象。

自我有经验自我和纯粹自我之分，"经验自我"是指肉体和灵魂构成的作为人的自我。经本质还原和先验还原之后所剩余的自我便是"纯粹自我"，又称"先验自我"。胡塞尔说："如果这个世界——并不因为它可设想的非存在就取消了我的纯粹存在——叫做超越的话，那么我的纯粹存在

---

① ［德］胡塞尔：《纯粹现象学通论》，李幼蒸译，商务印书馆1992年版，第202页。

或者那个纯粹的我就叫做先验的。可以这样去理解现象学还原：自然人意义上的我，甚至那个我自己的我，通过现象学悬搁被还原为先验的我。"①胡塞尔认为纯粹自我的存在是绝对无疑的，因为它是在内在的意识现象的范围内完全通过内知觉的自明性所把握的，纵然我可以怀疑一切，但在怀疑时那个怀疑着的"我"是自明地显现的。"作为思维者的我的体验流，不论它尚未被把握到什么程度，不论在已逝去的和在前方的体验流领域内未被认识到什么程度，只要我在现实现前中注视着这个流动的生命，并因此把我自己把握为这个生命的纯主体，我就无条件地和必然地说：我存在着，这个生命存在着，我生存着：cogito（我思着）"。②

纯粹自我虽然绝对无疑地存在着，但它既不是作为物质的实体也不是作为心灵的实体存在着，它作为观念的东西存在于意识行为中。"我们也可说自我'生存于'这些行为中。这种生存并不意味着在一个内容流中的某些'内容'的存在，而是意味着多种多样的可描述的方式，按照这些方式，在某种意向体验中的纯粹自我生存于这些行为中，这个作为'自由存在者'的纯粹自我具有我思的普遍样式"。③尽管我们说纯粹自我生存于意识行为中，但它绝不是"体验本身的真实部分或因素"，也就是说，它不是一个活动自身，也不是一个活动的侧面。它是一切活动所由产生的同一点，是意识活动的"执行者"或"承担者"。简言之，它是意识的一种功能。当一切活动在时间中消失之后，这个自我仍保持不变。所以胡塞尔称自我是某种"同一物"："从本质上看，每一自我至少能施予变化，来而复去，即使人们会怀疑每一自我是否是一种必然的事项，而不只是，如我们所见的那样，一种事实上的事项。然而相反，纯粹自我似乎是某种本质上必然的东西；而且是作为在体验的每一实际的或可能的变化中某种绝对同一的东西，它在任何意义上都不可能被看作是体验本身的真实部分或因素。"④

---

①　［德］胡塞尔：《先验现象学引论》，见倪梁康选编：《胡塞尔选集》（下），上海三联书店1997年版，第868页。

②　［德］胡塞尔：《纯粹现象学通论》，李幼蒸译，商务印书馆1992年版，第127页。

③　同上书，第235页。

④　同上书，第151页。

这样，我们就把"体验本身"和"体验行为的纯粹自我"区分开来了。两者的关系类似于 noema 中"对象本身"和"意义"的关系，一方面它在意识活动中显现自身并通过活动将目光指向该意识相关物的"对象"；另一方面，相对于各种不同的、时断时续的意识活动，它保持着绝对同一性，它不会随意识活动的消失而消失，它是意识活动流变中的不变者。

纯粹自我是作为一个"极"而处于和各种体验的联系之中，它本身没有内容。胡塞尔由此说："除了其'关系方式'或'行为方式'以外，自我完全不具有本质成分，不具有可说明的内容，不可能从自在和自为方面加以描述：它是纯粹自我，仅只如此。"①

第三节　知觉意向性

梅洛－庞蒂把胡塞尔的纯粹意识意向性转换成身体意向性。当然这种转换既有继承又有发展创造。胡塞尔在分析各类意识行为时，曾对它们之间的奠基关系作过精当的论述。

一、胡塞尔的"感知"意识

胡塞尔把所有意识活动分成两大类：客体化的意识行为和非客体化的意识行为。所谓客体化的意识行为，是指能够使客体显现出来的意识行为，也就是说是直接指向对象的意识行为。所谓非客体化的意识行为，是指没有直接指向对象的意识活动，如某些情感的意识活动。就这两类意识行为而言，客体化的意识行为（如表象、判断等）构成了非客体化的意识行为（如爱、恨、同情、愤怒、喜悦等）的基础。因为在客体通过客体化的行为被构造出来之前，任何一种无客体的意识行为，例如无被爱对象的爱、无恐惧对象的恐惧等，都是不可想象的。由此便产生了两个等值的命题：客体化的行为是奠基行的，非客体化的行为是被奠基的。胡塞尔写道："任何一个意向体验或者是一个客体化的行为，或者以这样一个行为为基础，就是说，它在后一种情况中自身必然具有一个客体化行为作为它

---

① ［德］胡塞尔：《纯粹现象学通论》，李幼蒸译，商务印书馆 1992 年版，第 202 页。

的组成部分，这个客体化行为的总体质料同时是、而且个体统一的是'它的'总体质料。"① 客体化的意识行为就是意向行为，客体化的意识行为可分为表象性客体化行为（看、听、回忆）和判断性客体化行为，前者是后者的基础，任何判断性客体化行为最后都可以还原为表象性客体化行为。例如，对"天是蓝的"所做的判断可以还原为"蓝天"的表象。在表象性的意识行为中，直观行为（感知、想象）又是所有非直观行为（如图像意识、符号意识）的基础，因为任何图像意识或符号意识都必须借助于直观才能进行。在由感知和想象所组成的直观行为中，感知又是想象的基础。因此可以说，任何客体的构造最终都可以被归溯到感知上，即使是一个虚构的客体也必须依据起源于感知的感性材料。

胡塞尔的分析非常清楚地显示，感知构成了最底层的意识行为。在"感知分析"中他说："完全一般地说，感知是原本意识。"② 杜夫海纳在"意向性与美学"一文中曾评论说："知觉在胡塞尔看来已经是意向性的一种'原始形式'。只要分析知觉就能最清楚地说明意向性概念中所包含的主体与客体的特殊相关性。"③

论知觉不能不涉及身体，在胡塞尔看来，"身体始终作为感知器官在共同发挥着作用，并且它自身又是由各个相互协调的感知器官所组成的完整的系统。身体自身的特征在于它是感知的身体"④。在此基础上，胡塞尔明确提出了"身体意向性"的概念："对事物在其中被知觉地给出的意向性研究，不应撇开相应的对本己的感知功能的身体意向性的研究而（单独）进行。"⑤

在胡塞尔哲学思想的晚期，面对欧洲文化与人性的危机，"生活世界"成为他思想的主题。当然，"生活世界"在胡塞尔那里有着丰富的含义，

---

① ［德］胡塞尔：《逻辑研究》（第二卷·第一部分），倪梁康译，上海译文出版社1998年版，第552页。
② ［德］胡塞尔：《生活世界现象学》，倪梁康、张廷国译，上海译文出版社2002年版，第47页。
③ ［法］杜夫海纳：《美学与哲学》，孙非译，中国社会科学出版社1985年版，第53页。
④ 同②，第58页。
⑤ ［德］胡塞尔：《现象学心理学》，转引自陈立胜：《自我与世界》，广东人民出版社1999年版，第82—83页。

但最基本的含义是指"日常生活世界"（又称"生活周围世界"或"周围世界"）。这个"生活世界"具有非课题化、非客观化的特征，是一个"直观的世界"。在这里，作为"直观的世界"就意味着它是非抽象的，是"通过知觉实际地被给与的、被经验到并能被经验到的世界，即我们的日常生活世界"①。在这个意义上，生活世界可以被称之为"知觉世界"或"经验世界"。

尽管胡塞尔在讲感知意识行为的奠基性、身体意向性和生活世界，但他始终未曾放弃"无身的意识"在原则上是可以设想的这一先验主义与意识本位的立场。感知现象学、身体现象学以及生活世界现象学的描述，在他那里只是他先验意识之意向性分析的一个环节。而且，就身体现象学来说，它的着眼点是身体是如何在意识中构成的，换言之，构成的主体仍是先验意识、先验自我。就生活世界现象学来说，返回生活世界不过是实现先验还原的一条途径而已。

二、梅洛－庞蒂的知觉意识

梅洛－庞蒂赞成胡塞尔"回到事情本身"的现象学精神，并把对"事情本身"的追求作为自己的哲学目标。但是，他不同意胡塞尔把"纯粹意识"以及"先验主体性"看作事情本身。在他看来，"回到事情本身"的真正含义——"就是重返认识始终在谈论的在认识之前的这个世界，关于世界的一切科学规定都是抽象的、符号的、相互依存的，就像地理学关于我们已经先知道什么是树木、草原或小河的景象的规定。这种活动完全不同于唯心主义的重返意识，……在我能对世界作任何分析之前，世界已经存在"②。这是一个被我们所知觉和亲历的原初世界。梅洛－庞蒂认为，"被知觉的世界是所有理性、所有价值及所有存在总要预先设定的前提"，而且进一步表示，"这样的构想并非是对理性与绝对的破坏，而是使它们

---

① ［德］胡塞尔：《欧洲科学危机和超验现象学》，张庆熊译，上海译文出版社 1988 年版，第 58 页。

② ［法］梅洛－庞蒂：《知觉现象学》，姜志辉译，商务印书馆 2001 年版，第 3—4 页。

降至地面的尝试"①。

梅洛－庞蒂所要重返的这个认识之前的世界，并不是自在的、纯客观的，而是人生存其中的"生活世界"。因此，对这个世界来说，就有一个对之显现的主体。这个主体是"身体——主体"，而不是纯意识主体，因而主体与世界的原初关系则是一种知觉关系。这样，胡塞尔的意识意向性便被否定了，而代之以身体意向性或者说知觉意向性。美国学者朗格断言：按照梅洛－庞蒂的看法，"胡塞尔指出了通向描述的研究生活世界的道路，但却未能懂得其意义。因此未能认识到意识的意向性首先而且主要的是一种身体意向性"②。赫伯特·施皮格伯格在《现象学运动》一书中这样评价梅洛－庞蒂的现象学："梅洛－庞蒂意义上的第一现象学反思就在于企图观察、描述被感知的世界，不要科学上的解释与增减，不要哲学上的先入之见；或简要地说，它就在于研究胡塞尔意义上的生活世界。第二现象学反思就是试图说明我们与现象的联系，其方法是使这种反思指向世界与世界对之显现的主体（或简要地说，知觉者）之间的关系。"③

在胡塞尔那里，纯粹意识有它的意向性结构；在梅洛－庞蒂这里，"身体——主体"或者说知觉意识同样有它的意向性的结构。而且可以说，两者之间有着相同的形式结构。但在具体标出这种结构之前，必须首先明确的是，在梅洛－庞蒂那里"身体主体"是一种"世界中的存在"。他说："世界与主体是不可分离的，而是来自一个无非是世界的投射的主体，主体与世界也是不可分离的，而是来自一个它所投射的世界。主体是一种世界中的存在，而世界的组织和构造既然是由主体的超越的运动所发现的，它就仍然是'主观的'。"④ "没有内在的人，人在世界上存在，人只有在世界中才能认识自己。当我根据常识的独断论或科学的独断论重返自我

---

① ［法］梅洛－庞蒂：《知觉的首要地位及其哲学结论》，王东亮译，生活·读书·新知三联书店 2002 年版，第 5 页。

② ［美］朗格：《梅洛－庞蒂的〈知觉现象学〉：指南与评论》，转引自杨大春：《杨大春讲梅洛－庞蒂》，北京大学出版社 2005 年版，第 83 页。

③ ［美］赫伯特·施皮格伯格：《现象学运动》，王炳文、张金言译，商务印书馆 1995 年版，第 760 页。

④ ［法］梅洛－庞蒂：《知觉现象学》英文版，转引自徐崇温主编：《存在主义哲学》，中国社会科学出版社 1986 年版，第 368 页。

时，我找到的不是内在真理的源头，而是投身于世界的一个主体"①。正是"身体——主体"的这种"在世界中存在"决定了人与世界的最本源的意向性关系。

关于身体的意向性结构，梅洛－庞蒂并没有作出直接的表述，但他有一段话涉及这个问题："重新将我的探索的诸环节，事物的诸方面联系起来，以及将两个系列彼此联系起来的意向性，既不是精神主体的连接活动，也不是对象的各种纯粹联系，而是我作为一个肉身主体实现的从一个运动阶段到另一个阶段的转换，这在原则上于我始终是可能的，因为我是这一有知觉、有运动的动物（这被称为身体）。"② 在这里，梅洛－庞蒂明显把意向性与身体行为的结构联系在一起。国内学者杨大春在综合梅洛－庞蒂本人和美国学者朗格的一段论述之后，就身体意向性的结构作了如下的概述："身体意向性代表的是一种全面意向性，它是由意向活动的主体（身体）、意向活动（运动机能和投射活动的展开）和意向对象（被知觉的世界：客体和自然世界，他人和文化世界）构成的一个系统。"③

胡塞尔用"意向作用——意向对象"来表示纯粹意识的结构，与此相同的另一种表述是"自我——我思——所思"，简称我思结构。就其结构形式看，身体意向性与意识意向性是一样的，单就其内容看，两者已经有了很大的不同。

三、知觉意向性结构要素分析

就其"自我极"来看，胡塞尔的主体是先验性的"纯粹自我"，而梅洛－庞蒂的主体是"身体"。当然他的"身体"概念完全不同于以笛卡尔为代表的传统哲学的"身体"。在笛卡尔那里，心灵和身体是二分的，心灵是纯粹意识，而身体是纯粹生理的东西，是"客观的身体"。在胡塞尔那里，作为自然的"身体"已经在先验的还原中被悬置不论。在梅洛－庞蒂这里，"身体"则是融意识与躯体为一身，既包含物质的方面，又包含

---

① ［法］梅洛－庞蒂：《知觉现象学》，姜志辉译，商务印书馆2001年版，第6页。
② ［法］梅洛－庞蒂：《哲学赞词》，杨大春译，商务印书馆2000年版，第152页。
③ 杨大春：《感性的诗学》，人民出版社2005年版，第207页。

精神的方面，这样的身体是"现象的身体"，是"身体——主体"。"身体——主体"这一概念表明，身体和主体是同一个实在。

梅洛－庞蒂针对胡塞尔的纯粹意识而强调身体，明显地突出了主体概念的情景或处境意义。如前所述，这样的"身体——主体"是一种"世界中的存在"。

1. "所思"或"意向对象"

就"所思"或"意向对象"而言，在《逻辑研究》中，作为自然存在的"对象"已被悬置不论，与"意识活动"相对的则是"意向内容"即"意义"——意识活动的含义或意义。在《观念1》中，胡塞尔提出了"完全的意向对象"概念，力图将现实客体纳入其中，但这却是与现象学对自然态度的否定相矛盾的，于是为了克服这一矛盾，他将"完全的意向对象"划分为"意义"和"对象本身"两部分，并进而把"对象本身"规定为一个空 X，它通过无数不同的意义被构造出来。实质上，作为空 X 的"对象本身"，只能是意向活动的产物，现实客体在这里同样是被否定了。

在梅洛－庞蒂那里，身体意向性所指向的"意向对象"则是一个"被知觉的世界"。这个世界是人的意识的背景，是"身体—主体"向身体以外的空间的扩展。世界不是意识的对应物，而是身体主体的对应物。为了说明这种对应性的关系，梅洛－庞蒂使用了"世界的肉身化"这样的术语。"肉身化"既是"身体——主体"的外在化，即知觉对外物的直接接触；又是世界的内在化，即外物向知觉的显现。在这一互为表里的过程中，世界既不是被给予，也不是被创造的。在《知觉的首要地位及其哲学结论》中，梅洛－庞蒂明确说："被知觉的世界不是科学意义上的物体的总和，我们与它的关系也不是思想者与思想对象的关系，并且多种意识针对被知觉物所达成的统一性并不等同于多位思想家所承认的定理的统一性，而被知觉的存在也不等同于观念的存在。"[①] 所以，在梅洛－庞蒂看

---

① ［法］梅洛－庞蒂：《知觉的首要地位及其哲学结论》，王东亮译，生活·读书·新知三联书店 2002 年版，第 3 页。

来，被知觉世界（以物体和自然世界为例）既具有客观性又具有开放性。尽管客观性起源于身体与世界的对话，但物体仍然是客观的，物体对知觉的抵抗表明它有一个非人的核心，这个核心可以防止它被吸收进知觉主体，从而保持它的某种相对独立性。从这个意义上讲，对象是自在的，它不是如胡塞尔所认为的是由意识活动所构成。但是，另一方面，对象的客观性并不是完成的和封闭的，因而具有开放性。他说："对物体和世界来说，重要的是显现为'开放的'，把我们放在其确定的表现之外，始终向我们承诺有'另一个可看的东西'。这就是当人们说物体和世界是神秘的时候表达的意思。事实上，只要我们不局限于物体和世界的客观外观，只要我们把它们放回主体性的环境中，物体和世界就是神秘的。它们甚至是一种绝对的神秘，如果不是由于我们的认识的暂时缺陷，它们就无法得到解释。"① 物体和自然世界的开放性说明对象又是为我们的。就其存在方式而言，对象是一个为我们的自在。

2. "我思"或"意向作用"

就"我思"或"意向作用"而言，在胡塞尔，它是脱离身体的纯粹意识活动；在梅洛－庞蒂则把胡塞尔的"我思"转变成了"我能"。"我能"即是身体意识或身体意向性的具体表现：运动机能和投射活动的展开，它也就是身体的知觉活动。在梅洛－庞蒂看来，身体的理论已经是一种知觉的理论，"身体——主体"就是知觉的主体。于是意向性与身体知觉联系在一起，是一种知觉意向性：即知觉总是对某物的知觉。知觉作为"身体——主体"朝向世界的超越行动，其本身总是伴随着一种模糊的自我意识，这种沉默的我思先于笛卡尔的被说出的我思，并且是后者产生的基础。所以，梅洛－庞蒂始终强调"作为意识的独特形态的知觉"的首要性："任何意识甚至我们对自己的意识，都是知觉的意识。"② 知觉是意识的原初样式。在这里，他所要表达的意思是："知觉的经验使我们重临物、

---

① ［法］梅洛－庞蒂：《知觉现象学》，姜志辉译，商务印书馆 2001 年版，第 421 页。
② ［法］梅洛－庞蒂：《知觉的首要地位及其哲学结论》，王东亮译，生活·读书·新知三联书店 2002 年版，第 4—5 页。

真、善为我们构建的时刻，它为我们提供了一个初生状态的'逻各斯'，它摆脱一切教条主义，教导我们什么是客观性的真正条件，它提醒我们什么是认识和行动的任务。这并不是说要将人类知识减约为知觉，而是要亲临这一知识的诞生，使之同感性一样感性，并重新获得理性意识。这一理性意识，我们在视其为自然而然时将之丢失，而在一个非人性质的背景上将其显现出来时重新获得。"① 这样，他就将理性意识安放到了知觉意识的地基上。

3. "意向作用"（我思）与"意向对象"（世界）的关系

就"意向作用"（我思）与"意向对象"（世界）的关系而言，在胡塞尔，是"意向作用"对"意向对象"的单向的"指向"和"构造"。在本章第二节，我们曾引用过泰奥多·德布尔关于胡塞尔"意向作用"与"意向对象"的相关性说过的一段话。在此，为了更清楚地说明"指向"与"构造"的含义，有必要再一次引用这段话："在涉及 1907 年以后相关性主题时，我们必须分清心理学水平和先验水平上的相关性研究。……在心理学水平上，它是某种心理活动与其意向对象的关系。而在先验水平上，它是绝对意识与由它构成的世界之间的关系。"② 在心理学的水平上，即指在现象学的心理学时期，也就是《逻辑研究》时期，"意向行为"通过意义授予和意义充实行为指示着在意识活动之外的一个对象。在先验的水平上，即指在先验现象学时期，也就是《观念1》时期，在"意向作用——意向对象"结构中，"完全的意向对象"产生了，因此意向对象（狭义的）与对象本身的关系就在于通过作为意向对象（广义的）最终结构的先验意识去构成自身。对象本身是一个空 X，它通过无数不同的意义被构造出来。在梅洛－庞蒂，"意向作用"与"意向对象"的关系被转变为知觉与被知觉的世界的关系。

感知是"在世界中存在"的具体化主体与世界的生命联系，因而，虽

① ［法］梅洛－庞蒂：《知觉的首要地位及其哲学结论》，王东亮译，生活·读书·新知三联书店 2002 年版，第 31—32 页。
② ［荷］泰奥多·德布尔：《胡塞尔思想的发展》，李河译，生活·读书·新知三联书店 1995 年版，第 431—432 页。

然知觉也指向客体，但是相对于"身体——主体"所说的"客体"并不是智性意识水平上的主体—客体关系，而是更为基础的知觉意识水平上的前主客关系。在这个水平上，知觉不是思维，客体不是对象。梅洛－庞蒂说："在知觉中，我们不思考对象，我们不把自己看作是能思维的人，我们属于对象，我们与身体融合在一起，这个身体比我们更了解世界，更了解我们对世界进行综合的动机和手段。"① 他把知觉与被知觉的世界的指向关系称之为"作用意向性"。他对作用意向性的解释是："形成世界和我们生活的自然的和前断言的统一性，它在我们的愿望、我们的评价、我们的景象中的显现比在客观认识中的显现更清晰的意向性，这种意向性提供我们的认识试图成为其用精确语言译成的译本的原文。"② 这一原始意向性的根本特点是，它在主体的反思之前已在运行着了，它已与世界中的对象相遭遇了。所以，知觉与对象的关系不是如胡塞尔所说的"构造"的关系，而是一种遭遇。因为，世界作为一种不可剥夺的呈现始终已经存在，在我能对世界作任何分析之前，世界已经存在。世界不是我掌握其构成规律的客体，世界是自然环境，我的一切想象和我的一切鲜明知觉的场。在这样的前提下，对象的"意义"就不像胡塞尔所认为的是纯粹意识授予的知性意义，而是"身体—主体"与被知觉的世界的原初关系造成的一种生存的意义；"对象"也就不像胡塞尔所说的是一个空 X 等待纯粹意识的意义授予和充实，而是本身就含有意义。

梅洛－庞蒂认为知觉是一个悖论，被知觉物本身也是一个悖论。这就是内在性与超验性的悖论。内在性说的是被知觉物不可外在于知觉者；超验性说的是被知觉物总含有一些超出目前已知范围的东西。这个悖论造成了知觉本身和被知觉物本身的含混性。含混意味着超出于主客二元对立，在知觉主体——"身体主体"与被知觉物之间存在着的只是交织在一起的具有可逆性的辩证关系。譬如触摸的手与被触摸的手之间的关系，画家与画中树木的关系，我与他人之间的关系等。

----

① ［法］梅洛－庞蒂：《知觉现象学》，转引自杨大春：《感性的诗学》，人民出版社 2005 年版，第 220 页。

② ［法］梅洛－庞蒂：《知觉现象学》，姜志辉译，商务印书馆 2001 年版，第 14 页。

第四节　纯粹知觉意向性与现象学还原

杜夫海纳论审美对象之存在方式，提出的总的命题是：审美对象是纯粹知觉对象。纯粹知觉也就是审美知觉，审美知觉与审美对象构成了具有意向性的知觉意识结构，我们可以把它称之为"纯粹知觉意向性"。按胡塞尔的看法，意向性就是意识的纯粹本质，是那种先天地、无条件必然地被包含在本质中的东西。它实际上就是纯粹意识的先验结构，这个结构先验地决定了意识体验的本质内容以及对象在意识体验中的建构和存在方式。虽然杜夫海纳的纯粹知觉意向性与胡塞尔的纯粹意识意向性在内涵上有很大的差异，但在须经现象学的还原方能发现其意向性结构这一点上却是一致的。

一、知觉第一

杜夫海纳接受胡塞尔"意向性"这一现象学概念，把主体与客体联系起来进行考察。在"意向性与美学"一文中，他说："胡塞尔曾经把意向性的概念置于哲学思考的中心地位，通过这个概念，他重新提出了主客观关系这一老问题。一方面，对'我思（cogito）'的分析表明：主体是超验性，就是客体的投射；另一方面，对意向性的分析表明：客体的显现总是与针对客体的意向密切相关的。因此，客体对主体的关系，对它的各项说来，就居于首位。正是这个作为整体性和以整体性出现的关系，同它的思维——对象结构一道，成为胡塞尔现象学的主题。"① 但是他并不赞同胡塞尔把主客体的关系回溯到纯粹意识的意向性，而是以此为指向走向了海德格尔的"存在"："归根结底，意向性就是意味着自我揭示的'存在'的意向——这种意向，就是揭示'存在'——它刺激主体和客体去自我揭示。主体和客体仅存在于使这二者结合的中介之中，因此，它们就是产生意义的条件，一种逻各斯的工具。"② "存在就像同时指挥目光和被观看事物的

---

① ［法］杜夫海纳：《美学与哲学》，孙非译，中国社会科学出版社1985年版，第51页。
② 同上书，第52页。

光线，它具有主客体关系的首创性"①。

不同于胡塞尔的"纯粹意识"，海德格尔所探求的"事情本身"是"存在"，而能够对存在有所发问、有所领会的是"此在"，"此在"的基本特性是"在世界中存在"。此在在世界中存在并不是说先有一个此在，同时有一个与此在并肩而立的世界，然后此在将自身跃进世界中。此在在世界中存在意味着此在本来就是在世界中的，世界本来就是此在的。也就是说此在与世界是混沌未分的统一体。这样，海德格尔就从根本上改变了传统认识论的主客体关系而走向了主体与客体的本源。所以，我们应当在这样一个学术思想的背景上理解杜夫海纳的上述一段话："存在就像同时指挥目光和被观看事物的光线，它具有主客体关系的首创性。"同时，他进一步引申说："于是，意向性在'存在'中就不再具有任何保证了；它永远表现客体与主体的相互依赖关系，然而，主体与客体都不从属于某种较高级的东西，也不消失在使这二者统一的关系之中。"②

杜夫海纳一方面探求审美经验的本源，但另一方面他又要从审美对象说起，以便进一步作回溯的工作。国内学者叶秀山曾这样评价杜夫海纳的工作："这样，在杜弗朗的美学著作中，像对象（客体）、主体这样一对为海德格尔和雅斯贝斯所限制使用了的传统哲学的基本概念，又重新活跃了起来，恢复了它们的地位，而如何在现象学和存在哲学的原则下来理解这些概念和它们之间的关系，则成为他所要研究的核心问题。"③

了解了这一点，我们就明白杜夫海纳为何最终走向了梅洛－庞蒂。梅洛－庞蒂是以知觉现象为中介把胡塞尔的现象学与海德格尔的存在哲学结合了起来。在他那里，保留了胡塞尔"意向性"的概念，但把它转化为知觉意向性。杜夫海纳赞成梅洛－庞蒂知觉第一的观点："知觉正是主体和客体结成的、客体在一种原始真实性的不可还原的经验——这种经验不能比作意识判断所作的综合——中直接被主体感受的这种关系的表现。"④

---

① ［法］杜夫海纳：《美学与哲学》，孙非译，中国社会科学出版社1985年版，第52页。
② 同上。
③ 叶秀山：《思史诗》，人民出版社1988年版，第306页。
④ ［法］杜夫海纳：《审美经验现象学》，韩树站译，文化艺术出版社1996年版，第256页。

"知觉经验确实是一切思维的开端和一切真实性的根本。"① "正如芬克所指出的,知觉在胡塞尔看来已经是意向性的一种'原始形式'。只要分析知觉就能最清楚地说明意向性概念中所包含的主体与客体的特殊相关性"。② 以此为指导,在《审美经验现象学》中,他展开了对于知觉与知觉对象关系的探讨。《审美经验现象学》英译本前言的作者爱德华·S·凯西对此评价说:"梅洛-庞蒂的《知觉现象学》对杜夫海纳影响很深。甚至可以大胆地说,《审美经验现象学》是梅洛-庞蒂关于'知觉的一'的论点在审美经验方面的延伸。"③ 在此,我们注意到,梅洛-庞蒂的知觉现象还是停留在综论上,而杜夫海纳则是要把一般知觉回溯到审美知觉。无论如何,这都是对梅洛-庞蒂知觉现象学的一个推进和发展。

二、普通知觉与审美知觉

关于普通知觉与审美知觉的区别,杜夫海纳并没有集中而系统地论述。仅有的几段分散表述的文字需要在此原文引用,这样做的原因在于,一是避免因间接的复述而歪曲作者的原意,二是便于后边对其思想做更到位的评述。关于普通知觉,他说:

> 普通知觉使我们面对一些不断向我们提出问题并要求理解和意志、思考和行动的对象。这些对象不给我们空闲去收集它们的表现。当然,普通知觉已经揭示一个世界:一个永远处于我所使用或我所探索的对象的境域的世界。任何意识,一旦成为对一个对象的意识,便成为对一个世界的意识。或者可以说,只作为一个世界中的对象,才有与对象的关系。……但这个世界是从知觉到的对象出发显示自己的轮廓的,它以这个对象为中心,它只不过是这个对象的不确定的延

---

① [法] 杜夫海纳:《审美经验现象学》,韩树站译,文化艺术出版社 1996 年版,第 258 页。
② [法] 杜夫海纳:《美学与哲学》,孙非译,中国社会科学出版社 1985 年版,第 53 页。
③ [英] 爱德华·S·凯西:《〈审美经验现象学〉英译本前言》,见杜夫海纳:《审美经验现象学》,韩树站译,文化艺术出版社 1996 年版,第 614 页。

伸。……知觉之所以从对象走向世界，是因为世界存在于对象之外。①

一般知觉并不停留在这样的现象之上：就在它走向智力活动的情况下，它像询问一个符号那样去询问形相。的确，这个符号还显现出其它的形相，而不是自在之物。然而，无论如何，它引导人去区分真实的存在与被知觉的存在，在被给定的现在之外去寻求真理；显现的是对象自身，不是它的幻影。但是，必须透过形相才能按照理念去思考对象，才能在将它构成对象的外部世界的关系中去掌握它。②

一般知觉一旦达到表象，就总想进行智力活动，它所寻求的是关于对象的某种真理，这就可能引起实践，它还围绕对象，在把对象与其它对象联系起来的种种关系中去寻求真理。③

以上几段文字所表达的主要意思是：一、普通知觉达到表象后，并不停留在对象自身关注其表现，而是走向理解和意志、思考和行动的对象。二、普通知觉寻求的是关于对象的某种真理，而不是属于对象的真理。三、普通知觉虽然揭示一个世界，但那不是对象内部的世界，而是对象之外的世界。关于审美知觉，他说：

审美知觉却从容不迫，不急于离开自己的对象。它深入考察对象，以便通过感觉去发现一个内部世界。所以这是另外一个世界：一个不是由想象哺育、由悟性延续、而是潜在于感觉之中的世界。正是这个世界可以证实现实。④

审美知觉的目的不是别的，只是揭示它的对象的构成罢了。但如想要界定审美对象，那就必须要有一个使之显现的范例式的直觉，这一知觉的标准不是随意的：它是典型的知觉，纯粹的知觉，其目标只是自己的对象，并不把自己融合到行动中去。而且这种知觉是既成

① ［法］杜夫海纳：《审美经验现象学》，韩树站译，文化艺术出版社 1996 年版，第 583—584 页。
② ［法］杜夫海纳：《美学与哲学》，孙非译，中国社会科学出版社 1985 年版，第 55 页。
③ 同上书，第 53 页。
④ 同①，第 584 页。

的、可以客观描述的艺术作品本身所唤起的。①

　　审美知觉是极端性的知觉，是那种只愿意作为知觉的知觉，它既不受想象力的诱惑，也不受理解力的诱惑。想象力引人围绕着眼前的对象胡思乱想，理解力则引人将眼前的对象纳入概念的确定性以便掌握它。……审美知觉寻求的是属于对象的真理、在感性中被直接给予的真理。全神贯注的观众毫无保留地专心于对象的突出表现，知觉的意向在某种异化中达到顶点。这种异化可以与完全献身于创作要求的创作者的异化相比较。我们敢说，审美经验在它是纯粹的那一瞬间，完成了现象学的还原。对世界的信仰被搁置起来了，同时，任何实践的或智力的兴趣都停止了。说得更确切些，对主体而言，唯一仍然存在的世界并不是围绕对象的和在形相后面的世界，而是——这一点我们还将探讨——属于审美对象的世界。②

　　这几段话含有如下的意思：一、审美知觉专注于对象自身，尤其关注对象感性的充分发展；二、审美知觉寻求的是属于对象的真理，这是在感性中被直接给予的真理；三、审美知觉揭示的是属于对象的世界。

　　总括起来说，杜夫海纳并未就普通知觉和审美知觉本身的内涵作出明确界定，涉及审美知觉本身的只是几句笼统的话：审美知觉是极端性的知觉，是那种只愿意作为知觉的知觉。它是典型的知觉，纯粹的知觉。反之，可以推论出，普通知觉则是非典型、非纯粹、非极端的知觉，是不愿意作为知觉的知觉。杜夫海纳所竭力论证的两者的区别则是集中在外部的关系上，这表现在两个方面：一是意识样式之间的关系，一是与外部对象的关系。

　　就意识样式之间的关系看，普通知觉一旦达到表象就会转向认识活动（理解、思考）和实践活动（行动），这就是杜夫海纳话中所暗含的不愿意作为知觉的知觉之意。而审美知觉则只愿意作为知觉停留于自身，并不向想象、理解、行动等其他意识样式转化，所以它是纯粹的、典型的、极端

① ［法］杜夫海纳：《审美经验现象学》，韩树站译，文化艺术出版社 1996 年版，第 22 页。
② ［法］杜夫海纳：《美学与哲学》，孙非译，中国社会科学出版社 1985 年版，第 53 页。

的知觉。

就两者与其对象的关系看，普通知觉的对象是外部世界的现实对象，但对象的存在尚未完全呈现出来，尚未达到辉煌的感性。知觉主体还带着此前所获得的知识与对象会面，并去寻求关于对象的真理。这样，知觉意识便开始向智性意识滑动，知觉对象也就随之转化为理解和意志、思考和行动的对象。普通知觉从对象走向世界，但这个世界是存在于对象之外的。审美知觉的对象在知觉主体面前达到完完全全地呈现，显现与存在完全同一。审美知觉的目标只是自己的对象，它拒绝想象力和理解力的诱惑，从容不迫，深入考察对象，以便通过感觉去发现一个对象内部的世界。在这个过程中，对象始终是知觉的对象。

综上所述，普通知觉与审美知觉的区别可作如下概括：普通知觉因含有智性、想象、行动的残渣或向这些意识样式转化的趋势，故尚不纯粹。而审美知觉因排除了智性、想象和行动的诱惑，坚守住自己的阵地，已为纯粹的知觉本身。

论述至此，我们已经注意到，经由智性认识到普通知觉，再由普通知觉到审美知觉，从现象学的角度看，毫无疑问，这是一个还原的过程。由于杜夫海纳的现象学还原与胡塞尔和梅洛－庞蒂有着种种关联与差异，所以有必要在此对这两家的现象学还原思想作一简单的回顾。

三、胡塞尔与梅洛－庞蒂"现象学还原"思想之比较

胡塞尔的还原包括"本质还原"和"先验还原"。胡塞尔的现象学是一门关于本质的科学，但他对于现象与本质之间的关系的看法，完全不同于传统哲学现象与本质相分离的二元论，而主张本质不是超越现象的东西，本质就是现象，本质是诸现象中的一种现象，本质是纯粹和一般的现象。"纯粹的"意味着最初的、直接给予的，"一般的"意味着非具体的、摆脱了感性内容的。本质是现象中稳定的、一般的、变中不变的东西，也就是所谓诸变体间不变的"常项"。而且他认为，正如个体的或经验的直观的被给予之物是一个对象一样，本质直观的被给予之物也是一个对象，只不过这是一个"观念对象"。

如何把握这个"观念对象"？他的回答是"直观"。胡塞尔将直观分为

两种类型：感性直观和观念直观。感性直观是指用感官直接感知个别的实在的东西，是感性的具体的经验意义上的直接的"看"，它所获得的是感性材料的东西。正如对个体物的"看"是直观一样，对观念物的"看"也是直观。区别在于，后者是非感性、非具体、非经验的直接的"看"，这是一种精神的或观念的"看"。所以，胡塞尔把本质直观称之为"一种特殊的意识行为"、"原本给予着的意识行为"、"一个特定的纯粹精神行为"、"一种全新的意识样式"、"一种显然更为复杂的直观"。所以，本质直观不是一个演绎或归纳的过程，不是一种逻辑的方法，而是一种直觉的方法。要而言之，本质直观就是通过审视自己的意识领域，从呈现在意识领域内的现象中排除那些感性的、具体的、偶然的和混杂了虚假成分的或被歪曲了的东西，即非纯粹的现象，也就是相对于本质的事实性的东西，相对于可能性而言的现实性，从而将纯粹的现象，也就是直接呈现在意识中的"事物本身"描述出来，这种纯粹的现象是非具体的非感性的，也就是本质。因此，所谓本质直观，就是通过反省自己的主观意识获得事物本质的方法。用现象学家克劳斯·黑尔德的话说，本质直观就是"将意向体验和其对象的事实性特征还原到作为它们基础的本质规定性——事实特征对于这些本质规定性来说仅仅是一些可互相代替的事例——上去"。① 就具体操作步骤而言，本质直观需要个体对象作为"前像"，并在其后的"变更"中以前像为出发点创造出任意多的个体对象作为"后像"。这样以众多"变项"为基础，通过目光的转向获得本质直观，在持续的相合中把握贯穿在变项的多样性中的"一个统一"（即本质）。由个体直观到本质直观，直至把握本质，这就是所谓的"本质还原"。

本质还原达到了事物的本质，但尚未达到先验主体性。于是胡塞尔又提出了"先验还原"的方法。所谓"先验还原"指一种从自然的思想态度向现象学的思想态度转变的方法。在进行先验还原之前，任何学说、包括本质科学都还处在自然观点之中；在先验还原之后，真正的哲学观点，即先验哲学的观点才得以出现。先验还原和本质还原不同，它不是一种具体

---

① ［德］克劳斯·黑尔德：《〈现象学的方法〉导言》，见胡塞尔：《现象学的方法》，上海译文出版社1994年版，第19页。

的操作方法，而是仅仅意味着一种观点的转变。对此，胡塞尔所用的术语是："中止判断"、"加括号"、"悬置"、"排除"、"判为无效"等。"中止判断"、"加括号"、"悬置"侧重于指对自然世界而言，"排除"、"判为无效"侧重于指对有关这个世界的信仰、设定的行为而言。摆脱对于世界的统觉，这叫存在的加括号；将对这个世界的信仰、设定等已有的知识前提判为无效，这叫历史的加括号。

总之，先验还原，一方面是排斥实体之物，即胡塞尔所称的自然观点的总命题："我不断地发现一个面对我而存在的时空现实，我自己以及一切在其中存在着的和以同样方式与其相关的人，都属于此现实。'现实'这个词已经表明，我发现它作为事实存在者而存在，并假定它既对我呈现又作为事实存在者而呈现。对属于自然世界的所与物的任何怀疑或拒绝都毫不改变自然态度的一般设定。"① 另一方面，则是要归结到非实体之物——现象学的剩余之物——"绝对的或先验的纯粹意识"——上去。

对于什么是现象学，梅洛－庞蒂与胡塞尔的看法不尽相同。胡塞尔滞留在观念领域，把问题局限于认识论的范围；而梅洛－庞蒂则关注人的生存，从认识论进展到生存论。由于存在这样的差异，两者在现象学的还原问题上便有所不同。

就先验还原来说，梅洛－庞蒂认为还原不是重返先验意识，而是回到知觉。因此，他不赞成胡塞尔对自然世界及其信仰和设定的悬置，因为在进行反省之前，世界作为一种不可剥夺的呈现始终"已经存在"，世界就是我们所感知的东西。他就此写道："没有内在的人，人在世界上存在，人只有在世界中才能认识自己。当我根据常识的独断论或科学的独断论重返自我时，我找到的不是内在真理的源头，而是投身于世界的一个主体。"② 基于此种认识，他认为关于还原的最重要的说明是完全的还原的不可能性。而真正的"现象学还原是一种存在主义哲学的还原：海德格尔的'在——世界中——存在'只出现在现象学还原的基础上"③。

---

① ［德］胡塞尔：《纯粹现象学通论》，李幼蒸译，商务印书馆1992年版，第93—94页。
② ［法］梅洛－庞蒂：《知觉现象学》，姜志辉译，商务印书馆2001年版，第6页。
③ 同上书，第10页。

就本质还原来说，梅洛－庞蒂认为本质不是目的而是手段，本质的方法是使可能事物建立在实在事物基础之上的一种现象学实证主义的方法。针对胡塞尔本质还原可能带来的分离本质与存在的倾向，他要求现象学应当把本质重新放回存在。所谓本质还原，目的在于同等地看待反省和意识的非反省生活。因此，具体到探讨意识、世界、知觉的本质的时候，他才这样说："探讨意识的本质，不是展开词义意识，离开在所谓的物体的世界中的存在，而是重新找回我对我的这种实际呈现，重新找回作为意识这个词和概念最终表示的东西的我的意识活动。探讨世界的本质，不是探讨世界在观念中之所是，如果我们已经使世界成为讨论的主题的话，而是探讨在主题化之前世界实际上为我们之所是。"① "探讨知觉的本质，就是表明知觉的真实性不是被规定的，而是作为通向真理的入口为我们而被规定的"②。

四、杜夫海纳的现象学还原

杜夫海纳在还原问题上受到了胡塞尔和梅洛－庞蒂的双重影响并又有自己的独特理解。首先他接受梅洛－庞蒂关于身体主体"在世界中存在"、知觉是身体主体与世界的一种原初关系的总观点。他说："还原的高峰不再是发现一种构成意识，而是发现它自己的不可能性；竭力把世界的正题悬置起来，竭力放弃自然态度及其本能的现实主义，这就是感到不可能、谁也不可能脱离他所在的世界，感到像知觉按非思考的方式体验到的那种与世界的关系总是既定的；意向性是意识的那种周而复始的投射，通过这种投射，意识在任何思考之前便与对象配合一致。"③ 在这样一个前提下，展开了他对于现象学还原的理解。

在意识活动方面，他认为还原不是回到胡塞尔的纯粹意识："主体的非我性，也是不可还原的。我思的自我性即使在一种先验哲学中，也是以第一人称形式出现的。超验只是主体在转向客体时成为主体的这种运

---

① ［法］梅洛－庞蒂：《知觉现象学》，姜志辉译，商务印书馆2001年版，第12页。
② 同上书，第13页。
③ ［法］杜夫海纳：《审美经验现象学》，韩树站译，文化艺术出版社1996年版，第256页。

动。"① 相反，意识活动的还原，是停止任何实践的或智力的兴趣，从而返回知觉。但"知觉永远是一场戏剧演出的舞台。它不断地超越自己，走向另外一种认识形式。这种认识形式竭力想脱离主观性去把握对象的客观性。主体和客体的区别乃是这样努力的结果和目的"②。这就意味着，返回知觉，不仅仅是从认识活动重返知觉，而且更重要的是在知觉的基地上，要截住知觉朝着认识活动的走向。只是在这样一种前提下，知觉才回到原始经验，即返回到纯粹知觉本身："在这种经验中，客体的呈现是给予知觉的，因为主体和客体还没有区别。这场戏在知觉对象的地位中得到反响。"③ 杜夫海纳把意识活动回返到纯粹知觉的状态称之为"异化"。联系上下文，我们理解杜夫海纳称"审美知觉就是异化"的意思有二，一是相对于智性意识和杂有智性意识的普通知觉而言，审美知觉为异；二是在纯粹知觉中，知觉活动的自我极走向感性，并沉浸于感性之中，以至于外化为知觉对象："我变成了双簧管的尖细悦耳的音调、小提琴的纯旋律和铜乐器的声响；我变成了哥特式尖顶的气势或绘画的协调色彩；我变成了词语及其特有的面貌，变成了当我念词语时词语留在我口中的那种滋味；我好像精神发生错乱，因为感性在我心中回荡，而我不可能是别的，只是感性表现的地方和它的势力的反响。"④ 但是，在杜夫海纳看来，外化为审美对象，并不是说知觉主体就是审美对象，而实际情况是审美对象依然外在于知觉主体："我变成了它们为了使它们成为它们自身。审美对象在我身上自我构成一种不是我的别的东西。换句话说，异化在这里修改了意向性：我不能说我构成审美对象，而是审美对象在我身上通过我瞄准它的行为自我构成的。"⑤ 在此种情境中，知觉主体的状态是放弃控制对象的主观性倾向，向对象的魅力屈服，祈求感性，并沉醉于感性之中。正是因为知觉主体毫无保留地专心于对象的突出表现，知觉的意向便在某种异化中达到顶点。

---

① ［法］杜夫海纳：《美学与哲学》，孙非译，中国社会科学出版社1985年版，第52页。
② ［法］杜夫海纳：《审美经验现象学》，韩树站译，文化艺术出版社1996年版，第257页。
③ 同上书，第257页。
④ 同上书，第263页。
⑤ 同②，第268页。

　　在意识对象方面，还原不是回到胡塞尔的"先验的纯粹的"意向对象，在这一点上，他同意梅洛－庞蒂的观点，还原的最大教导是：彻底的还原是不可能的，因为他认为"客体的外在性是不可还原的，尽管客体只是为主体而存在的"①。但与梅洛－庞蒂不同的是，他赞成胡塞尔悬置自然世界的观点："审美经验在它是纯粹的那一瞬间，完成了现象学的还原。对世界的信仰被搁置起来了，……说得更确切些，对主体而言，唯一仍然存在的世界并不是围绕对象的和在形相后面的世界，而是——这一点我们还将探讨——属于审美对象的世界。"② 虽然都是"悬置"自然世界，但在信仰方面，杜夫海纳与胡塞尔还是存在着一定程度的差异，胡塞尔为追求知识起点的明证性而悬置自然世界，固然是存而不论，但毕竟是"存疑"的。而杜夫海纳的存而不论仅仅是由于在审美知觉中注意力的转移所致，对外部世界的存在并不怀疑。

　　在审美知觉中，他把这种对外部世界的悬置称之为"中立化"。以戏剧演出为例，当我坐在剧场里，现实——演员、布景、大厅——对我不再是真正现实的东西。演员已经被中性化了，他不是作为演员。而是作为他演出的作品被人感知。他和歌剧的关系多少有点像画布和画的关系，画不可以由于某种原因如上胶的好坏使色彩失真或给色彩增添光彩，但不是色彩本身。至于审美知觉所瞄准的对象——非现实或说非实在——表演出来的对象、在我面前演出的故事——同样也被"中立化"了，这就是说，我不再把它看作是真正非现实的东西。"那个非现实的东西，那个'使我感受'的东西，正是现象学的还原所想达到的'现象'，即在呈现中被给予的和被还原为感性的审美对象"。③ 在这里，就现实、实在的"中立化"来说，是"中止判断"，是"悬置"，是"加括号"；就非现实、非实在的"中立化"来说，是"还原"。实际上，这是同一审美过程中表现在对象一极的两个平行的方面。杜夫海纳不但注意到了这两个方面，而且特别地强调这两个方面的平衡："在演出中，实在与非实在彼此平衡，互相抵消，

①　［法］杜夫海纳：《美学与哲学》，孙非译，中国社会科学出版社1985年版，第52页。
②　同上书，第53页。
③　同上书，第54页。

仿佛中性化不出自于我，而是出自于对象本身：舞台上发生的事情要求我把大厅里发生的事情中性化，使之失去作用，反过来也是一样。此外，甚至在舞台上所叙述的故事也要求我把演员中性化，反过来亦复如此。总而言之，我不是把实在当作实在，因为还有这一实在所表示的非实在。我更不是把非实在当作非实在，因为还有推动和支持这一非实在的实在。"① 正是现实的退隐和非现实的凸显，我们才有可能从现实的世界跨入到审美的世界，这个世界是属于审美对象的。

经过以上还原，我们回溯到了纯粹知觉的意向性，如果套用胡塞尔的"意向作用——意向对象"结构，纯粹知觉意向性则可表述为"纯粹知觉——审美对象"。

第五节　审美对象的存在方式

现在，我们已经清楚，审美对象是一个纯粹知觉的对象。"审美对象作为纯粹知觉的对象"这一命题，已经从总的方面阐明了审美对象的存在方式，但作为这一存在方式的具体含义却有待于进一步展开。对此，杜夫海纳提出的概念有："自在的存在"、"为我们的存在"、"自为的存在"、"准主体"。在接下来的分析中，我们将会看到，这些概念的具体含义及其相互关系都是对梅洛－庞蒂知觉本身与被知觉物的含混性及其相互之间所具有的可逆性关系在审美领域的发挥。

一、"自在——为我们"

什么是"自在的存在"？萨特按照他对"意识总是对某物的意识"这一意向性的理解，认为当某物被意识所揭示时，这个物作为被意识揭示的存在向意识显现，但在被意识所揭示之前，作为物它已经存在着了，这个存在就是"自在的存在"。杜夫海纳正是在萨特的意义上理解"自在的存在"的。博物馆中的画，当被参观者感知时，它作为审美对象而存在；而

---

① ［法］杜夫海纳：《审美经验现象学》，韩树站译，文化艺术出版社 1996 年版，第34—35 页。

当参观者走出博物馆，此时画虽未被感知，但它仍然是存在的，只是它再也不作为审美对象而存在，只作为东西而存在。这个"东西"也可以说作为作品、就是说仅仅作为可能的审美对象而存在。正是从审美对象具有一个物质基础的意义上，杜夫海纳说了如下一些话：

> 这时，审美对象就是一个物。①
>
> 自在意味着什么呢？首先，它意味着对象不等待我而存在，它有一种我达不到的充实性。②
>
> 知觉对象不但作为被我经验的东西，而且还作为不依赖于我的东西而存在。③

这是"自在"的最基本的含义。杜夫海纳把这个自在的存在称之为"审美对象的自在"，并指出审美对象自在的根源应该在作品中去寻找。正是在这一点上，杜夫海纳的"审美对象的自在"与萨特的"自在的存在"产生了明显的区别。萨特所谓"存在是自在的"，是说其存在完全在其自身之中，不包含任何关系。既不与他物发生关系，也不与自身发生关系。因此其存在没有原因，没有理由，没有必然性或可能性；它不可能被其他存在、意识、精神实体或上帝所创造，也不为它本身所创造；它既不是被动的，也不是主动的；既不是内在的，也不是外在的，处于肯定和否定范围之外。而杜夫海纳的"审美对象的自在"——作品，则为艺术家所创造，已与外物发生关系，并且具有主动性。其主动性就体现在它的表现方式上："这个对象不断向制作或知觉它的人提出要求。"④ 在此，意识开始介入，意识把自在之物转化为对象之物，意识使作品从黑夜进入光明，从物状态进入感知物的状态。

正是在这个节点上，杜夫海纳提出了"自在——为我们"的概念。

> 审美对象使我们不得不保留发展"自在——为我们"这一公式的

---

① ［法］杜夫海纳：《审美经验现象学》，韩树站译，文化艺术出版社1996年版，第261页。
② 同上书，第257页。
③ 同上书，第257—258页。
④ ［法］杜夫海纳：《美学与哲学》，孙非译，中国社会科学出版社1985年版，第55页。

两个命题：一方面，有一种审美对象的存在，它禁止我们把它归结为再现的存在；另一方面，这种存在与知觉挂钩并在知觉中完成，因为这种存在是一种呈现。①

　　审美对象既是自在的，又是为我们的。②

"自在——为我们"这一概念来自于梅洛－庞蒂的《知觉现象学》，杜夫海纳在《审美经验现象学》中引用了这段话："我们常说，没有人去感知物，就无法设想感知之物。但事实仍然是，物是作为自在之物呈现于感知它的那个人，它提出了一个真正的自在—为我们的问题。"③ "为我们"的"我们"指的是知觉主体，"为我们"之"为"是说，作为自在之物的作品要凭借、通过主体的知觉才能呈现并完成自身，从可能转变为现实，从作品转变为审美对象。

　　既然审美对象是凭借、通过知觉而呈现并完成自身，那么"为我们"一面便压倒了"自在"的一面，使人很自然地推论出审美对象是被知觉意识所构成的，这岂不是又滑向了胡塞尔"意向作用"对"意向对象"的"构造"的思想？但我们知道，在知觉对象为我们存在这一点上，杜夫海纳是服膺于梅洛－庞蒂的知觉与被知觉世界关系的观点的。梅洛－庞蒂认为，知觉意识不是一种构造意识和一种纯粹的自为存在，虽然物体是通过感知者对世界的把握而呈现的，因而不能与感知者相分离，但物体仍然是客观的，它是一个为我们的自在物体。杜夫海纳明确表明，在知觉活动中，对象不是构成活动的产物："因为感知这一事实要求我们的反而是冲破主体和客体的对立为一切思考所造成的困境；它使人想到，对象不是构成活动的产物，但又只是为能够辨识和释读对象的那个意识而存在；它要求我们设想一种主客体关系、即一方只通过另一方而存在，主体与客体有关、客体同样与主体有关的这种关系。换句话说，只有主体首先处于客体的水平，只有从自身深处为客体作准备，只有客体的全部外在性呈现于主

---

① ［法］杜夫海纳：《审美经验现象学》，韩树站译，文化艺术出版社 1996 年版，第 260 页。
② ［法］杜夫海纳：《美学与哲学》，孙非译，中国社会科学出版社 1985 年版，第 61 页。
③ 同①，第 257 页。

体时，主体才能遇见客体。这种主客体的调和一直进行到主体自身。这时，主体躯体和对象躯体便等同起来。"① 在这个问题上，杜夫海纳既反对自然主义的观点：主体是世界的产物，又反对唯心主义的观点：世界是主体的产物。假如一定要用"构成"一词来表达知觉意识对于对象的呈现作用的话，那么在杜夫海纳看来，"构成对象，就是存在于对象之中，去再现对象本身所暗含的意义；就是认识对象，如同在个性界线遭到破坏的一种共同行为的亲密关系之中男人认识女人那样"②。甚至可以更进一步说，是审美对象在知觉主体身上通过主体瞄准它的行为自我构成的。知觉意识在审美对象自我显示、自我构成的过程中，仅仅起提供舞台和配合对象的作用。"为我们"之"我们"，即知觉主体，仅仅是审美对象的见证人，"我们"被唤来实现它的独立自主权。因此，审美对象在知觉中自我完成，并不意味着它是一种再现的主观存在，杜夫海纳以一种断然的口气说"不，它也是一个物"③。

明乎此，我们就可以理解杜夫海纳所说的"自在"建立在基本含义之上的另一层含义：一种仅仅呈现于知觉的这种对象的真实性。这包含两个方面：一方面，审美对象吸引知觉；另一方面，它妨碍知觉，拒绝在知觉中把它和主体串联在一起的同谋关系，要求主体采取客观化的态度确认它的客观存在的真实性。在此，充分体现了知觉与被知觉物的含混性特点：知觉不是认识，对象不是抽象的知性意义。一切都是感性，在知觉与对象的交界处，是双方感性的混融。因此，杜夫海纳才说："知觉对象是内在性中的一种超验性。"④ 所以，自在的另外一种表现方式就是："如果知觉公平地对待对象，知觉在感性中就会发现以某种方式给予对象一种自然存在的内在必然性。"⑤ 杜夫海纳在另外一个地方又把对象的"自然存在的内在必然性"称之为"自在的外在性"，并在这样的意义上说："这个自在不是为我们的，而是强加于我们的。我们除了去感知之外，没有其他办法。

---

① ［法］杜夫海纳：《审美经验现象学》，韩树站译，文化艺术出版社1996年版，第255页。
② ［法］杜夫海纳：《美学与哲学》，孙非译，中国社会科学出版社1985年版，第60页。
③ 同①，第259页。
④ 同①，第258页。
⑤ 同②，第55页。

因此，审美对象与实用对象疏远了，而与自然对象接近了。"①

那么，"自在的存在"与"为我们的存在"是一种怎样的关系呢？在这个问题上，梅洛－庞蒂既反对经验主义把知觉对象当作"自在的对象"，又反对理性主义把它看作是仅仅由我们的心灵所构成的"为我们的对象"。在梅洛－庞蒂看来，知觉对象实际上是"为我们的自在"。借用马克思的术语，在比喻的意义上，可以这样说："自在"是审美对象的经济基础，"自为"是审美对象的上层建筑，"为我们"则是通向它的上层建筑的不可跨越的台阶。杜夫海纳就是这样遵循梅洛－庞蒂的思路，把"自在"放在"为我们"之上并要求给予自在以优待的。

二、"自为——准主体"

什么是自为的存在？在萨特那里，自为是一个与自在相对的概念。"自在"这一概念表明了在未被意识所意向之前，存在着的某个东西。这个未被意识意向的东西，处于一团混沌、无差别、朦胧的状态。而"自为"则是显现自在这种存在的人的意识，它最大的特点是非实在性，也就是一种虚无。因此，它不受任何东西，包括其自身的束缚。它完全是主动的、自由的，不断否定、创造着自身，不断展示、维系着他物。

虽说自在是意识之外的某个东西，而自为是人的意识，但细而究之，外部存在和人的存在都有自在自为之分。杜夫海纳不但把审美对象看作是一个自在，而且也把它看作是一个自为。"我们可以说审美对象具有自然物的特征，例如冷漠、不透明性、自足。……审美对象自身带有意义，它是它自身的世界。我们只有停留在它旁边，不断回到它那里才能理解它。同时，因为它是照耀自己的光，所以它像是一个自为。因为有一种自在的自为，它对自在来说是自在的升华，一种从不透明变得明亮的方式，但不是通过接受世界赖以显露的外来的光，而是它自己发出的光。这就是表现。所以我们说，审美对象是一个准主体。"② 关于审美对象"自为"的内涵，杜夫海纳并没有像萨特那样作细致的阐述，但有两段话对此有笼统的

---

① ［法］杜夫海纳：《审美经验现象学》，韩树站译，文化艺术出版社 1996 年版，第 116 页。
② 同上书，第 178—179 页。

涉及："审美对象是一个准自为……自为既不排斥人身上的自在，也不排斥审美对象身上的自在；它总是形容凡是物而又不仅是物的东西。"① 在同一页的一个脚注里，他进一步说："'自在—自为'指的不是一个不可能有的神，它指的是人这个半神——同时指的是加上'准'字的审美对象，即人类的最富人性的作品。"②

"形容凡是物而又不仅是物的东西"指的是对自在的超越，联系到萨特意识具有超越性的观点，杜夫海纳"自为"的意思便非常清楚，即指意识。"人类的最富人性的作品"即是"加上'准'字的审美对象"，杜夫海纳在此借自为把审美对象与主体性联系起来，所以，他在许多地方都说过这样一句话：审美对象是一个准主体。至此，可以看出，杜夫海纳审美对象"自为"的含义是：具有准主体性的意识。

明确了自为的含义，接下来的问题是：是什么因素造成了审美对象含有一个自为？是什么因素使得审美对象具有准主体性？一句话，是什么因素造就了审美对象含有一个具有主动性的意识？对此，杜夫海纳说过许多话，但他的表述不是很集中，同时也不是很明确。对他的分散的表述做一个通观，并联系起来进行考察，厘清其逻辑线索，可概括如下：审美对象与主观性相联系，因而具有了表现的功能，表现使对象超越自身，走向一种意义。因此，审美对象有一个自为，是一个准主体。下面，我们按此线索对涉及的几个概念逐一作出阐释。

艺术作品是由艺术家创造的，同时，艺术作品也要求观众的鉴赏。这样，作品便与主体的主观性产生了联系。杜夫海纳说：

> 我们也有权把审美对象当作准主体来对待，因为它是一个作者的作品：在它身上总有一个主体出现，所以我们可以不加区别地说作者的世界或作品的世界。审美对象含有创造它的那个主体的主体性。主体在审美对象中表现自己；反过来，审美对象也表现主体。③

---

① ［法］杜夫海纳：《审美经验现象学》，韩树站译，文化艺术出版社1996年版，第264页。
② 同上书，第264页。
③ 同上书，第232页。

它双重地与主观性相联系。一是与观众的主观性相联系：它要求观众去知觉它的鲜明形象；二是与创作者的主观性相联系：它要求创作者为创作它而活动，而创作者则借此以表现自己，即使——尤其是——创作者并没有这样的明确想法。所以我们称呼审美对象的世界就用它的作者的名字。我们用巴赫、凡高或季劳都的世界来表示他们的作品所表现的东西，而这一点本身就表明了对象与主观性的一种更深刻的联系。如果对象能够表现，如果对象本身带有一个与它所处的客观世界不同的自己的世界，那就应该说，它表现了一个自为的效能，它是一个准主体。①

作者通过创作行为在作品身上留下了自己主观性的印记，在其形态上就显现为作者的世界和作品的世界就是同一个世界，结果就是审美对象与主体互相表现：审美对象表现主体，主体在审美对象中表现自己。我们同样可以说，观众的知觉行为使得审美对象得以显现，审美对象的世界和观众的世界也是同一个世界。在这世界里，观众与审美对象互为表现。这一点不难理解。但是，我们不可以因此就断然说主观性是由主体由外而加诸审美对象的，似乎审美对象是一个主观性的空无。杜夫海纳上述两段话是从主体—客体的层面上立论的，我们可作如此的理解。但按杜夫海纳审美经验现象学的观点，审美活动是一个向本源回溯还原的过程，也就是由主体—客体层面向前主客体层面的回复。在前主客体的层面上，主观性与客观性是混融为一的，这就是作为存在性的情感先验。立足于情感先验的角度，我们可以说，所谓作者的创作行为和观众的知觉行为，根本不是要把一个外在的主观性加诸于审美对象，而是为审美对象主观性的显现提供机会和舞台。如果硬要说存在有两种主观性的话，那么这也是主观性与主观性的遭遇和对话，或者说，是主观性自身与自身关系的表现。杜夫海纳的一段话可以印证这个观点："审美对象同主体性一样，是一个特有世界的本原，这个特有世界不能归结为客观世界。……我们感觉到这个世界只能显示于一个主体，这个主体不但是它辉煌呈现的见证人，而且还能够把自己结合

_____

① ［法］杜夫海纳：《美学与哲学》，孙非译，中国社会科学出版社 1985 年版，第 57 页。

到产生它的那个主观性的运动中去，简言之，这个主体不是把自己变成一般意识去思考客观世界，而是用主观性来回答主观性。这时，审美知觉采用的形式便是我们所谓的感觉，即感知表现的世界的一种特殊方式。"① 他把这个向本原恢复的主观性的运动称之为"回到洞穴中去"。

具有了主观性的艺术作品，同时就具有了表现的功能。而表现，就对象一极来说，就是超越自身，走向一种意义。就主体一极来说，表现主体就是揭示主体的世界。所谓超越自身，就是对自在的升华，就是用意义之光照耀自己，把冷漠、不透明、自足的"自在"转化为一个透明的世界。所谓意义，不是给再现指定的显明意义（即非知性意义），而是投射一个世界的更为根本的意义。这个意义，对审美对象来说就是它的体形：这就是灵魂。

至此，我们接受并确认审美对象具有一个自为，是一个准主体；而且我们进一步弄清了这个自为是通过外在的主观性回溯到对象自身内在的主观性而显现出来的。那么来自于自身的自为与对象的自在是一种怎样的关系？就此，杜夫海纳说过一句话："自为既不排斥人身上的自在，也不排斥审美对象身上的自在；它总是形容凡是物而又不仅是物的东西。"② 同时，杜夫海纳提出了一个命题：审美对象是一个"自在——自为"，或者说"自在的自为"。这就说明，审美对象是自在与自为融合为一的整体性的自律存在。

就审美对象作为一个"自在——为我们"来说，它一方面不依赖主体而独立地存在，另一方面它又通过主体的知觉而得以呈现。虽然这并不意味着审美对象是被动的，但毕竟审美对象面对知觉主体尚未显示出它的主动性，而作为"自在——自为"的准主体，对于知觉主体来说，审美对象则显示出了它的主动性。这表现为，审美对象期待知觉、引发知觉、强加于知觉、操纵知觉。杜夫海纳说："在把审美对象结合到我并使我服从于我所采取的审美态度的这种关系中，毕竟是审美对象采取主动。我只是情感逻各斯借以释放的时机，它在我身上陈述自己。一切经过都仿佛对象需

---

① ［法］杜夫海纳：《审美经验现象学》，韩树站译，文化艺术出版社 1996 年版，第 234 页。
② 同上书，第 264 页。

要我以便感性得以实现并获得自己的意义。但我只是感性实现的工具。发号施令的是对象。"① "审美对象显示出一种要求,这种要求可以说是表示它的一种如同自己存在的保证的愿在。它首先在知觉上显示出这一要求。它不但不等待被知觉之后才存在,甚而还引发知觉,操纵知觉。这也说明审美对象需要知觉才能充分存在。审美对象不但像康拉德明确指出的那样向自己未来的见证人提出某个位置和某种行动,它还要求下文将设法描述的某种精神状态以便见证人向它贡献出自己内心的全部力量。在这个意义上说,审美对象远非为我们而存在,而是我们为审美对象而存在。"②

杜夫海纳在此提出"我们为对象而存在"这一命题,这是对审美对象作为准主体所表现出的主动性的集中概括。叶秀山在评述杜夫海纳的这一思想时作了很有见地的阐发:"从主体性思想出发,杜弗朗提出'艺术作品'为一种'类主体'的思想,这就是说,艺术作品固然是客观对象,但却'表现'了'主体'的世界(观)。……胡塞尔已经提出过'类主体'的思想,但把它用之于'艺术',则是杜弗朗的发挥。……'艺术作品'是'类主体',那么同时还得肯定'艺术家'也是'类客体',这样才能避免把艺术家作为'主体'当作情绪的实体,而借助某些艺术媒介流露出来。"③ "类客体"这一概念从艺术家和观众的角度说明了审美对象作为准主体的主动性,同时也说明了知觉主体不仅仅是一个纯自为,他同时也是一个自在。如果说审美对象是一个"自在——自为",那么人就是一个"自为——自在",这也就是梅洛–庞蒂所说的"身体——主体"的含义。当审美对象的"自为"朝向知觉主体的"自在"的时候,审美对象就会发号施令采取主动,而知觉主体则同意放弃控制对象的倾向,祈求感性,向对象的魅力屈服,并沉醉于感性之中,以至于成为感性实现的对象,这就是杜夫海纳所称的"修改了的意向性"(审美对象的意向性)和知觉主体的"异化"。

---

① [法]杜夫海纳:《审美经验现象学》,韩树站译,文化艺术出版社 1996 年版,第 267 页。
② 同上书,第 260 页。
③ 叶秀山:《思史诗》,人民出版社 1988 年版,第 317—323 页。

三、"准主体"与"准客体"

相应于审美对象作为"自在——自为——为我们"的"准主体",我们必须补充说,知觉主体则是作为"自为——自在——为对象"的"准客体"。反之亦然。以上我们分别从"自在"与"自为"两个层面探讨了审美对象与知觉主体的关系,这已经部分地阐明了审美对象的存在方式。为了更充分地说明审美对象存在方式的含义,我们有必要从审美对象作为"自在——自为"、知觉主体作为"自为——自在"的整体上对两者的关系作一描述。

胡塞尔用"意向作用"对"意向对象"的单向的指向和构造来表明他对主客体关系的看法,这是杜夫海纳所不赞成的。萨特用"自为"对"自在"的单向的综合以使自为和自在重新统一起来,这同样不为杜夫海纳所接受。因为,两者都把客体看作是一个纯被动,而把主体看作是一个纯主动。这样一种单向关系实质上仅仅是一种认识的关系,而非更原始的知觉关系。梅洛－庞蒂认为,知觉与被知觉物的关系,在自然的层面上是一种身体的交织。他说:"我们作为自然的人置身于自身和事物之中,置身于自身和他人之中,以至于通过某种交织,我们变成了他人,我们变成了世界。"[1] 这意味着身体主体与身体客体的交织,我的身体与他人身体的交织,身体与自然的交织。而在精神的层面上则是一种灵魂的交流。他说:"在画家和可见者之间,不可避免地会出现作用的颠倒。因此,许多画家都说,物体在注视他们……它们是如此难于区分,以致我们不再晓得哪个在看,哪个被看,哪个在画,哪个被画。"[2] 根据画家柯勒的经验,我们会产生不是我们在注视树林,而是树林注视我们的感受;树木对我们说话,而我们在那里倾听。总之,按梅洛－庞蒂的看法,在知觉者与被知觉者之间存在着的是一种"可逆的"关系。

杜夫海纳把梅洛－庞蒂的这种可逆性的思想引入到审美对象与知觉主体之间的关系上,并作了具体而独特的发挥。在审美对象与知觉主体"自

---

① ［法］梅洛－庞蒂:《可见者与不可见者》,转引自杨大春:《杨大春讲梅洛－庞蒂》,北京大学出版社 2005 年版,第 124 页。
② ［法］梅洛－庞蒂:《眼与心》,见《梅洛－庞蒂现象学美学文集》,中国社会科学出版社 1992 年版,第 136—137 页。

在"对应"自在"的层次上，他首先要求主体处于客体的水平，从自身深处为客体作好准备。在此条件下，当主体与客体相遇时，主体躯体和对象躯体便等同起来。两个躯体的等同就是两者的交织。他说："感官不完全是用来截获世界图像的工具，而主要是主体用来感觉客体以及与客体相互协调的手段，犹如两种乐器那样相互协调。身体所理解的，也就是身体所感受的和承担的东西，可以说就是存在于事物之中的意向自身，就像梅洛－庞蒂先生所说的，是事物的'唯一存在方式'。作为物体的主体不是世界的一个事件或一个部分，不是万物中之一物；它身含世界，世界也含有主体。它通过成为物体的动作认识世界，世界在它身上认识自己。"① 说感官是主体用来感觉客体以及与客体相互协调的手段，说身体所理解的，就是存在于事物之中的意向自身，是事物的唯一存在方式，也就是说在自在层面上主体对对象的肉体上的呈现。或者说，是两者在肉体上相互呈现。

在审美对象与知觉主体"自为"对应"自为"的层次上，两者便发生了两个意识之间的交流、对话。对此，杜夫海纳写道："审美对象含有它自己的意义。这种意义在我们更深入地与对象进行交流时才能发现，如同通过友情才能理解他人的存在一样。但是，这种交流是不可或缺的。没有交流，审美对象就失去活力，没有意义，正如没有表演（在需要有表演的时候），它还不完全存在一样。"② 这就是审美经验中出现的交互主体性。审美对象不仅是一个"自然物"，而且是一个"世界"；知觉主体不仅是一个躯体，而且是一个含有意识的躯体，它同样有一个自己的世界。所谓审美对象与知觉主体在"自为"层面上的交流对话，也就是两个世界之间的沟通。通过"说"与"听"，两个世界得以交融为一。

在审美对象与知觉主体"自在——自为"的整体层面上，两者互为主体，互为客体，以至于消失了各自的主体性与客体性，而成为非主体性、非对象性的交流。正是在这种非主体性、非对象性的交流中，展现出人与对象之间的本源性关系。杜夫海纳正是在这个层面理解意向性的："意向

① ［法］杜夫海纳：《美学与哲学》，孙非译，中国社会科学出版社1985年版，第58页。
② ［法］杜夫海纳：《审美经验现象学》，韩树站译，文化艺术出版社1996年版，第264页。

性的思想不是导向主体与客体间的一种原始交流的思想吗？"①

　　但是，在意向性的水平上，杜夫海纳认为主体与对象之间是姻亲关系而不是血缘关系，这就提出了一个双方进行交流的基础的问题，从而把主体与对象的关系推进到了更为本源性的维度。对此，杜夫海纳提出的概念是"情感先验"。杜夫海纳认为，在审美经验中存在着一种情感特质，这种情感特质先验地决定着审美经验，是审美经验产生的逻辑条件。他举例说，人们之所以能感受到拉辛的悲剧、贝多芬的悲怆或巴赫的宁静，是因为人们有某种先于任何情感的观念——对悲剧、悲怆和宁静的观念。他把这种先验的情感特质称之为"先认识"。这种"先认识"不仅存在于主体，而且存在于客体，有一种宇宙论的意义，是它给予审美对象以形式和意义，并构成一个世界。他就此写道："先验，尤其是审美经验中的情感先验，同时规定着主体和客体，所以它和意向性的概念有关。这个概念所表示的主客关系，不仅预先设定主体对客体展开或者向客体超越，而且还预先设定客体的某种东西在任何经验以前就呈现于主体。反过来，主体的某种东西在主体的任何计划之前已属于客体的结构。先验就是这种共同的'某种东西'，因而也是某种交流的工具。意向性的理论正是这样来看待先验的。反过来，先验这一概念也说明了意向性。"② 在探讨审美对象存在方式的过程中，杜夫海纳就是这样一步步将主体和客体推进到本体论，以此证明人与世界属于同一种族。这样，审美对象的存在方式所具有的含义也就得到了根本的、充分的说明。而他之反对把审美对象看作是如康拉德所理解的"观念对象"、如茵加登所理解的"纯意向性对象"、如萨特所理解的"想象的对象"就有了充足的理由和说服力。

————————

　　① ［法］杜夫海纳：《美学与哲学》，孙非译，中国社会科学出版社 1985 年版，第56—57页。

　　② 同上书，第60页。

第二章

审美对象的存在形态

第一节　感性

一、审美对象是辉煌地呈现的感性

杜夫海纳反对把审美对象看作是如康拉德所理解的"观念对象"、如茵加登所理解的"纯意向性对象"、如萨特所理解的"想象的对象",他主张审美对象是知觉对象。面对舞台,"我所感知的既不是演唱者,也不是正在歌唱的特里斯坦和伊索尔德,我所感知的是歌唱:是歌唱而不是声音,是配有音乐而非乐队伴奏的歌唱。我来听的就是这歌词和音乐的整体。这整体对我来说,就是实在的东西,就是它构成审美对象"①。审美对象作为知觉对象这样一种存在方式,也就必然地决定了它的存在形态是"感性"。实质上,杜夫海纳就是把审美对象直接定义为"感性"的,一方面,他从动态的角度说:"审美对象首先就是感性的不可抗拒的出色的呈现。"②"审美对象是感性的辉煌呈现。"③ 另一方面,他从静态的角度说:"审美对象就是辉煌地呈现的感性。"④"审美对象不是别的,只是灿烂的感性。"⑤ 其实,无论从动态还是从静态申说,其中心意思是相同的:"审美

① ［法］杜夫海纳:《审美经验现象学》,韩树站译,文化艺术出版社 1996 年版,第 35 页。
② 同上书,第 114 页。
③ 同上书,第 259 页。
④ 同上书,第 115 页。
⑤ ［法］杜夫海纳:《美学与哲学》,孙非译,中国社会科学出版社 1985 年版,第 54 页。

对象首先是感性的高度发展，它的全部意义是在感性中给定的。"① 没有感性的基础，审美对象就不复存在，进而它的意义也就无所从出。因此，在杜夫海纳看来，感性是无法替代的东西，是构成艺术作品的实质本身的东西。这就是审美对象之所以显示，任何知识之所以不能与之相当，任何翻译之所以不能取代它的根本原因。

"感性"的重要性不仅体现在审美对象上，放在杜夫海纳整个美学体系中来考察，"感性"也是不可或缺的一个关键概念。审美对象与审美知觉所构成的这种现象学意向性框架便预先决定了"感性"在其中的中心地位。没有"感性"，甚至"感性"退居第二位，不仅对象不是"美"的，② 而且知觉也同样不是纯粹（即审美）的。如此一来，审美经验中的现象学还原就没有得到实现，正是由于这个原因，知觉就不能使"显现"与存在同一，对象就不能与"现象"同一。《文艺现象学》的作者玛格欧纳甚至把"感性"称之为《审美经验现象学》全书的思想核心。程孟辉主编的《现代西方美学》认为，杜夫海纳的"感性"概念，"不仅把艺术作品与审美客体区别开来，而且通过强调审美感知的作用，强调了审美客体是欣赏主体和艺术作品美的形式成分直接相互作用的结果。这样，它就有根有据地在美学研究领域中彻底贯穿了现象学'诉诸事物本身'的根本意向，为主体和客体的直接统一找到了真正的家园"③。

二、"感性"的含义

那么，什么是"感性"呢？杜夫海纳对此作过大量的描述。他说："审美对象首先就是感性的不可抗拒的出色的呈现。如果旋律不是倾泻在我们身上的声的洪流，那又是什么呢？如果诗不是词句的协调和娓娓动听，那又是什么呢？如果绘画不是斑斓的色彩，那又是什么呢？甚至纪念

---

① ［法］杜夫海纳：《审美经验现象学》，韩树站译，文化艺术出版社1996年版，第376页。
② 杜夫海纳在论述美是什么的时候曾说："美是被感知的存在在被感知时直接被感受到的完满。首先，美是感性的完善，……其次，美是某种完全蕴含在感性之中的意义，……说对象美，是因为它实现了自身的命运，还因为它真正地存在着——按照适合于一个感性的、有意义的对象的存在样式存在着。"（杜夫海纳：《美学与哲学》，孙非译，中国社会科学出版社1985年版，第19—21页。）
③ 程孟辉主编：《现代西方美学》，人民美术出版社2001年版，第463页。

性建筑物如果不是石头的感性特质,即石头的质量、色泽和折光,那又是什么呢?如果色彩黯淡了,消失了,绘画对象也就不复存在。废墟之所以仍是审美对象,是因为废墟的石头仍是石头,即使磨损变旧,它也表现出石头的本质。但是假如遇上一场大火,建筑物失去自身的图形与油漆色彩,那它就不再成其为审美对象了。同样,如果诗只不过是数学算式中那样的没有感性特制的符号,只有自身的意义,那么诗也就不再成为诗了。"①"感性"这一概念,在西方美学史上,大约来说,有三种基本含义。一是与理性认识相对的感性认识,具体地说,感性是指一般外界事物作用于人的感觉器官而形成的感觉、知觉和表象的认识形式或认识阶段。自古希腊的柏拉图已降至 18 世纪的英国经验主义和德国理性主义对感性基本上持此种释义。美学之父鲍姆嘉登就是按此义把美学确立为研究感性知识的科学的。二是把感性理解为感性对象,它是事物的一些特征,如色彩和声音,它诉诸人的感官的感觉。三是把感性理解为感性活动,一种不断生成自身的感性生存活动。自黑格尔和马克思通过引入"实践"的概念,使对感性的意义理解呈现出从感性认识向感性生存的演变。

杜夫海纳的"感性"既非指感性认识或感性生存,更不是指一般意义上的感性对象,它所特指的是,在感性生存的基础上,经由现象学还原所回溯到的"现象",即"那个非现实的东西,那个'使我感受'的东西,正是现象学的还原所想达到的'现象',即在呈现中被给予的和被还原为感性的审美对象"②。这个"现象"是纯粹知觉意识的对象。杜夫海纳把感性解释为对象(譬如绘画、舞蹈、音乐、诗歌等)若干因素(这些因素对绘画来说是颜色,对舞蹈来说是可见的动作,对音乐来说是声音,对诗歌来说是词句转化的声音)必要的和巧妙的配合的整体。这个整体的感性,或者说这个感性的整体"就是我试图沉浸在其中的这种音乐的满溢,就是我试图把握其细微差别并跟随其展开的这种色彩、歌唱与乐队伴奏的结合"③。

---

① [法]杜夫海纳:《审美经验现象学》,韩树站译,文化艺术出版社 1996 年版,第 114—115 页。

② [法]杜夫海纳:《美学与哲学》,孙非译,中国社会科学出版社 1985 年版,第 54 页。

③ 同①,第 36 页。

　　杜夫海纳对感性的解释是不能令人满意的，原因在于它始终停留在描述的层次上。为了对"感性"有一个整体的深入的理解，我们必须把它放在"艺术作品——审美对象——审美知觉"这个理论框架中展开论述。在这个框架里，艺术作品是作为未被审美地感知的存在物而存在的，或者说，它是审美对象未被感知时留存下来的东西——在显现之前处于可能状态的审美对象。而审美对象则是作为艺术作品被感知的艺术作品，因为审美知觉，艺术作品在完满的感性中获得了自身完满的存在和价值的本原。

　　在此，我们注意到审美对象是处在艺术作品与审美知觉之间的，所以杜夫海纳才认为："感性是感觉者和感觉物的共同行为。当绘画的颜色不再映入眼帘的时候，颜色又是什么呢？颜色又回到了它的物或观念的本质，成为化学产品或光波的振动而不再是颜色。只有通过人的感知，并且只有对感知它的人来说，它们才是颜色。绘画只有被人观赏时才真正是一个审美对象。"①

　　在《美学与哲学》中，杜夫海纳同样说："感性产生在感觉者与被感觉者的交叉点上，审美对象仅仅在审美知觉中实现，对于任何被知觉物来说，这难道不是事实吗？"② 在这里，艺术作品既与审美对象相联系，又与审美对象有区别。当艺术作品未被审美地感知的时候，艺术作品表现为"物质材料"，当被审美地感知时，艺术作品表现为"感性特质"。

三、"物质材料"与"物质手段"

　　"物质材料"首先与"物质手段"有别。杜夫海纳认为，"物质手段"是材料的材料，它作为"物质材料"的载体和依托而存在；而"物质材料"则是因"物质手段"的中性化而出现的。例如，音乐的材料是声音，而作为发声手段的乐器则是物质手段；诗歌的材料是词语这种特殊的声音，而讲出这些词语的喉咙或戏院中用全身讲出这些词语的演员则是物质手段；绘画的材料是颜色，而画布和作为化学产品或振动的光波则是物质

---

　　① ［法］杜夫海纳：《审美经验现象学》，韩树站译，文化艺术出版社 1996 年版，第 74—75 页。
　　② ［法］杜夫海纳：《美学与哲学》，孙非译，中国社会科学出版社 1985 年版，第 208 页。

手段。原则上，物质手段是不出头露面的，也就是说，它自身不再被人感知。正是基于此种差别，杜夫海纳才说出了如下似乎与事实不相符合的话："阿尔比大教堂不是用砖砌成的，凡尔赛小特里亚农宫不是用大理石建造的，某某罗曼式耶稣受难像也不是用象牙雕制的，这与皮鞋是用皮革或工具是用钢材制成的不同。"①也就是说，砖之于阿比尔大教堂，大理石之于凡尔赛小特里亚农宫，象牙之于某某罗曼式耶稣受难像这样一些艺术作品而言，仅仅是"物质手段"，而非"物质材料"。

"物质材料"与"物质手段"虽然有别，但并不意味着二者是可以分离的，实际上，二者紧密地结成一体。比如，我们看到的演员的表演与我们听到的歌词是结合在一起的；石头也用来使对象、神殿或雕塑具体化；画布使风景或肖像具体化。因为，"物质手段"也有自身的感性特质，比如说石头的严峻、光滑、灰暗等属性。当"物质手段"不仅仅作为"物质手段"而存在，而是作为感性的载体而存在时，它所构成的就不是一个实用对象，而是一个欣赏的对象。在此，材料得到了颂扬，"物质手段"正是通过显示自己而不是使自己消失，即通过展开自己的全部丰富性实现自己的审美化的。在这个过程中，"物质手段"的感性转变为"物质材料"的感性。

四、"审美感性"与"原始感性"

其次，"物质材料"与"审美对象"有别。尽管"物质材料"和"审美对象"都可以作为感性而存在，但"物质材料"的感性是一种原始感性，而"审美对象"的感性则是一种审美感性。在论及审美对象的表现性能时，杜夫海纳提到了"原始感性"与"审美感性"两个概念及其转化："感性越显著，表现也越显著。艺术只有凭借感性，并按照使原始感性变成审美感性的操作才能表现。"②但对两者具体含义并未作出进一步阐释。爱德华·S·凯西在《审美经验现象学》英译本前言中把"原始感性"归之于在一般知觉中遇到的可归结为非表现性的感觉构成因素，而把"审美

---

① ［法］杜夫海纳：《审美经验现象学》，韩树站译，文化艺术出版社 1996 年版，第 340 页。
② 同上书，第 170 页。

感性"归之为通过达到形式上的完美而纯化这些构成因素所导致的结果，并进一步联系到审美对象作为"自为"的存在，而强调发挥其对于知觉主体的主动性的一面："它还具有一种自身特有的，强有力的，甚至是强制性的特性，要求欣赏者向'它那不可抗拒的辉煌的呈现'表示敬意。面对感性所构成的审美对象的'至高无上的统治权'，不管是欣赏者还是表演者都要顺从，都要认识到自己的任务是公正地对待审美对象，而不是凌驾于审美对象之上"①。这些论述虽说都在申说着杜夫海纳关于审美对象的某些观点，但毕竟没有切中"感性"本身。

"原始感性"即非审美对象在一般知觉中所显现的"自然感性"，也就是前述美学史上对感性的第二种理解，它是事物的一些特征和属性，如颜色和声音，它诉诸人的感官的感觉。颜色和声音等作为事物的属性和特征与事物自身的关系，按亚里士多德的观点，就是属性与实体的关系。实体是一切东西的主体或基质、基础，它本身独立存在，不依赖于任何其他东西；而属性则只能存在于实体之中，不能离开实体而独立存在；实体是先是的东西，属性是后是的东西。他说："实体在哪个意义上都在先：在定义上、在认识程序上、在时间上全居第一位。因为其他的范畴没有一个能够独立存在，唯有实体能如此。同时，在定义上实体也占第一位，因为每样东西的定义中都必须出现它的实体的定义。而且，我们认为自己对一件东西认识得最充分，是在知道它是什么——如人是什么，火是什么——的时候，而不是在知道它的性质、它的数量、它的位置的时候。"② 总之，实体没有属性也仍然是自身，而属性没有实体则无以存身。

杜夫海纳实际上已经注意到"物质材料"与"原始感性"的这种依存关系以及由此带来的差异，在把实用对象与审美对象作比较的时候。他说"物质材料"（它是作品的躯体）和"感性"的关系是："在实用对象的那种情况下，知觉通过亚里士多德的物理学也采用的那种自发运动，把物质材料和感性特质区分开来，因为知觉在物中感兴趣的是它作为物的实体，

① ［法］杜夫海纳：《审美经验现象学》，韩树站译，文化艺术出版社1996年版，第610页。
② ［古希腊］亚里士多德：《形而上学》，见《西方哲学原著选读》（上卷），商务印书馆1981年版，第125页。

即石头之所以是石头并可以用于建筑的东西；即钢之所以是钢并可以用于制造机器的东西；即词句之所以有意义并可以用于交流思想感情的东西。"① 在此，"感性"成为"物质材料"可有可无的符号，如同庄子所说："筌者所以在鱼，得鱼而忘筌；蹄者所以在兔，得兔而忘蹄；言者所以在意，得意而忘言。"② 未获得独立存在的原始感性，被一般知觉作为意指越过，而径直走向实用或知识，感性在此被消解了。海德格尔在《艺术作品的本源》中所说"斧成石亡"的例子就是对上述两者关系的极好说明："器具由有用性和适用性所决定，它选取适用的质料并由这种质料组成。石头被用来制作器具，比如制作一把石斧。石头于是消失在有用性中。质料愈是优良愈是适宜，它也就愈无法抵抗地消失在器具的器具存在中。"③

"审美感性"与"原始感性"之最大不同，在于感性不是审美对象的属性，不再是对象可有可无的符号，而是一个目的。感性是无法替代的东西，也是成为作品的实质本身的东西，以至于感性成为对象本身。当艺术作品诉诸审美知觉时，艺术的"物质材料"便转化为"审美感性"。正是在这种意义上，杜夫海纳认为艺术对"物质材料"和"感性"不作任何区分："无论如何，感性确是作品的材料本身，如同绘画是用色彩绘成的，音乐是用声音组成的，诗歌或戏剧是用应该念出来的词句构成的，舞蹈是用应该完成的动作形成的。但这里，感性不是用符号的手段来获得和指定的，它必须立即得到直接的处理。"④ "因为物质材料只不过是感性的深度罢了。这一大块粗糙而又带光泽的东西就是石头。这种细长、纤弱和动听的声音就是笛子的音色，而笛子则不过是给这种声起的一个名称。因为声音本身就是物质材料。如果说起木管和钢管，那么我们指的不是乐器的物质材料，而是声音的物质性。同样，当画家们说起物质材料时，他们指的也不是颜料这种化工产品或在上面涂颜料的画布，而是从颜色的厚度、纯

---

① ［法］杜夫海纳：《审美经验现象学》，韩树站译，文化艺术出版社 1996 年版，第 115—116 页。

② 《庄子·外物》，见《老子庄子直解》，浙江文艺出版社 1998 年版，第 333 页。

③ ［德］海德格尔：《林中路》，孙周兴译，上海译文出版社 1997 年版，第 29—30 页。

④ 同①，第 61—62 页。

度和密度来把握的颜色本身。总之，是根据颜色对创作所起的作用，但丝毫不漏掉它的感性特质和它对知觉的参照。因此，对感知者来说，物质材料就是从物质性也几乎可以说是从奇异性这方面来考察的感性本身。"① 这里关键的一点是，当物质材料"丝毫不漏掉它的感性特质和它对知觉的参照"的时候，当它"得到直接的处理"的时候，"物质材料"便转化为"感性"本身。海德格尔对两者的关系及其转化举例说是"庙成石显"："神庙作品由于建立一个世界，它并没有使质料消失，倒是使质料出现，而且使它出现在作品的世界的敞开领域之中：岩石能够承载和持守，并因而才成其为岩石；金属闪烁，颜色发光，声音朗朗可听，词语得以言说。所有这一切得以出现，都是由于作品把自身置回到石头的硕大和沉重、木头的坚硬和韧性、金属的刚硬和光泽、颜色的明暗、声音的音调和词语的命名力量之中。"② 杜夫海纳深受海德格尔的影响，并进一步发挥其观点，形成了更明确的表述：对象的物质性受到了颂扬，感性也达到了它的最高峰。

清代桐城派作家在谈到欣赏古文时讲究"因声求气"，"声"即语言音节的抑、扬、顿、挫，"气"即文章的意义、感情、形象所共同构成的感性整体。语言只有以其感性之"声"才能建构艺术的感性之象。一方面，"声"以显"象"；另一方面，"声"因"象"显。刘大櫆将文章的构成分为神气、音节、字句三个要素，并借用《庄子·秋水》"物粗物精"之说，将神气、音节、字句分别厘为"最精"、"稍粗"、"最粗"三个层次。但他说："然论文而至于字句，则文之能事尽矣。盖音节者，神气之迹也；字句者，音节之矩也。神气不可见，于音节见之；音节无可准，以字句准之。"③ 字句、音节虽为文的粗处，但它可通向文的精处。此即为"因声求气"。

俄国形式主义的代表人物什克洛夫斯基认为，艺术之所以存在，就是为使人恢复对生活的感觉，就是为使人感受事物，使石头现出石头的质感。但是在日常生活中，经过无数次地感受，人的行为模式已经凝固化、

---

① ［法］杜夫海纳：《审美经验现象学》，韩树站译，文化艺术出版社1996年版，第116页。

② ［德］海德格尔：《林中路》，孙周兴译，上海译文出版社1997年版，第30页。

③ 刘大櫆：《论文偶记》，见郭绍虞主编：《中国历代文论选》（第三册），上海古籍出版社1980年版，第434—435页。

机械化，对事物我们不是感受它而是认知它，事物摆在我们面前，我们知道它，但对它却视而不见。为了克服日常生活的机械性，什克洛夫斯基提出了"陌生化"的理论。"陌生化"的基本含义就是对艺术作品中的"材料"作感性的强化，譬如舞蹈之对于走路，诗歌之对于日常语言。

国内学者叶秀山在评价杜夫海纳"审美对象就是感性"这一命题时说："审美对象与其它对象的区别在于：审美对象的感性因素，具有一种存在性的意义，而就一般对象来说，对象的感性特征，只是作为'属性'来把握，……任何对象当然都有颜色，一般对象'有'颜色，而审美对象就'是'颜色，譬如，变了颜色的衣服仍是'衣服'，但画上的衣服却与它的颜色不可分，所以杜弗朗看来，在艺术作品中感性的东西已不再只是'标记'，而就是'存在'。长笛的声音不是那种'乐器'的'属性'，而就是那种声音的'存在'，所以我们不说'那个乐器在演奏'，而是说'长笛在演奏'，也不说'一个活人在跳舞'，而是说'生命在舞蹈'。"① "存在性"使感性成为实体，成为主体，成为对象本身。

为了进一步申说作为"物质材料"的艺术作品与作为"感性"的审美对象的区别，我们不妨引入朱光潜的"物甲"、"物乙"说。同杜夫海纳非常相似的一点是，朱光潜也是把审美对象放在"物——心"的框架里进行阐述："美不仅在物，亦不仅在心。它在心与物的关系上面。但这种关系并不如康德和一般人所想象的，在物为刺激，在心为感受；它是心借物象来表现情趣。"② 为了区别物与审美对象，他提出了"物甲"和"物乙"的概念："物甲是自然物，物乙是自然物的客观条件加上人的主观条件的影响而产生的，所以已经不是纯自然物，而是夹杂着人的主观成分的物。"③ 在"物甲——物乙——美感"的审美链条中，物甲是审美的客观条件，物乙是美感的对象，他把物乙称之为"物的形象"。其实，"物甲"与"物乙"的区别也就是中国古典美学中"物象"与"意象"的区别。尽管朱光潜"物甲"、"物乙"、"美感"等概念与杜夫海纳"艺术作品"、"审

① 叶秀山：《思史诗》，人民出版社 1988 年版，第 314—315 页。
② 朱光潜：《朱光潜全集》（第 1 卷），安徽教育出版社 1996 年版，第 346 页。
③ 朱光潜：《朱光潜美学文集》（第 3 卷），上海文艺出版社 1983 年版，第 34—35 页。

美对象"、"审美知觉"在具体含义上并不等同，但它对于我们理解"物质材料"与"审美感性"的区别会提供一个有所助益的参照。

五、感性与审美知觉

在"艺术作品——审美对象——审美知觉"这个框架中，我们还应当注意"审美知觉"对于"感性"的作用和地位。如前已所述，审美对象是作为被知觉的艺术作品，或者说，当艺术作品的"物质材料"被审美知觉意识所把握时，它便转化为"感性"。于是，在此就必然会产生一个争论：感性是否是把握它的意识的产物呢？其中一种观点是唯智主义的，即排除知觉，把审美对象看作是纯粹意识的产物；另一种观点则是把审美对象放在主体—客体这个整体的结构中来考察，一方面认为审美对象靠知觉来体现，譬如说，声音靠耳朵来听，它是对耳朵并通过耳朵对全身提出的一个命题；另一方面又认为有某一种先于知觉的声音的存在，其音响材料有一种外在的现实性。杜夫海纳对这个争论以及由此引起的"感性"这一概念的含糊性的态度是明确的，他说："是，也不是。"

对他所作的这一回答的理解，使我们必须回到审美对象的存在方式上去。从存在方式考察审美对象，杜夫海纳提出的总的命题是：审美对象是一个"自在——自为——为我们"的"准主体"。"为我们"指的是艺术作品作为物质材料须凭借、通过主体的知觉才能呈现完成自身，从可能转变为现实，从作品转变为审美对象。正是由于这一点，杜夫海纳才对"感性是否是把握它的意识的产物"这一争论回答说"是"。但是，"为我们"的一面并不否定审美对象"自在"的一面，因为它仍然是一个"物"。这个物具有一种自然存在的内在必然性，对于知觉主体来说，这就是自在的外在性。我们仅仅是作为见证人来实现对象的独立自主权，或者说，对象借助于知觉意识自我构成、自我显示。不仅如此，对于知觉主体来说，审美对象还是一个具有主体意识的"自为"，所以它具有主动性，这表现为审美对象期待知觉、引发知觉，甚至操纵知觉。杜夫海纳因此说："我只是感性实现的工具，发号施令的是对象。"[①] 对"感性是否是把握它的意识

---

① ［法］杜夫海纳：《审美经验现象学》，韩树站译，文化艺术出版社1996年版，第267页。

的产物"这一问题杜夫海纳所作另一种回答"也不是"的含义即在于此。

由此，我们就可以做一个定论："感性"虽然是感觉者和感觉物的共同行为，并产生在感觉者与被感觉者的交叉点上，但它并不是主客体双方的"平均数"，它属于客体一极，它仍然是"对象"，它就是对象，而且是一个"全"的对象。笔者不同意国内有的学者把"审美知觉"看作是"审美对象"的构成要素之一的观点，因为，首先它有悖于杜夫海纳的原意；其次，它混淆了"现实经验"与"审美经验"两个层次；再次，在审美经验的层次上，"审美对象"与"审美知觉"两个概念划界不清，有逻辑混乱之嫌。更为主要的是，这种看法把感性的地位降低了，照此推理，"感性"就已经不是审美对象之"全"。

如何理解上述定论？以及作为审美对象之全的"感性"是以何种方式产生的？这就需要我们对"审美知觉"做一个分析。

首先是知觉的主体，按梅洛－庞蒂的观点，它不是纯粹的意识主体，而是"身体——主体"。"身体——主体"既是肉体又是精神，是肉体和精神的统一。在梅洛－庞蒂哲学中，作为主体的身体与作为物质存在的身体是不同的。他把前者叫做"现象身体"，后者叫做"客观身体"。在他看来，只有"现象身体"才是活着的、经验着的现实的人的身体，而客观的身体只是一种抽象物，一种只有概念意义的存在。他说："客观身体不是现象身体的真理，也就是说，不是我们体验到的身体的真理，客观身体只不过是现象身体的一个贫乏表象，灵魂和身体的关系问题与只有概念存在的客观身体无关，但与现象身体有关。"① 在后期，梅洛－庞蒂又把"身体——主体"称之为"肉体"，并进一步把这个概念由人扩展到知觉的世界，称世界的基质是"肉体"。

杜夫海纳在他的美学中接受梅洛－庞蒂"身体——主体"的概念，并把它转变为"表演者"。在杜夫海纳看来，艺术作品的创作者是表演者，艺术作品的欣赏者也是表演者；需要表演的艺术（如戏剧、音乐、电影、舞蹈等）的作者、表演者、欣赏者是"表演者"，不需要表演的艺术（如剧本、乐谱、诗歌等）的作者、读者也是"表演者"，只不过"这是想象

---

① ［法］梅洛－庞蒂：《知觉现象学》，姜志辉译，商务印书馆2001年版，第540页。

的表演"。作为常识，我们都知道，"表演"是离不开身体的。各民族初期的诗都是诗、歌、舞三位一体的，这正说明了文学与身体的关联。即使在诗歌与音乐、舞蹈分化成为各自独立的艺术门类之后，诗歌也仍然需要朗诵才能得到充分的表现。即使在默读诗歌时，音乐和舞蹈也已经内化到身体中构成读者感性的体验，读者的身体是与诗歌的节奏、旋律产生共鸣的。杜夫海纳说欣赏艺术作品，身体不会退场，"因为正是通过我们的身体，通过身体的警觉和经验，我们才和对象保持接触。只是我们的身体不是先行发生作用，不是设法使对象服从自己，而是使自己服从对象，听任对象的驱遣"。①

其次，"审美知觉"虽然是一个整体，但在其深化过程中可以区分出三个阶段：呈现、再现、思考。杜夫海纳认为，在呈现阶段的知觉主体表现为"肉体"（或"肉身"），这个肉体是什么？他说："这个肉身不是一个可以接受知识的无名物体，而是我自己，是充满着能感受世界的心灵的肉身。"② 很明显，"肉体"的概念来自梅洛－庞蒂，只不过，梅洛－庞蒂把肉体扩大到了整个知觉世界，而杜夫海纳则把肉体限制在知觉主体一方。但能够作为知觉主体的"肉体"的含义则是同样的："有生命"、"有认识能力"、包含着"我思"（肉体的我思）、"有智力"、"载有精神"。

六、呈现

"感性"在"物质材料"的层面上，作为"自在的存在"，作为"物"，与作为"肉体"的知觉主体的"自在"处于同一水平，属于同一类。所以，"物体首先不是为我的思维而存在，它们是为我的肉体而存在的"。③ 而且，两者之间会发生密切的联结，梅洛－庞蒂把这种联结关系称之为具有可逆性的交叉关系，如触摸的手与被触摸的手的关系，画家与画中树木的关系等。杜夫海纳把这种发生在双方之间的原初的并具有可逆性的关系引申到审美领域，而把它称之为"呈现"或"显现"："知觉是从呈

---

① ［法］杜夫海纳：《审美经验现象学》，韩树站译，文化艺术出版社1996年版，第84页。
② 同上书，第374页。
③ 同上。

现开始的。而这正是审美经验所能向我们保证的。审美对象首先是感性的高度发展，它的全部意义是在感性中给定的。感性当然必须由肉体来接受。所以审美对象首先呈现于肉体，非常迫切地要求肉体立刻同它结合在一起。"①"呈现"或"显现"，对于"感性"，对于审美对象，是一个相当重要的概念。我们注意到，杜夫海纳在论述感性的时候，总是把"呈现"与感性连在一起使用。他说："审美对象是感性的辉煌呈现。""审美对象就是辉煌地呈现的感性"。没有呈现，感性又在哪里呢？其实，呈现对于审美对象的重要性，杜夫海纳已经说得很明白："审美对象的存在在于呈现。""感性呈现使我们能把艺术作品作为审美对象来理解"。"对审美对象来说，问题始终是显现"②。

那么，"呈现"的含义是什么呢？尽管论述审美对象的时候，有多处论及；在论述审美知觉的时候，其中第一章的题目就是"呈现"，但杜夫海纳并没有对其含义作出阐述，或许他以为"呈现"的意义不言自明。

"显现"是现象学中的一个重要概念，胡塞尔就把"现象"说成是事物在人们的意识活动中，尤其是在直观中显现出来的东西。他说："根据显现和显现物之间本质的相互关系，现象一词有双重意义。现象实际上叫做显现物，但却首先被用来表示显现本身，表示主观现象。"③

这是胡塞尔对"现象"一词所作的双重释义，由此带出了他对"显现"一词的双重理解："显现"既可以指显现物的显现，也可以指显现着的显现物，也可以同时意味着两者。在《观念1》中，双重意义的"显现"概念就被"意向活动"与"意向对象"这对概念所取代。杜夫海纳的"呈现"受到胡塞尔的影响是显而易见的，但是，显然又有很大的不同。这主要表现在，胡塞尔的显现与显现物是在反思中回到先验纯粹意识中的两极，而杜夫海纳的"呈现"则是纯粹知觉意识中的感觉者和感觉物的共同行为，这既可以指感觉者的呈现，也可以指感觉物的呈现。这种呈现的表现形态就是"感性"，在客体极为审美对象，在主体极则为肉体。

---

① ［法］杜夫海纳：《审美经验现象学》，韩树站译，文化艺术出版社1996年版，第376页。
② 同上书，第261、71、63页。
③ ［德］胡塞尔：《现象学的观念》，倪梁康译，上海译文出版社1986年版，第18页。

海德格尔从存在的角度，对"现象"作了独特的释义："就其自身显现自身者，公开者。"①所以，显现者就是事物自身，显现就是事物的存在。在此，显现与存在同一。杜夫海纳论审美对象的"呈现"或"显现"，受到海德格尔显现与存在同一思想的直接影响，他说："因此，对艺术作品而言，问题就是过渡到一种它的显现相等于它的存在的具体存在。"②"相反，审美知觉为了使显现与存在同一，就使形相充分地发展。审美对象的存在就是通过观众去显现的。"③

所谓显现与存在同一，是指存在的显现，或显现的存在。在此，存在的意义是：显现、敞开、照亮、澄明。譬如说，一双农鞋在作品（如梵高的油画）中走进了它的存在的光亮里，按海德格尔的讲法，它的存在便进入其显现的恒定中了。存在的显现既不是关于某物（客体）的显现，也不是关于某人（主体）的显现，它是"绝对显现"。因为审美经验已经回溯到了世界的前思考阶段。正是因为审美对象达到了显现与存在的同一，所以"感性"才挣脱了在日常活动中作为"属性"的依附地位，而赢得了自己的独立。

给杜夫海纳"感性呈现"以更为直接影响的，是海德格尔《艺术作品的本源》中所提出的一个命题：建立世界和显现大地是作品之为作品的两个本质特征。

何为世界？世界不是客观的、与人无关的物的纯然聚合，不是人所加上的主观的对这些物之总和的表象的想象的框架，也不是我们通常所理解的立身于我们面前可以认识的对象的整体。相对于物，相对于理念，相对于可认识的对象，世界是一个更加完整的存在。因为我们人始终归属于它，此在"在世界中存在"。这是一个在主客分化之前混沌一体的存在境域，这就是人的生活世界。人在世界之中的"在……之中"意味着"居住"、"逗留"、"停住"、"在家"，意味着"决断"、"采纳"、"离弃"、"误解"、"追问"，于是人向世界敞开，世界向人敞开，人与世界共同进入

---

① ［德］海德格尔：《存在与时间》，陈嘉映、王庆节译，生活·读书·新知三联书店1987年版，第36页。

② ［法］杜夫海纳：《审美经验现象学》，韩树站译，文化艺术出版社1996年版，第63页。

③ ［法］杜夫海纳：《美学与哲学》，孙非译，中国社会科学出版社1985年版，第55页。

敞开状态。所以海德格尔说"世界世界化",由此我们模仿海德格尔说"人人化"。为什么海德格尔说石头、植物、动物是无世界的,而农妇却有一个世界?"因为她居留于存在者之敞开领域中"①。正是由于人与世界的共同敞开,物有了自己的快慢、远近、大小,世界有了自己的广袤与逼仄,人有了自己的神圣与凡俗、伟大与渺小、勇敢与怯懦。海德格尔说一件建筑作品并不描摹什么,但是它通过自身的敞开开启了一个世界:"正是神庙作品才嵌合那些道路和关联的统一体,同时使这个统一体聚集于自身周围;在这些道路和关联中,诞生和死亡,灾祸和福祉,胜利和耻辱,忍耐和堕落——从人类存在那里获得了人类命运的形态。这些敞开的关联所作用的范围,正是这个历史性民族的世界。出自这个世界并在这个世界中,这个民族才回到它自身,从而实现它的使命。"② 这里提到的神庙作品所嵌合的道路和关联的统一体就是我们称之为世界的东西。

何为建立?"这种建立与一件建筑作品的建造意义上的建立,与一座雕像的树立意义上的建立,与节日庆典中悲剧的表演意义上的建立,是大相径庭的。这种建立乃是奉献和赞美意义上的树立。这里的'建立'不再意味着纯然的设置。"③ 由于世界不是对象,所以此处所谓建立也就不是对象化意义上的建立,而是,用海德格尔自己的话来说"世界化",即世界在作品中的自行敞开。在此自行敞开状态中,作为具有终极精神意义的"神"现身在场,世界因此在神之光辉的反照中发出光芒。建立一个世界,就是"作品在自身中突现着,开启出一个世界,并且在运作中永远守持这个世界"④。

与建立世界紧相连属的作品之为作品的另一个特征是显现大地。何谓大地?大地即作品中被自然所照亮了的"人在其上和其中赖以筑居的东西",所以它不是纯质料体,"大地是一切涌现者的返身隐匿之所,并且是作为这样一种把一切涌现者返身隐匿起来的涌现。在涌现者中,大地现身

① [德]海德格尔:《林中路》,孙周兴译,上海译文出版社1997年版,第31页。
② 同上书,第25页。
③ 同上书,第27页。
④ 同上书,第28页。

为庇护者。"① "作品回归之处，作品在这种自身回归中让其出现的东西，我们曾称之为大地。大地是涌现着—庇护着的东西。大地是无所迫促的无碍无累、不屈不挠的东西。立于大地之上并在大地之中，历史性的人类建立了他们在世界之中的栖居。"② "大地的本质是自行锁闭。"③ 海德格尔的"大地"概念，实指艺术作品中作为"物质材料"的东西，所以它是人所赖以筑居的东西，是作品回归之处，是世界建基之处。但这个"物质材料"在作品中又是涌现着的，"大地穿过世界而涌现出来"；在涌现中，它又现身为庇护者。大地是涌现者与庇护者的统一。所谓"呈现大地"，"就是把作为自行锁闭者的大地带入敞开领域之中"。④ 世界的建立和大地的显现在作品的作品存在中是统一的。

由此我们可以看出，杜夫海纳的"感性呈现"与海德格尔的建立世界之"建立"和显现大地之"显现"其义相通。把杜夫海纳分散的论述作一个归结，作为感性"呈现"的含义可作如下系统表述：

（一）"呈现"处在如梅洛－庞蒂所描述的整体的前思考阶段的物和肉体之间，在这个主客尚未分化的阶段，物与肉体处于同一水平，属于同一种类。所以，"呈现"是非对象性的，是存在性的"绝对显现"。

（二）"呈现"是审美对象与肉体的自身呈现，既不是审美对象构成肉体，也不是肉体构成审美对象。"自身呈现"的意思是说对象与肉体自我构成、自我显示、自我敞开、自我照亮。就对象而言，杜夫海纳说："这里，对象的存在完完全全呈现出来，就是在这存在的呈现面前我惊讶不已，我在它身边逗留，任它指引我。与此同时，我让对象在我身上自我完成，自我说话。"⑤ "审美对象，尽管要感知，不失为实在之物。当我们感觉美的东西在我眼中变成审美对象的时候，我们的知觉丝毫没有创造新的对象，它只不过给原有对象以公平的对待罢了。原有对象也必须适于审美化。当对象变成审美对象的时候，尽管知觉赋予它以一种特殊的命运，但

---

① ［德］海德格尔：《林中路》，孙周兴译，上海译文出版社 1997 年版，第 26 页。
② 同上书，第 30 页。
③ 同上书，第 31 页。
④ 同上。
⑤ ［法］杜夫海纳：《美学与哲学》，孙非译，中国社会科学出版社 1985 年版，第 62 页。

它依然只是原来的东西。简单说来，它只是在自身发生了变化，是显现最终在它身上引起的变化"①。就主体而言，"审美对象不规定我去做任何事情，但要我去感知，即把我自己向感性开放"②。"问题不在于创造感性，而在于感知感性"③。

（三）但"呈现"也是对象与肉体向对方呈现。"审美对象是这样一种对象：它的呈现是无可怀疑的，因为我呈现于它。"④"它是我感知的对象，因为它呈现于我。"⑤"如果艺术作品想要显现，那是向我显现；如果它想要全部呈现，那是为了使我向它呈现。"⑥"向对方"之"向"乃凭借之义，借助对方提供的舞台来演出自己的呈现之戏。所以，各向对方呈现，不是要向对方索取什么，而是无功利性的游戏。杜夫海纳认为审美经验之所以带有纯真的色彩，是因为"它把我们带入一个劳动之前的世界，在这个世界里，一切都是游戏，所有被再现的东西都是非现实的。但同时也因为审美经验使我们与对象实现协调使我们的世界重新达成一项使人回想起黄金时代的协议"⑦。就审美对象而言，呈现就是艺术作品的物质材料，从隔膜、疏远、不透明向人的肉体敞开进入澄明之境，并在这种敞开中是其所是地完成自身，这就是"感性"。就知觉主体而言，呈现就是借助于对象之感性，在向对象的敞开投射的过程中从理性回到感性，由片面回归整体。这也就是说，审美对象通过感性的呈现，在人的身上发展了人，具体点说，就是使人超越自己的特殊性，走向人类的普遍性，但在上升到人类的同时却能最深刻地成为自身。

（四）"呈现"与感性、肉体同一。呈现是感性的活动，正是在呈现中，感性才为感性，肉体才为肉体。感性与肉体是在呈现中创造性地生成的，这是新的独立的感性和肉体。所以，作为审美对象的感性进入肉体成为主体的新感性，作为审美主体的肉体进入对象成为客体的新感性。"重

---

① ［法］杜夫海纳：《审美经验现象学》，韩树站译，文化艺术出版社1996年版，第100页。
② 同上书，第114页。
③ 同上书，第78页。
④ 同上书，第258页。
⑤ 同上。
⑥ 同上书，第71页。
⑦ 同上书，第377页。

要的是，呈现不能是无动于衷的或空洞的：我要等同于对象，对象才能等同于对象自身。"①

（五）须补充的是，在对象与主体，感性与肉体的相互呈现中，同时就开启了一个两者共在其中的"存在性境域"，笔者认为杜夫海纳"审美对象的世界"即是指此。呈现同时就是存在性境遇的呈现。

以上，我们借助"艺术作品——审美对象——审美知觉"这个理论框架，分别从两个角度对杜夫海纳的"感性"概念作出了解说，杜夫海纳的意思要而言之可归结为："感性"在艺术作品的物质材料与知觉主体的肉体之间以呈现的方式生成了具有独立性的自身，成为审美对象。这是杜夫海纳对审美对象存在形态的看法，这也是杜夫海纳对审美对象存在形态理论的一个突出贡献。叶秀山评价说："在这里，杜弗朗把海德格尔'返回大地'的思想与梅洛－庞蒂的'知觉'思想结合了起来，从存在论上强调艺术品作为审美对象的感觉性，对理解古典美学中理性与感性统一提出了一个新的角度。"②

以往的审美对象理论并非不讲审美对象的感性特征，如形象性、直观性、可感性、生动性等。黑格尔在美学上是力图把理性与感性统一起来的人，他给美下的定义就是："美就是理念的感性显现。"他对这个定义有一个解说："首先是一种内容，目的，意蕴；其次是表现，即这种内容的现象与实在；第三，这两方面是互相融贯的，外在的特殊的因素只现为内在因素的表现。"③ 在这里，黑格尔把美的对象看作是由两个层面的因素构成的东西：内容与内容的现象。对这两种因素的轻重，黑格尔是有区别的，紧接着"美就是理念的感性显现"这个定义之后，他说："感性的客观的因素在美里并不保留它的独立自在性，而是要把它的存在的直接性取消掉（或否定掉），因为在美里这种感性存在只是看作概念的客观存在与客体性相，看作这样一种实在：这种实在把这种客观存在里的概念体现为它与它的客体性相处于统一体，所以在它的这种客观存在里只有那使理念本身达

---

① ［法］杜夫海纳：《美学与哲学》，孙非译，中国社会科学出版社 1985 年版，第 63 页。
② 叶秀山：《思史诗》，人民出版社 1988 年版，第 314 页。
③ ［德］黑格尔：《美学》（第一卷），朱光潜译，商务印书馆 1979 年版，第 122 页。

到表现的方面才是概念的显现。"① 尽管黑格尔在强调两者的统一，强调作为客观存在的感性须达到表现才能显现概念，但在他的美学中，理念始终是第一位的，作为显现理念的感性从未实现它的主体性。杜夫海纳在他的美学中赋予审美对象的"感性"以存在性的主体地位，这对传统美学中感性作为属性的审美对象理论是一个反转。因此反转，审美对象的存在形态便有了一个革命性的变化：作为存在形态的"感性"即是审美对象。如果审美对象如黑格尔所说的有一个理念，这个理念也并不先于、外在于感性，而是这个存在性的"感性"本身在它的呈现当中，涵孕、生成、开拓出了属于自己的理念——它的意义和它的世界。

七、"感性"的构成：形式、意义、世界

行文至此，我们可以清楚地看到，审美对象的存在形态呈现为"感性"。因此，杜夫海纳提出的一个命题是：审美对象是辉煌地呈现的感性。对这个命题，我们可以把它解释为：感性等于审美对象整体，或者说，感性是审美对象之全。但是，杜夫海纳所论审美对象的构成似乎又在否定这种解释的正确性。在《美学与哲学》中，他提出了审美对象的意义方面和世界方面："审美对象是有意义的，它就是一种意义，是第六种或第 n 种意义，因为这种意义，假如我专心于那个对象，我便立刻能获得它，它的特点完完全全是精神性的，因为这是感觉的能力，感觉到的不是可见物、可触物或可听物，而是情感物。审美对象以一种不可表达的情感性质概括和表达了世界的综合体：它把世界包含在自身之中时，使我理解了世界。同时，正是通过它的媒介，我在认识世界之前就认出了世界，在我存在于世界之前，我又回到了世界。"② 在《审美经验现象学》中，他更为明确地指出，在审美对象身上可以分辨出三个方面："（一）材料方面，因为材料是付诸知觉的，它具有感性的本质；（二）意义方面，当它进行再现时，它具有观念的本质；（三）当它进行表现时，它就具有情感的本质。"③ 当

---

① ［德］黑格尔：《美学》（第一卷），朱光潜译，商务印书馆 1979 年版，第 142—143 页。
② ［法］杜夫海纳：《美学与哲学》，孙非译，中国社会科学出版社 1985 年版，第 26 页。
③ ［法］杜夫海纳：《审美经验现象学》，韩树站译，文化艺术出版社 1996 年版，第 171 页。

他把审美知觉区分为显现、再现与思考三个阶段时，他认为，审美对象的三个方面——感性、再现对象和表现的世界——与其相吻合。有时他又把审美对象的三个方面称之为"审美对象三要素"。以上的表述虽略有差异，但他所要说的基本意思是：审美对象作为一个整体是由感性、意义、世界三个要素构成的。

由于杜夫海纳本人的这种明确表述的引导，致使许多研究者在申述审美对象的构成时，仅仅把感性看作是其中的一个因素而非审美对象整体，并形成为一种主流性观点。兹分述如下：

爱德华·S·凯西在《审美经验现象学》英译本"前言"中说："尽管感性负责保证审美对象独特的充实性（即盖格尔所说的审美对象的'直观的丰富性'），保证它的唯一给人印象深刻的呈现方式，但它却不是审美对象惟一的构成因素。另一关键性的构成因素是含义或意义。"① 他把意义看作是"一个明显的非感性要素"，而感性仅仅是"构成审美对象的必要的（但又是不够的）基础"。他进而联系到审美对象的存在方式"自在"和"自为"，认为"感性构成审美对象的自在性质"，而把审美对象作为"准主体"通过内部时空关系所构成的"表现的世界"看作是"自为"。所以他得出这样的结论："由于审美对象包括一个感性基础和一个内在世界，因而它体现了自在和自为的真正结合。"②

叶秀山在《思史诗》中说："审美对象与其它一般对象一样，是存在于时间和空间形式中的物体，但它又不仅仅是物体，它还通过这个物体表现'主体'。"③ 然后他引用了杜夫海纳上述关于审美对象所含有的三个方面的话，并特地强调了作为情感存在的"表现"方面："所谓情感的存在不仅仅是物质感觉性的存在，而是活的存在，是作为一个生活世界的存在。"④

蒋孔阳、朱立元主编的《西方美学史》说："杜夫海纳区分了审美对

---

① ［法］杜夫海纳：《审美经验现象学》，韩树站译，文化艺术出版社1996年版，第610—611页。
② 同上书，第612页。
③ 叶秀山：《思史诗》，人民出版社1988年版，第318页。
④ 同上书，第318页。

象与一般对象的差异，实际上也就是承认了对象具有多方面的意义。"之后，其同样引用了杜夫海纳上述关于审美对象所含有的三个方面的话，并评论说："这显然偏离了海德格尔的思路。海德格尔认为，'诗意的存在'是最本源性的真实存在，真、善、美统一在'存在'之中，都完整地展现了一个'世界'。在艺术作品中，包括对象的实用性在内的一切属性，都被'艺术'这一存在属性'吸收'进来，成为一个'艺术'作品。显然，海德格尔的思想具有一种远为彻底的一元论色彩。而杜夫海纳区分对象的实用性与存在性因素，是为了强调艺术品与保存这些作品的他人之间的复杂关系。"①

刘纲纪主编的《现代西方美学》说："杜夫海纳认为：任何审美对象都包含三个基本的组成因素。其中的一个因素，也可以说是美的第一个条件，就是'感性'，即审美对象的那些可以被审美知觉直接感知到的因素。……审美对象的第二个组成因素是意义。……审美对象的存在还有第三个条件：形式。"②

程孟辉主编的《现代西方美学》说："艺术作品由于'审美要素'（注：即感性）而成为审美客体，但是'审美要素'却不是构成审美客体的唯一成分，尽管它能够保证后者的充实性和表现形式的唯一性。杜夫海纳指出，另一种关键性成分是'意义'。"③

牛宏宝《西方现代美学》说："审美对象不仅是一种感性，而且是一种特殊的世界。""审美对象作为感性还包含另一个关键因素，这就是意义，即使审美对象不能混同于单纯表象的那种东西，用海德格尔的话来说是审美对象中包含着的'神性的尺度'。"④

张永清在《从现象学角度看审美对象的构成》一文中说："一个完整的审美对象的呈现，究竟需要哪些构成要素？根据现象学原理，大致需要三大要素：感性与意义，审美知觉，情感先验。其中，感性构成了审美对象的外观，类似于'自在'，意义则构成了审美对象的'内核'，具有表现

---

① 蒋孔阳 朱立元主编：《西方美学史》（第六卷上），上海文艺出版社1999年版，第438页。
② 刘纲纪主编：《现代西方美学》，湖北人民出版社1993年版，第569—572页。
③ 程孟辉主编：《现代西方美学》，人民美术出版社2001年版，第463页。
④ 牛宏宝：《西方现代美学》，上海人民出版社2002年版，第493、494页。

性、情感性，潜隐于感性，相当于'自为'，感性与意义的合一类似于意向对象；审美知觉则是'自在'与'自为'得以实现与显现的执行机关，它需要呈现、再现与反思三个阶段完成自己的使命，类似于意向行为。如果按照传统的主客模式来划分的话，感性与意义属于'客体'极，审美知觉属于主体极。这样一来就势必产生主客对立的问题，这就需要真正贯通客体和主体的中介与桥梁，这就是'情感先验'，在意向对象这一客体极情感先验体现为情感特质，在意向行为这一主体极情感先验则体现为情感范畴。"①

概而言之，以上诸家所论可归结为如下两点：第一，或把审美对象的构成因素分解为三：感性、意义、世界，如凯西、叶秀山、蒋孔阳、朱立元；或分解为另外三个因素：感性、意义、形式，如刘纲纪；或分解为二：感性、意义，如程孟辉、牛宏宝；或在感性、意义之外，把主体知觉和处在先验层次上的情感先验加进来，使审美对象的构成因素更为多元化，如张永清。尽管上述看法有种种差异，但有两点是共同的：其一，感性不是审美对象的唯一构成因素，这也就意味着，感性不等于审美对象；其二，感性作为构成因素之一，与其他因素的关系是并置的、外涉的，而非隶属的、内涵的。

第二，为了强化以上观点，上述诸家又进一步联系到审美对象的存在方式，把感性归结为"自在"（如凯西："感性构成审美对象的自在性质"，如叶秀山"物质感觉性的存在"，如蒋孔阳、朱立元区分出"对象的实用性因素"，如张永清"感性构成了审美对象的外观，类似于'自在'"），把意义或世界归结为"自为"（如凯西"一个明显的非感性要素"、"一个内在世界"，如叶秀山"活的存在"，如蒋孔阳、朱立元"对象的存在性因素"，如张永清"意义则构成了审美对象的'内核'，具有表现性、情感性，潜隐于感性，相当于'自为'"）。通过把感性划归"自在"，把意义和世界划归"自为"，这就不仅突出了"感性"的物质性方面，而且从根本上剥夺了感性所具有的精神性。

针对以上诸家所论，笔者需要申说的是：第一，把审美对象分解为几

---

① 张永清：《从现象学角度看审美对象的构成》，见《学术月刊》2001年第6期，第48页。

个并置的、外涉的构成因素，这与"审美对象是辉煌地呈现的感性"的命题是相矛盾的。第二，把感性划归自在，把意义和世界划归自为，这与审美对象是一个"自在——自为——为我们"的"准主体"的存在方式的命题是相矛盾的。因而，第三，如此构成的对象与"审美知觉是纯粹的知觉、只愿意作为知觉的知觉"的命题是相矛盾的。因为，这种对象的感性就成了一个可有可无的符号，一个可以被略过的能指，感性在此被消解了，于是知觉径直走向实用或知识。此时，知觉就已经不是审美知觉。作为奠基石的这三个命题一旦陷入矛盾，杜夫海纳审美对象现象学的理论大厦就会瓦解。

但是，为什么如此众多的解释者对杜夫海纳的"感性"作出了几乎同样的误读？这就需要我们首先检讨杜夫海纳理论表述本身，其一，在何处引起了误解；其二，模糊的表述所隐含的真意究竟是什么？其三，杜夫海纳是否意识到了自己的表述所有可能引起的误读与歧义？

实际上，审美对象在现实性上是只能显示不能论证的，而杜夫海纳在这里所作的恰恰是论证。以客观化的思维态度去分解一个感性呈现的整体，理论表述的局限难以避免。当他说在审美对象身上可以分辨出三个方面，或说审美对象包含三个要素的时候，实际上已经把审美对象放在知觉之外作为未被感知的艺术作品来谈论了。所以，他所说的"（一）材料方面，因为材料是付诸知觉的，它具有感性的本质"中的"材料"和"感性"是指作为物的材料和感性，是原始感性，而不是作为现象的材料和感性，不是审美感性。在这里，"感性"概念的所指存在着一个隐蔽的转换，由此导致众多解释者对审美对象构成因素的误读。实际上，杜夫海纳对自己的表述的局限性是有着清醒的意识的。在论说审美对象可以分辨出三个方面之后，他马上就提醒说："这一分析，在我们对作品进行客观研究时是有充分意义的。但是，不管我们用多长篇幅去探讨，我们也不能让这一分析作最后定论，因为它没有击中真正的审美对象，而是把一种出自使一切客观化的态度的图式代替了审美对象。这种使一切客观化的态度不是我们在审美对象面前本能地采取的态度，因为它也使审美对象消失在多种规定性之中。"①

---

① ［法］杜夫海纳：《审美经验现象学》，韩树站译，文化艺术出版社 1996 年版，第 171 页。

　　既然"感性"是审美对象整体，或者说是审美对象之全，那么，这个"感性"的构成要素则就是形式、意义、世界。这可以从现象学和符号学两个角度进行论证。从符号学的角度看，审美对象也是一个感性符号，这个感性符号的"形式"作为符形（能指），其"意义"作为符释（所指），其"世界"则是作为符形所表征的符号对象。从现象学角度看，胡塞尔的纯粹意识意向性，无论是前期的"意向行为——意向内容——对象"结构，还是后期的"意向作用——意向对象"结构，都隐含了形式、意义、世界三个因素。前期的"意向行为"和后期的"意向作用"都包含着两个因素（或两个层次），即材料层次和意向活动层次，"意向活动"的功能是激活（组织、整理、解释）材料并赋予材料以意义，这个意义就是"意向内容"（前期）、"意向对象的'在其规定性的方式中的对象'"（后期）。意向作用借助于"意义"指向了"对象"（前期）并构造了"意向对象"（后期）。但胡塞尔在此未能讲清楚的一点是，"意向作用"或"意向行为"组织、整理、解释材料的过程不仅是一个赋义的过程，而同时也是一个赋形的过程，赋形与赋义是同时进行的。当"意向作用"借助于"意义"而指向或构造出了对象时，对象本身不仅是有"含义"的，而且并且首先是有"形"的，"形式"与"意义"共同构成"意向对象"。

第二节　形式

　　关于审美对象的存在形态，杜夫海纳提出的一个重要命题是："审美对象是辉煌地呈现的感性。"论审美对象的存在形态必然涉及"形式"这一概念以及"形式"与"感性"之关系，在《审美经验现象学》中有专论形式的部分："自然与形式"、"审美对象与形式"，在《美学与哲学》中有"逻辑形式主义和美学形式主义"一文；同时，在以上两部著作的其他部分也散见有关形式的大量论述。总括起来看，在杜夫海纳有关审美对象现象学的论述中，"形式"这一概念的含义相当纷繁，其复杂程度与这一概念在西方美学史上所呈现的歧义丛生状态如出一辙。为了对其作出整体的实质性把握，让我们首先简略回顾一下西方美学史上"形式"这一概念的含义状况，在此背景上，再回过来对杜夫海纳的"形式"概念之含义作一简略描述，通过两者的比较，或许可以看出杜夫海纳在审美对象"形式"方面所受的影响及其作为现象学美学的"形式"在美学史上的独特之处。

一、"形式"概念的多重含义

阐述西方美学史上"形式"概念的多重含义，有两条途径：一是按历史时期的前后顺序，此所谓"历史的进路"，其优点是，可以显示"形式"概念含义由简单到复杂逐渐演化的过程；二是按照一定的理论框架，此所谓"系统的进路"，其优点是，在理论框架既定的情况下，可以直接阐明"形式"的不同含义所对应的"问题整体"的不同维度（方面、层次等），在此基础上可以对"形式"予以整体把握。由于所论问题的需要，本文采取第二条途径，但这里首先就存在着一个阐述的前提——理论框架如何确定的问题。

现象学美学家英伽登指出："形式和内容（质料）这两个词被人们在多种涵义上使用。"在《内容和形式之本质的一般问题》一文中，他区分并界定了"形式"的九种含义①：

1. "形式"与"内容"（质料）最重要的含义是"某物被另一物所确定"。在此情况下，决定性的因素是"形式"，"质料"（内容）则是被形式确定、限定的东西。也就是说，形式是确定内容（质料）的东西。内容或质料自身（即纯质料）无规定性可言，当缺乏形式的时候，质料是虚无，从而也就不存在。由此可以进一步引申说，某物之所以是某物，只是由于形式的规定。在这个意义上，形式的含义是"事物的本质"。

2. "范畴"形式。英伽登对此特地注明说："这种表述不应被理解为康德意义上的构成'现象'的某种先验因素，而应在胡塞尔使用的意义上理解。"② 按：在胡塞尔意向性理论中，有一种适应于理性领域的范畴意向性，与其相对应的是范畴对象。范畴对象既存在于事物的存在论方面（事

---

① ［波］罗曼·英伽登：《内容和形式之本质的一般问题》，见张旭署：《《英伽登现象学美学初论》，黄山书社2004年版，第160页以下。

② 同上书，第162页。

态、事物、属性），也存在于判断学方面（判断、命题）。范畴形式在事物存在论方面呈现为关系（一物与他物、部分与整体），而在判断学方面的呈现则是语法结构。

3. "形式"是整体诸部分的排列和构成方式，而组成某个整体的各个部分则被视为"内容"。

但有两点需要强调：其一，同一个整体可作不同的分割，对其部分可作不同的排列和选择，因而便会得到不同的整体形式和内容；其二，依赖所考察的各部分的顺序和整体的顺序，其形式和内容存在着不同的等级。

4. 在"何谓"与"怎是"的关联中，"何谓"指"内容"，即指存在着或随同某物一道产生的"对象"（事物、过程、事件）；"怎是"指"形式"，即某物存在、发生或者被描述的方式。

5. 由于许多"怎是"常与一个"何谓"对应，许多"何谓"常与一个"怎是"对应，与此相关的新的"形式"和"内容"的含义是："形式"指恒量（英伽登又称其为"类要素"或"种要素"），"内容"指变量（英伽登又称其为"特殊要素"、"个别要素"或"个性化要素"）。

6. 对于感觉感知来说，呈现的因素（感知要素，在感觉感知中直接给予的东西）是"形式"（外在形式），被呈现的对象（再现他物的要素，以被感知的东西为基础的精神上的或以其他方式假定的东西）是"内容"（内在内容）。

7. 新康德主义者把前述"形式"和"内容"颠倒了过来，"内容"指某种被给予、被奠基的东西，"形式"则指被指向的东西，即被指向物。

8. "内容"指"材料"或生糙质料，"形式"指从生糙质料中而来的创造的对象。例如，艺术家借助某种编配从某种质料中创造出来的艺术作品就是"形式"。

9. "形式"指为某种在一定的过程中得到或在一些对象中得出的规则性，但不是指每一个规则性，而是指某种特殊的规则性。规则性本身是某种关系或植根于各种关系之中，但不是一切随意的关系，而是某些恰当选择的关系才能在那些现象、事件或过程中创造出一种相互亲和的多样性统一关系，即一种和谐的格式塔。

英伽登对形式含义的区分和界定有如下特点：首先，立足于一般哲学的角度，面对所有领域中的对象，而非针对审美对象；其次，并未建立一个阐述形式含义的理论框架，而仅仅是罗列；再次，这种罗列也未能显示出一定的层次性。当然，这里对"形式"含义的哲学上的区分，对于研究审美对象形式的含义具有奠基的作用。

波兰学者塔塔尔凯维奇在《西方六大美学观念史》中列举了形式概念的 11 种含义①：

1. 形式甲：指各部分的安排或比例，其相关项是元素、成分或由形式甲关联成为一个整体的各个部分。在此基础上，他又进一步区分了一般性的安排（形式甲）与和谐或规则的安排（形式甲1）。

2. 形式乙：指事物的外表，其相关项是内容、内涵与意义。但塔塔尔凯维奇同时提出了一个形式乙1的概念，其含义是外表的整体的安排，于是形式乙1便同时具备了形式甲与形式乙双重用意。

3. 形式丙：意指一个对象的界限和轮廓，其相关项是质料。

4. 形式丁：意指某一种对象之概念性本质，故塔塔尔凯维奇也把它称为"本质的形式"。其相关项是对象之偶然的特征。

5. 形式戊：指人心灵对其知觉对象所作之规范（the contribution of the perceived object），其相关项是由经验自外界所提供之感觉的杂多。首先，它是心灵的一种属性；其次，它是由主体加诸事物的；再次，由于这种主观性的起源，形式戊便获得了普遍与必然两种属性。因此，形式戊是一种"先验的形式"。

6. 形式己：指那些用以产生形式的工具（范式），例如：铸造青铜器的陶范，建筑师所建造的预铸式的建筑等。

7. 型式庚：艺术家从事创作的常规和定格。例如：文学里的十四行诗的形式，具现"三一律"的悲剧的形式；音乐中的赋格式和奏鸣式等。

8. 形式辛：指艺术的多样性，如各式各样不同种类的艺术或同一种艺术的各式变化。

9. 形式壬：指艺术品之精神的因素。

---

① ［波］瓦迪斯瓦夫·塔塔尔凯维奇：《西方六大美学观念史》，刘文潭译，上海译文出版社2006 年版，第 226 页以下。

10. 形式癸：特指人的作品借着某种常规、某种体系所表现出来的形态，这种形态具有恒常性。

11. 形式子：指指导人、甚至拘束人的规则和法则，其反面是自由、个性、生气、变化和创作性。

塔塔尔凯维奇区分"形式"概念的含义，立足于美学的角度，针对审美对象或艺术作品，梳理了美学史、艺术史上各家有关"形式"的陈述，这是他与英伽登不同的地方。对于以上两张列表的差异，塔塔尔凯维奇曾自我评述说："英伽登的列表建基于当代的概念设备，而这里的列表建基于历史的材料，前者有赖于一般哲学的框架，而后者有赖于处理艺术的一种特殊科学。"① 但他认为英伽登的九种含义里面，有三种（1、3、6）是与自己的区分相同的。英伽登的缺陷同样表现在塔塔尔凯维奇这里，即：罗列。既未建立阐述的理论框架，也没有显示出一定的层次性。

我国学者张旭曙在《西方美学范畴史》第二卷"形式"篇中，参照比勘，统和分类，编制了一张"形式家族"意蕴层次表②：

层次	名称	首创者（使用者）	含义、要素
材料媒介层	艺术材料、感性物质媒介		语言、乐音、颜料、手势、大理石、布景等
技巧手法层	艺术语言		艺术品的要素、表现手段（手法）、技巧、物质符号形式、结构、情节、语词、蒙太奇、透视、线条、色彩、节奏、旋律、和声等
	创作规则		艺术创作公认的公式、习惯、规范、三一律、赋格曲式、十四行诗、山水画等

---

① ［波］瓦迪斯瓦夫·塔塔尔凯维奇：《西方六大美学观念史》，刘文潭译，上海译文出版社2006年版，第248页。

② 朱立元主编：《西方美学范畴史》第二卷，山西教育出版社2006年版，第123—124页。

续表

层次	名称	首创者（使用者）	含义、要素
艺术审美层	和谐形式	毕达哥拉斯学派	各部分的有规律的排列、组合，对立面是成分、要素、部分。
	感性形象（形式）	黑格尔	单纯的感觉对象、外在表现，对应物是内容、生命、情感、经验、思想、真理。
	可感外形		对象的形状、轮廓、构图，对应物是材料质料
	结构整体	结构主义者	一个整体的各要素组成的结构、各要素间的关系
	内形式		主体的生理心理结构、想象力的结构、创作过程中的内部组合加工。
	形式化		艺术家表现意图的外化，审美意象的物化，知觉对材料的整合、构型。
	风格形态		处理题材的方式、艺术的组织构造、技巧手段的共同性（巴洛克式、洛可可式、哥特式等）
	审美形式或范畴		崇高、优美、喜剧、悲剧、丑等
	艺术形式		艺术的种类、体裁（文学、绘画、音乐、美术等）
形而上学本质层	超验理式	柏拉图	独立存在永恒不变的非物质实体，对立面是现实世界的个别事物。
	实体形式	亚里士多德	对象的概念本质，相关物是对象的偶因。
	先验形式	康德	心灵对知觉对象的规范作用，对应物是从外部由经验给予心灵的东西。
	理性形式	席勒	形而上学的观念，对立面是被精神力量主宰的感性材料。
	范畴形式	英伽登	确定某物并作为它的规定性、构型，相关物是作为非自主要素包含在整体中的质性。
	符号形式	卡西尔	人类文化整体的有机组成部分，艺术、神话、历史、宗教、语言、科学。
	生命形式	维特根斯坦	一切语言游戏赖以存在的文化模式。
	知觉形式	现象学者	在知觉中被给予的事物，对立面是被呈现的对象。
	构型形式	新康德主义者	在被给予的东西的基础之上形成的东西，对立面是某种被给予、被奠基的东西。

这张"形式家族"意蕴层次表与上述两者有着明显的区别：立足于审美对象（这一点与塔塔尔凯维奇相同），由外到内、由表及里、由形而下到形而上，区分了"形式"在审美对象不同层面上的不同含义。它的贡献有两点：其一，直接指出审美对象的"形式"具有层次性；其二，间接暗示审美对象的"形式"具有整体性。不足的地方在于：其一，论审美对象之"形式"不能不涉及审美主体与审美客体（注：审美对象与审美客体不同，按现象学的观点，"对象"指在意向行为中与意识行为相对的意识相关项——意向对象，"客体"指在意识之外存在的某物。所以，杜夫海纳把审美对象看作是"非现实的东西"、是经"现象学的还原所想达到的'现象'"；而"客体"则是审美感知前的艺术作品或自然物体），孤立地论审美对象的"形式"实际上是不可能讲清楚的。也就是说，必须建立相应的理论框架。正是因为这张"形式家族"意蕴层次表未能建立相应的理论框架，有些属于审美主体方面的（如技巧手法、艺术审美层中对"内形式"和"形式化"的解释、形而上学本质层中"先验形式"和"理性形式"），有些属于客体方面的（如材料媒介层中的"材料"、"物质媒介"）便都被划归在审美对象方面，这就干扰了论审美对象形式的准确性和清晰度。其二，在审美对象方面，虽区分了"形式"的层次性，但各个层面的次序安排缺少严格性。

针对以上诸家"形式论"的不足，并借鉴其所提供的有益启示，笔者在此所要解决的问题有三：一是建立一个审美对象形式论的理论框架；二是确定审美对象形式层次的次序标准；三是按此框架和标准阐释"形式"的不同含义和整体含义。

二、审美对象形式论的理论框架

所谓理论框架，即认识所研究对象的特定角度、方法和思维范式。英伽登曾说："在认识方式与认识对象之间有一种特殊的互相联系；甚至可能有一种对对象的认识适应性。这种相互联系尤其明显地表现在进入认识过程的态度和认识活动之中，表现在它们遵循的是历史序列还是共时序列，它们如何互为条件以及可能的互相限定，以及它们所造成的总体结果和依赖于它们所采取的路线及相互作用的认识价值中。因为对于所有认识对象的基本类型，都有相应的认识的基本类型和方式。"① 按此观点，我们在此对理论框架的确定，要与审美对象的"形式"相适应，而论审美对象的形式，总要超出审美对象本身，而涉及造成审美对象形式的"主体方面"和"客体方面"。实际上，从历时序列看，形式之所以歧义丛生，其中一个重要的原因就是它涉及了主体、客体和对象三个方面，而且以上三个方面又呈现出复杂的多向关系。所以作为共时序列的理论框架要与"形式"的实际含义状态相适应。

我们要研究的是审美对象的形式，因此，审美对象便是形式的核心方面。而审美对象的生成，有赖于相应的"材料"（客体）和特定的"主体"，因此，"材料"（客体）和"主体"构成了审美对象的两极。与此相应，审美对象形式论的理论框架便非常清楚了，即：

审美对象　　　　　　　　　　　——审美层面

客体（物：材料）　　　　　　主体（心身）　　——现实层面

作为客体极的"物"是审美活动所凭依的材料，它既可以是自然物，也可以是人工制品或艺术作品。"心身"即主体，在不同的活动中，他呈现为两种绝然有别的主体：在一般活动中，"心身"是现实主体，他所面对的作为材料的"物"生成为现实的"物象"；在审美活动中，"心身"是审美主体，他所面对的作为材料的"物"生成为审美的"意象"。

上述框架中的"客体（物）"、"审美对象"、"主体"三个要素，分处两个层面：现实层面、审美层面，且各有其形式方面。哲学史和美学史上的形式论均涉及了以上三个要素，但因未能区分两个层面和三个要素，致使"形式"含义纠结含混、歧义丛生。前人对此感慨良多，阿多诺说：

---

① ［波］罗曼·英伽登：《对文学的艺术作品的认识》，陈燕谷、晓未译，中国文联出版公司1988年版，第6页。

"人们会惊奇地发现，美学在传统上对这一范畴思考甚微。即便形式是著名的艺术概念，但美学似乎将其或多或少当作想当然的东西。可是，一旦要说形式到底是什么的时候，就会遇到重重困难。"① 韦勒克说："人们很容易从当代批评家和美学家那里找到数以百计的关于'形式'和'结构'的定义，并且表明这些定义根本就相互冲突，让人觉得最好不用这两个名词。在绝望中人们很容易放弃努力，宣称这不过是似乎可以作为我们文明特征的语言上极度混乱的又一个实例。"② 而塔塔尔凯维奇则把造成此种情况的原因归结为"一个名词愈是经久，其意义往往因为累积的缘故，也就显得愈分歧"。③

按照上述两个层面、三个要素这一理论框架，我们可把哲学史和美学史上关于"形式"这一概念的不同含义进行归位。

属于主体的：塔塔尔凯维奇的"形式戊"——人心灵对其知觉对象所作之规范，一种"先验的形式"。张旭曙所列"形式家族"意蕴层次表中"艺术审美层"中的"内形式"——主体的生理心理结构、想象力的结构、创作过程中的内部组合加工；"形而上学本质层"中的康德的"先验形式"——心灵对知觉对象的规范。塔塔尔凯维奇的"形式子"（指指导人、甚至拘束人的规则和法则），"技巧手法层"中的作为"艺术语言"的"表现手段（手法）、技巧"、"创作规则"，当其侧重于动态过程时，其含义属于主体。英伽登形式的第二种含义"范畴形式"，当其侧重指范畴直观行为的特征时，其含义属于主体。补充说明：主体有现实主体和审美主体之分，所以以上形式之含义可表现于两个层面。

属于现实客体的：英伽登的形式含义1："事物的本质"；形式含义2："范畴形式"，当其指通过范畴直观行为而被构造出来的对象时；形式含义3："整体诸部分的排列和构成方式"；形式含义4："某物存在、发生或者被描述的方式"；形式含义5：相对于变量而言的恒量（"类要素"或"种

---

① ［德］阿多诺：《美学理论》，王柯平译，四川人民出版社1998年版，第245—246页。

② ［美］雷内·韦勒克：《批评的概念》，张金言译，中国美术学院出版社1999年版，第50页。

③ ［波］瓦迪斯瓦夫·塔塔尔凯维奇：《西方六大美学观念史》，刘文潭译，上海译文出版社2006年版，第226页。

要素"）；形式含义6：感觉感知行为中的呈现的因素；形式含义7：新康德主义者所谓的被指向的东西；形式含义9：事物的多样性统一关系。

塔塔尔凯维奇在《西方六大美学观念史》中所列举形式概念的含义，尽管立足于美学的角度，针对审美对象或艺术作品而发，但仍不可避免涉及现实事物，故其部分形式含义属于现实客体。例如：形式甲：各部分的安排或比例（一般性的安排）；形式乙：事物的外表；形式丙：对象的界限和轮廓；形式丁：对象之概念性本质。

属于审美对象的：塔塔尔凯维奇的形式甲1：对象各部分的和谐或规则的安排；形式乙1：外表的整体的安排；形式丙：对象的界限和轮廓；形式丁：对象之概念性本质（"本质的形式"）；形式壬：艺术品之精神的因素；形式癸：特指人的作品借着某种常规、某种体系所表现出来的具有恒常性的形态。

张旭曙所列"形式家族"，意蕴层次表中"艺术审美层"中的毕达哥拉斯学派的"和谐形式"；黑格尔的"感性形象"，意指对象的形状、轮廓、构图的"可感外形"；结构主义者的"结构整体"；作为艺术家表现意图的外化、或审美意象的物化、或知觉对材料的整合、构型的"形式化"；作为审美对象类型的"审美范畴"；作为艺术的种类或体裁的"艺术形式"。"形而上学本质层"中的柏拉图的"超验理式"，亚里士多德的"实体形式"，席勒的"理性形式"，英伽登的"范畴形式"，现象学者的"知觉形式"。

在主体、现实客体与审美对象之间：英伽登的形式含义9：作为本身是某种关系或植根于各种关系之中的某种特殊的规则性。塔塔尔凯维奇的形式己：那些用以产生形式的工具（范式），例如：铸造青铜器的陶范、建筑师所建造的预铸式的建筑等；形式庚：艺术家从事创作的常规和定格（例如：文学里的十四行诗的形式，具现"三一律"的悲剧的形式；音乐中的赋格式和奏鸣式等）。张旭曙所列"技巧手法层"中的"创作规则"（如艺术创作公认的公式、习惯、规范、三一律、赋格曲式、十四行诗、山水画等）。

以上所列艺术创作的规则、工具、定格等，当其指向自身存在时，它属于现实客体；当其指向艺术家创作的心理图式时，它属于主体；当艺术家运用这些规则、工具、定格等创造出特定的艺术作品或审美对象时,这些规则、工具、模式便物化为审美对象的形式或形式的构成部分。

在现实客体与审美对象之间:英伽登的形式含义 8:现实客体作为"内容"(指"材料"或生糙质料),而审美对象或艺术作品则是"形式"(指从生糙质料中而来的创造的对象)。例如,艺术家借助某种编配从某种质料中创造出来的艺术作品就是"形式"。在这里,审美对象或艺术作品作为形式是相对于现实客体而言的。这种对内容、形式的划分方法横跨了分属两个层次的事物,造成了内容、形式含义的混乱。实际上,材料作为现实客体自有其内容和形式,审美对象或艺术作品作为审美客体也自有其内容和形式。因此,英伽登在这里所说的"形式"其实是指包含内容于自身的审美对象之整体。

通过以上形式含义的归位,现在变得非常清楚的一点是,我们可以将属于主体心理和现实客体的形式含义排除在审美对象形式研究的范围之外。而就审美对象形式而言,其含义也繁复到涉及许多层面和方面,这就要求我们首先确定形式层次的次序标准,然后据此划分出相应层次。

审美对象的形式,既涉及形而下,又涉及形而上;既涉及外在形相,又涉及内在观念。因此,确定形式层次的标准可以是从上到下、从内到外,也可以是从下到上、从外到内。如果侧重于理性的把握,则取从上到下、从内到外之路线;如果侧重于感性的鉴赏,则取从下到上、从外到内之路线。

根据从上到下、从内到外的划分标准,可将审美对象之形式划分为如下层次:

1. 形上层:先天精神范型。与之相对的是形下层(即审美对象)。作为形而上的先天精神范型与作为形而下的审美对象之关系或表现为派生和分有,如柏拉图的"超验理式";或表现为审美对象之可能的逻辑根据,如康德的"先验形式";或表现为转化,如荣格的"原型"。

2. 本质层:内在精神、观念、结构。如塔塔尔凯维奇的形式丁(对象之概念性本质),形式壬(艺术品之精神的因素);结构主义者的"结构整体";完形心理学的"格式塔"。作为本质层的内在精神、观念、结构与作为形相层的外在感性形象之关系表现为显现(形式化、风格化、合式)、组合、结构或规范（如多样统一、平衡、对称、齐一、比例、节奏、和谐等）。

3. 形相层：外在感性形象，如外观、外形、形状等，是包含着声音、色彩、线条等信息的显现形式。在这一层面，①"形式"含义或指形相整体，如黑格尔的"感性形象"，对象的形状、轮廓、构图的"可感外形"，作品借着某种常规、某种体系所表现出来的具有恒常性的形态，事物的外表；②或指形相整体的某一方面和部分，如对象的界限和轮廓、艺术作品的类型或体裁（如十四行诗、赋格曲式、七言诗、慢调等）、对象的形式要素（语词、蒙太奇、透视、线条、色彩、节奏、旋律、和声等）；③或指对各要素、各部分、各方面和谐规则整体的安排，如英伽登的形式含义9（事物的多样性统一关系）；形式含义4（某物存在、发生或者被描述的方式）。塔塔尔凯维奇的形式甲1（对象各部分的和谐或规则的安排），形式乙1（外表的整体的安排）。毕达哥拉斯学派的"和谐形式"。

形相层中的形相整体与部分或要素之间、本质层与形相层之间、形上层与本质层之间存在着一种特定关系。因此我们需特别注意两点：其一，历史上许多形式的含义即指这种关系，如果做更细致的划分，上述关系也可作为审美对象形式的相应层次；其二，正是这种特定关系把诸多具有不同含义的形式联结为一个整体。所以，要想准确地理解、把握审美对象形式，需要有整体观和层次观。

三、杜夫海纳审美对象形式含义的分层描述

在理论框架建立、层次次序标准确定，并按此框架和标准阐释了历史上"形式"的不同含义的基础上，我们就可以对杜夫海纳审美对象"形式"的不同含义进行定位并作分层次的描述。

与上文所确定的"形相层"相对应，杜夫海纳提出了"外部形式"的概念。

杜夫海纳首先从对象与外部的关系着眼，划定对象同对象在其中显现的、未区分的和不起作用的现实背景的界限，由此指出"形式的第一意义是轮廓"，"形式"在此所起的作用是"确定感性的范围"。把对象的轮廓看作形式，其"形式"含义指形相整体的某一方面和部分。在"逻辑形式

主义和美学形式主义"一文中，杜夫海纳把形式定义为对象的形状、轮廓、构图所构成的"可感外形"："对于现代的形式心理学来说，形式是对象或一组对象在一个未分化的背景上清楚显现时用以引人注意的一种图形和形状。"① 在此，形式侧重于指形相整体。

此外，杜夫海纳还在对对象形相各构成要素进行"统一"的意义上定义外部形式的含义，在这种意义上，他说形式是感性的一种特质："音乐的形式就是声音用音乐所含有的节奏因素形成的和声配置；绘画的形式不仅是图形，而且还有突出图形的那些颜色的配合。"② 在杜夫海纳看来，"外部形式"的作用在于统一感性、组织感性。他说："有一种统一感性的外部形式。""在一切艺术中，感性都必须被整理和组合成使人们能毫不含糊地感知到它的程度。这就是各艺术中和声模式和节奏模式的任务了。"③在这里，必须细加辨别的是，外部形式所组织、所统一的感性，不是指审美对象自身的感性，而是指原始感性，即材料。原始感性（材料）经过外部形式的组织、统一，最终成为审美对象的感性。

与上文所确定的"本质层"相对应，杜夫海纳虽未明确提出但实际上在其论述中暗含了的一个概念是"内部形式"。关于审美对象的内部形式，杜夫海纳提出了一些内涵大体相似但又有细微差别的概念："意义（或意指作用）"、"灵魂"、"本质"、"理念"、"情感的面貌"。兹逐一论述。

意义："因为总有一个意义内在于感性，而这个意义首先就是显示感性的充实性和必然性的那个形式。"④ "如把感性的形式和意指作用（一种仅仅意味着感性的意指作用）等同起来，我们或许就懂得，意指作用，作为意义（不管是明显的还是预感的，是智力的还是情感的）而言，反过来也可以是形式。这一点同人们对形式的传统概念正相反。人们传统上认为形式是相对于内容而言的，从而忘记了意义内在于感性。"⑤ "通过意义，通过表现，即最高度的意义，我们才看到作品的躯体。形式是对象赖以具

---

① ［法］杜夫海纳：《美学与哲学》，孙非译，中国社会科学出版社 1985 年版，第 121 页。
② ［法］杜夫海纳：《审美经验现象学》，韩树站译，文化艺术出版社 1996 年版，第 120 页。
③ 同上书，第 343 页。
④ 同上书，第 118 页。
⑤ 同上书，第 119 页。

有意义的东西。刚才我们之所以能说有一种统一感性的外部形式，是因为这种形式已经出现一种意义的粗胚。成为石柱，对石头来说已经是一种意义；但石柱是细长的还是雄伟的，那就增添了一种意义。正是通过这增添的意义我们才真正感知到石柱"。① "诗的形式，不仅是语言材料的排列（语言通过排列又获得了它的音乐性）而且也是诗的意义。这种意义主要不是从诗歌中可以提取的、改变成散文语言的逻辑意义，而是诗的真正外貌、像香味一样散发的诗意"。② 从杜夫海纳的论述来看，作为审美对象内部形式的"意义"有三个要点：其一，内在于感性；其二，具有感性的意指作用，即显示感性的充实性与必然性；其三，诉诸感知。由此可见，这样一种意义不是抽象的逻辑意义，而是感性的诗意。

灵魂："若是考察作品的形式，即创作活动赋予作品的形式，那么给定之物就改变意义，材料与形式的区分也不再起作用，或者更确切地说，整个材料（从中不排除意义）都由形式来承担。形式是作品的灵魂，犹如灵魂是肉体的形式。"③ 在此，杜夫海纳提出了四个概念：材料与形式、肉体与灵魂。形式对材料所起的作用是"承担"，然后他在"灵魂是肉体的形式"这样一个比喻的意义上说"形式是作品的灵魂"。材料与形式、肉体与灵魂之关系的界定，明显受到亚里士多德的影响。"灵魂"与"意义"作为审美对象内部形式的表现，在杜夫海纳这里，相同之处在于二者同一，他说："意指作用的顶峰在这里就成为真正的形式，成为对象最终确定的灵魂。"相异之处在于，灵魂作为作品的形式，是相对于材料而言；而意义在传统上被认为是内容的东西，而在审美对象这里，在杜夫海纳看来则是被形式化了；因而，"意义"是相对于传统上的"形式"而言的，如果这样，那么我们可以把"意义"称之为形式之形式。

本质：在论及遗迹何以能长期成为审美对象时，杜夫海纳把它归结为形式："只要形式存在，审美本质也就得到承认。"接下来，他便把形式和本质等同起来："这种形式是对象独特的、但令人感觉到的本质。它赋予

① ［法］杜夫海纳：《审美经验现象学》，韩树站译，文化艺术出版社1996年版，第177页。
② 同上书，第176页。
③ 同上书，第177页。

对象以某种为本质所特有的永存性。"① 本质作为哲学范畴，总是与现象相对。常识性的观点是：本质是事物内在的、相对稳定的方面，隐藏在现象后面并表现在现象之中。现象是事物外在的、活动易变的方面，是本质的表现形式。杜夫海纳在这里所说形式作为审美对象的本质是与对象的"躯体"相对。以对表演的作品为例，"躯体"在每次表演中都是不同的，正如对作品的解释总有差异一样；而这个"躯体的形式"作为本质则是"同一种形式"。他说："形式是审美对象中真实的和不变的东西，是在不同解释中永远看来是同一的东西，是使对象在它替换的各躯体的情况下始终如一的东西。换句话说，形式就是审美对象的真实性，它具有真实性所专有的那种无时间性的特质。"② 杜夫海纳在此强调了形式作为审美对象本质的稳定性的一面，他所用的术语是"永存性"、"无时间性"。这与亚里士多德所主张的本质乃是第一本体、等同于形式、它表示某种持久的、永恒的东西的观点完全一致。此外，他强调"形式就是审美对象的真实性"，其意无非是说形式是决定此对象之所以是此对象者，这正如亚里士多德所言："你是什么，就你的本性而言，乃是你的本质。"③

　　传统认为本质是内在的、隐蔽的，如康德的"自在之物"属于本体界，因而不能被理性所认识。黑格尔认为本质在现象中出现，但他的本质则只是抽象的概念、思想。唯物主义认为本质与现象是对立统一的关系，本质虽可认识，但只有思维才能把握，并且这是一个逐渐深入且无限的过程。与上述不同，杜夫海纳的本质是感性的，因而它能"令人感觉到"。所以他讲了一句看似自相矛盾的话："审美对象就其形式而言是没有时间性的；但因为它的形式是一个躯体的形式，所以它是奉献给世界和时间的。"④

　　理念："由于形式使对象成形并赋予对象以一种存在，因而完全可以说形式既是意义又是本质。它是体现在外观中的理念，并赋予外观以某些

　　① ［法］杜夫海纳：《审美经验现象学》，韩树站译，文化艺术出版社1996年版，第199页。
　　② 同上书，第200页。
　　③ ［古希腊］亚里士多德：《形而上学》，1029b15，译文见尼古拉斯·布宁 余纪元编著：《西方哲学英汉对照词典》，人民出版社2001年版，第322页。
　　④ 同①，第200页。

永久性。"使用"理念"一词，容易给人以抽象的感觉，杜夫海纳立即做了以下两点说明："第一点，这种理念不受逻各斯的管辖，因为它是审美对象用自身具有的表现力来表现的。它传递给感觉而不让理解力去控制它。这样，才能通向一个世界。""第二点，如此完美地体现于审美对象之中的理念又与感性如此不可分离，以至它只能向感觉显示。它来自审美对象本身，审美对象因而构成自为"①。杜夫海纳把形式规定为理念，此理念有两点与柏拉图的理念相似：其一，柏拉图的理念，其希腊词为 idea，原意为一物的样子，故汉语又译为"形相"。"形相"（idea）与希腊词"形式"（eidos）同义，柏拉图经常不加区分地使用形相（idea）和形式。两者的相同之处在于形式与理念同一。其二，柏拉图的理念是可感事物存在的根据与模型，个别事物因分有它而产生；杜夫海纳同样把形式看作是"使对象成形并赋予对象以一种存在"。但不同的地方在于，柏拉图的理念处在抽象的理念世界，超越时间，不生不灭，不增不减，是理性认识的对象，非感官能够把握。虽然"形相"一词指事物的相貌和形状，但这不过是一个隐喻。能够观看形相的不是肉体的眼睛，而是灵魂的眼睛。杜夫海纳的作为理念的形式"体现在外观中"、"与感性不可分离"、"不受逻各斯的管辖"、"不让理解力去控制"，因此，"它传递给感觉"且"只能向感觉显示"。

在黑格尔的哲学中，理念是世界的本质，是理性构成世界的元素。这个理念自身的原则和规定就是要发展和演化。在第一阶段，理念的表现形式是纯思想、纯概念，故称逻辑理念；在第二阶段，理念否定自己并外化为自然界，故称自然理念；在第三阶段，理念回归自身，其表现形式是精神，故称精神理念。在自然阶段，理念在"直接的感性形式里存在"，于是产生自然美；在绝对精神阶段，理念与感性形式达到完美的统一，于是产生艺术美。因此，黑格尔提出了如下的美学命题："美是理念的感性显现"。杜夫海纳"体现在外观中的理念"与黑格尔的"感性显现"的理念最为接近，甚至可以说完全相同。差异点仅表现在，黑格尔把理念看作是艺术作品（与审美对象等同）的内容、意蕴，而直接呈现的感性形象则是

---

① ［法］杜夫海纳：《审美经验现象学》，韩树站译，文化艺术出版社1996年版，第266页。

形式；杜夫海纳则把理念表述为形式。

情感的面貌：杜夫海纳先是引用《完形心理学》作者纪尧姆的话说："各种人、物和情境都有一个精神面貌。完形理论……承认，对象自身，按照自己的特有结构，具有奇异、可怕、恼怒、平静、优美、雅致等特点，而不以感知它们的主体任何以前的经验为转移。"之后，他便得出自己的结论："审美对象恰恰就有这样一种面貌。这种面貌，从现在起我们完全可以称之为情感的。审美对象不但用丰富的感性来说话，而且还用它表现的、使人们无需通过概念就能认出来的这种情感特性来说话。它的统一不仅是感性的统一，而且还是情感的统一。这种统一不是加在我们已经辨认的那些形式之上的一种新形式。应该说这是这些形式的一个新面目，因为情感本身内在于感性，而'感觉'这一个动词就说得相当清楚了。"①审美活动是一种情感活动，而审美对象作为这种活动所创造的对象必然包孕情感、表现情感。但在传统理论中，这种情感属于内容的因素，而杜夫海纳在这里则把情感与对象的"感性"和主体的"感觉"联系起来，并运用完形心理学的原理，赋予"内在于感性"、诉诸于感觉的情感一种外在的精神面貌。他称这种情感的面貌为"形式的一个新面目"。苏珊·朗格曾就艺术作品情感呈现说过如下一段话："说一件作品'具有情感'，恰恰就是说这件作品是一件'活生生'的事物，也就是说它具有艺术的活力或展现出一种'生命的形式'。"② "生命的形式"与"情感的面貌"言异意同。

"意义"、"灵魂"、"本质"、"理念"、"情感的面貌"诸概念在具体含义上存在细微的差别，但都共同地归属于审美对象的"内部形式"。作为内部形式，它的作用表现在两个层面上：在本质层上，它组织自身成为统一体，此时杜夫海纳所用的术语是"意义的统一"；在组织、统一自身的意义上，内部形式显示感性的必然性。在形相层上，它组织外部形式并使之风格化（即个性化）。此时，杜夫海纳所用的术语是"感性的统一"、"感性的调排"、"感性的和谐的组织"。他说："这种形式显然内在于感性，

① ［法］杜夫海纳：《审美经验现象学》，韩树站译，文化艺术出版社1996年版，第175页。
② ［美］苏珊·朗格：《艺术问题》，滕守尧译，南京出版社2006年版，第56页。

它首先只不过是感性的和谐的组织。风格显示形式的另一侧面。它界定这样一种形式，即能够表明创造这一形式的那个个性的形式。"① "内在于感性"的"形式"就是意义，"感性的和谐组织"之"感性"，乃是指外部形式。在论述意指作用赋予感性以形式时，杜夫海纳表达了上述意思："通过感性的构成，随后通过风格（它表明在感性构成中有某些预想的、个人的成分），我们对形式有了一个初步认识。"② 在组织统一外部形式的意义上，内部形式显示感性的充实性。

与上文所说的"形上层"相对应，杜夫海纳提出的概念是"绝对形式"、"审美形式"、"最高形式"。

"如果我首先关心的是再现对象，那么形式就是它的形式，亦即它再现的轮廓，例如在感知方面萨特曾经作过分析的讽刺画和示意图。如果谈到审美对象，那么我首先瞄准的就不再是再现的东西了：线条就是线条，而不是作为需要有某些意向来解释的图式。这些意向是依靠对物体的某种模拟直觉地在线条中实现的。因为再现对象被中性化了，所以线条完全不是作为这个对象的轮廓引起我的注意的。但它也不是像装饰品那样由于支配它的规律引起我的注意，而是由于线条具有的感性：它的鲜明、雄健、别致、优美。如果人们称环绕一个空间的轮廓为形式的话，那么审美形式可以说是这一形式的形式。再说，如果把形式归结为再现对象的轮廓，那么在一张印象派的油画中，应该到哪里去寻找呢？"③ 杜夫海纳在此区分了两种形式，一种是再现对象的轮廓，这就是前边所讲的外部形式；另一种是当对象被中性化时，线条不再作为再现对象的轮廓，而是指向自身的感性：线条的鲜明、雄健、别致、优美。这后一种形式可作两种解释，一是具有鲜明、雄健、优美、别致韵味的线条自身；另一种是造成线条具有鲜明、雄健、别致、优美的原因。前一种解释仍属外部形式的范围，而后一种解释则通向了形上层。下边的话可为此作一证明，杜夫海纳引用让娜·埃尔丝的话说："艺术的真正问题是一个本体论的问题……艺术家是要使

① ［法］杜夫海纳：《审美经验现象学》，韩树站译，文化艺术出版社1996年版，第138页。
② 同上书，第170页。
③ 同上书，第173页。

某种东西存在，不是要使某种东西美"，而审美形式就是这种"能赋予作品以非衍生性的存在的绝对形式"①，这种赋予作品以非衍生性存在的"绝对形式"属于本体论，它是审美对象存在的根据。

我们曾将"意义"界定为审美对象的内部形式，而在杜夫海纳看来，"意义"之上还有"意义"，"意义和感性的这种统一就超越自己，变成表现，亦即审美对象的最高形式和它的意义的意义"②。意义的意义，就是审美对象的最高形式。

关于处在审美对象形上层的"绝对形式"、"审美形式"、"最高形式"，杜夫海纳语焉不详，缺少明确的论述，这是杜夫海纳审美对象形式论的不周密之处。笔者注意到杜夫海纳在《审美经验现象学》第四编"审美经验批判"中提出的一个新概念"情感特质"。他认为"情感特质是审美对象的一种先验"。情感特质作为先验，对于审美对象来说具有两方面的意义。一方面"这种先验与康德所说的感性先验和知性先验的意义相同。康德的先验是一个对象被给予、被思维的条件。同样，情感先验是一个世界被感觉的条件"③。在此，杜夫海纳引用舍勒就作为"物质特质"的价值所说的话来更具体地说明"情感先验是一个世界被感觉的条件"的具体含义："价值可以这样先于自己构成的对象，可以像使者一样预告对象的呈现。……价值似乎像是创造自己的内容的一种形式。"④ 另一方面，情感特质是审美对象的构成因素，更确切地说，是审美对象的世界的构成因素。因为"审美对象的世界是按照一种情感特质安排的"，它"是审美对象中的最深的东西"。惟其如此，情感特质对审美对象来说才是一种先验。

形式在主客之间：立足于知性，我们把审美对象孤立起来探讨其"形式"的多方面含义。但是，立足于现象学的立场，审美对象则是意向对象，它是意向活动的关联物，两者之间具有意向性关系，因而其形式也就必然在主客之间，或者更准确一点说，形式在主体投向客体的审美意向性中创造性地生成。杜夫海纳多处论述审美对象形式的"主客间性"之含

① ［法］杜夫海纳：《审美经验现象学》，韩树站译，文化艺术出版社1996年版，第176页。
② 同上书，第174页。
③ 同上书，第477页。
④ 同上书，第486页。

义：“形式与其说是对象的形状，不如说是主体同客体构成的这种体系的形状，是不倦地在我们身上表示的并构成主体和客体的这种‘与世界之关系’的形状。这里，我们已经可以看出，感知者和感知物的这种连带关系在审美经验中格外明显，因为对象的形式在审美经验中格外完整。”① “形式不是作为各部分互相连接的、具有意指作用的整体直接给予的对象的形状，而是主体与客体形成的整体，在这个整体中只能人为地区分哪些属于客体和哪些属于主体的东西”。② 由于审美对象在杜夫海纳看来是纯粹知觉对象，所以它与主体的关系是一种知觉意向性关系，此种关系表现在对象形式上，杜夫海纳把它表述为：它存在于感性之内，而且不是别的，只是感性借以显现和付诸知觉的方式。

形式在材料和对象之间：在审美活动中，主体首先所面对的是作为材料的“物”，在此基础上，才可能生成为审美的“意象”——审美对象。由于与现实客体的这种关联，美学史上，在确定审美对象形式含义时，便常常把现实客体作为审美对象的内容，于是审美对象便成了相对于现实客体的纯形式。杜夫海纳受此影响，在“逻辑形式主义和美学形式主义”一文中，他就是这样界定“形式”含义的：“应该如何理解形式这一概念呢？形式与质料、实质、内容相对立，这也可以是形式的定义。亚里士多德为了说明手工实践，尤其是艺术创造，提出了质料和形式构成事物论体系。形式因是启发并指导工作的设想。然而这种设想，也可以在自然中起作用：当一种潜能现实化时，一种形式就使一种质料具有形式。”③ 在此，现实客体已丧失了作为“物”的独立性，沦为审美对象的“质料”、“实质”、“内容”。严格地讲，这样定义的形式并不在材料和对象之间，而是对象。只是这个对象要把现实客体纳入自身成为其构成因素之一：“内容”。这样定义形式所造成的矛盾，前文已述及，即这种对内容、形式的划分方法横跨了分属两个层次的事物，造成了内容、形式含义的混乱。杜夫海纳显然没有意识到这种矛盾。

---

① ［法］杜夫海纳：《审美经验现象学》，韩树站译，文化艺术出版社 1996 年版，第 267 页。
② 同上书，第 256 页。
③ ［法］杜夫海纳：《美学与哲学》，孙非译，中国社会科学出版社 1985 年版，第 120 页。

　　形式是一个整体：形式除具有上述不同层面的含义之外，杜夫海纳深受完形心理学的影响，还把形式定义为感性的整体："形象是一个整体，它具有形式、轮廓、结构，具有功能属性和内部结构，因为轮廓的每一环节都有可能改变功能。"① 定义为格式塔："只要我们不再把形式和内容对立起来，只要我们看到审美知觉是如何在形式中把握内容的，那么包含内容的这种形式便变成真正的格式塔，即对象的意指的统一。首先在我面前出现的并把对象作为整体交付给我的正是这一形式，因为它是内和外的统一。"② 形式作为"感性的整体"，在杜夫海纳这里，可以更加细致地区分为如下几个层面：第一，在形相层上，形式统一形状、轮廓、色彩、节奏等诸多信息显现元素而构成"外部形式"的整体，这是外的统一（杜夫海纳称之为"感性的统一"）；第二，在本质层上，形式统一诸内在元素（譬如意义、本质、理念、情感等）而构成内部形式的整体，这是内的统一（杜夫海纳称之为"意义的统一"）；第三，在形相层、本质层、形上层之关系上，形式统一内、外及形上、形下而构成对象形式的整体，这是内和外的统一；第四，立足于知觉意向性，形式整体扩展到了主体、对象、客体之间，成为主体同客体构成的这种体系的形状，是不倦地在我们身上表示的并构成主体和客体的这种"与世界之关系"的形状。

四、形式感性

　　综括上述，我们看到：（一）形式在杜夫海纳这里具有多方面、多层次的含义；（二）其形式含义明显地受到了哲学史、美学史上各种形式含义的影响；（三）尽管笔者在此对杜夫海纳诸多形式含义按一定理论框架进行了细致的定位、区分、综合，但诸多含义之间也存在着一些矛盾和不尽通透的地方。

　　穿过几乎是令人眼花缭乱的形式含义的丛林，此刻，我们必须提出的问题是：作为现象学美学，杜夫海纳审美对象之形式观的独特性是什么？对这个问题的回答可分两个步骤，第一步，论"形式感性"，作为铺垫；

---

① ［法］杜夫海纳：《审美经验现象学》，韩树站译，文化艺术出版社 1996 年版，第 171 页。
② 同上书，第 175—176 页。

第二步，论"感性形式"，作为结论。

要搞清楚杜夫海纳审美对象形式论的独特性，这首先须从感性与形式的关系谈起。杜夫海纳论审美对象，涉及两种感性：一是原始感性，即物质材料的感性（又称自然感性）；二是审美感性，即作为审美对象的感性。原始感性与审美感性截然不同，从笔者前文所建立的审美对象形式理论框架可以直观地看出，两者分属不同的层面。

在现实层面上，原始感性作为形式因素与作为内容因素的物质材料共同构成一现实之"物"，这个"物"，既可以不依赖于主体而独立地存在，又可以相关于现实主体而存在。就其作为现实之物自身来看，其特点在于：首先，原始感性作为形式因素是与作为内容因素的物质材料分离的；其次，相对于作为内容的材料来说，作为形式因素的感性是工具性的。因此，原始感性成为物质材料可有可无的符号。当这个现实之"物"作为一个具体对象而与现实主体相关时，现实主体诚然表现为知觉意识，但它是一般知觉意识而非纯粹知觉意识。就一般知觉意识与这个现实之物的直接关系来看，其最为主要的特点在于，一般知觉到达事物的表象后，并不停留在对象自身关注其感性表现，而是带着理解和意志径直走向对象的内容要素。如此，作为物的形式因素的感性就被消解了。

审美感性与现实感性之最大不同，在于感性不是审美对象的属性，不再是对象可有可无的一个符号，而是一个目的。感性是无法代替的东西，也是成为作品的实质本身的东西，以至于感性成为对象本身。这个对象即是不同于物的"物的形象"（朱光潜语），即是不同于物象的"意象"（中国古典美学概念），即是融内容与形式浑然于一体的审美对象。

在辨明了两种感性之后，现在的问题是，在物质材料向审美感性转化过程中，形式所处的地位及其作用是什么？杜夫海纳认为审美对象的呈现是一种美妙的呈现，"因为对象的物质性受到了颂扬，感性也达到了它的最高峰"。紧接着这一论述，杜夫海纳从否定的角度说："但是感性只因为没有形式才成为物质材料。"① 这就是说，没有形式，感性降落为物质材

---

① ［法］杜夫海纳：《审美经验现象学》，韩树站译，文化艺术出版社 1996 年版，第 118—119 页。

料；而反过来是否也可以说，形式使原始感性从物质材料上升为审美感性呢？杜夫海纳说："审美对象是这样一种对象：在这个对象身上，只有不失去形式才有色彩的强弱；如果这一形式遭到破坏，色彩也就随之消失。词句只有在诗歌的严格布局中才有文采和丰富的意义。词句在诗歌中的地位犹如小提琴之在乐队。在诗中遇有跨行和不合句法的时候，读起来就像一声响锣，刺耳了。同样，只有通过旋律的形式（这种形式即是旋律被打断或成为节奏的模式也不断存在着），乐音才充分是乐音，而且永远接近噪音的边沿，如同听铜管乐器或大型乐队演奏时那样。石头只有它的位置摆得适当而又能担当起自己的职能，即在服从重力的同时控制重力时，看起来才能令人相信石头的坚硬性。"① 非常明显，对杜夫海纳来说，审美感性是凭借形式生发并建构起来的。更具体点说，是形式使事物色彩的强弱存在，使诗歌词句具有文采和丰富的意义，使声音成为乐音，使石头成为石头。但形式的作用并不止于此，通过形式而出现的新的感性，同时借助于形式立刻获得本体论上的满足："形式使审美对象不再作为一个实在对象的再现手段而存在，而是有它自身的存在。审美对象的真实性不在它的身外，不在它所摹仿的现实之中，而是在它自身。"②

总起来看，杜夫海纳虽然明确肯定形式在审美感性生成中的作用，但其不足在于其论述一则限于描述，二则过于笼统。下面，笔者结合自己的理解对其作更具体的阐述，同时对杜夫海纳的相关词语进行相应阐释。大约说来，形式对审美感性的生成作用表现为如下三个方面：

其一，对物质材料进行赋形，即强化材料的形式方面（用结构主义的话来说就是强化能指，用俄国形式主义语言来说就是陌生化），使原始感性上升为审美感性并赢得独立自主的地位。具体地说，赋形包含了如下的方面：确定感性的范围，强化对象的可感外形；突出对象的形式构成要素，如点、线、面、色彩、节奏、旋律、和声、词语等，并进一步对上述要素进行和谐地、整体地组织安排。由此物质材料成为一个整体，材料的质地得以突出。杜夫海纳的有些话可以看作是对形式这一作用的表述：

---

① ［法］杜夫海纳：《审美经验现象学》，韩树站译，文化艺术出版社 1996 年版，第 119 页。
② 同上书，第 120—121 页。

"在一切艺术中，感性（笔者注：原始感性）都必须被整理和组合成使人们能毫不含糊地感知到它的程度。"① 谁来整理和组合呢？当然是形式。杜夫海纳说得很明确："感性只有在一种形式的控制下才能充分显示出来。这种形式显然内在于感性，它首先只不过是感性的和谐的组织。"② 对此马尔库塞曾从现实批判的角度说过意思相同的话："在审美形式中，内容（质料）被组合、整形、调整，以至获得了一种条件，在这个条件下。'材料'或质料的那些直接的、未被把握的力量，可以被把握住，被秩序化。形式就是否定，它就是对无序、狂乱、苦难的把握，即使形式表现着无序、狂乱、苦难，它也是对这些东西的一种把握。艺术的这个胜利，是由于它把内容交付与审美秩序。"③ 形式组织感性，不仅使材料成为一个有机整体，而且必然地突出了材料的质地，用海德格尔的话来说就是"庙成石显"。形式的赋形作用与形式的形相层相对应，也就是说，它是外部形式的功能。

其二，使之具有精神意味。形式在对物质材料进行赋形时，一方面强化了能指，同时瓦解了物之所指；另一方面在更高层面上（即审美感性生成的层面上）赋予对象以新的所指——具有泛指意义的精神意味。杜夫海纳把形式的这种作用称之为"意指"、"表现"。形式的意指和表现作用与本质层相对应，即它是内部形式的功能。至此，我们看到，审美感性借助于形式克服了现实之物形式与内容的分裂，达到了立足于形式的新的形式与内容的同一。用杜夫海纳的话来说就是"显示感性的充实性和必然性"。

其三，开显世界。在现象学的视野里，审美感性是审美主体的意向相关项，所以，具体到与感性密切相关的形式上，就有了多重含义：外部形式、内部形式、形上形式、相关主客的整体形式。如果说，外部形式和内部形式分别侧重于赋形和赋义，那么，相关主客的整体形式则侧重于开显世界。所谓"开"即创造，所谓"显"即敞开。在这个开显的过程中，形上形式提供根据，外部形式提供（生成）形相，内部形式提供（生成）意

---

① ［法］杜夫海纳：《审美经验现象学》，韩树站译，文化艺术出版社1996年版，第343页。
② 同上书，第138页。
③ ［美］赫伯特·马尔库塞：《审美之维》，李小兵译，广西师范大学出版社2001年版，第114页。

味。杜夫海纳说:"美的形式就是那种在任何话语之外说话的形式,是那种说出一个世界的形式。"①

通观形式在审美感性生成中的作用及其效果,我们可以得出一个初步的结论,所谓审美感性即形式感性。杜夫海纳曾初步地说:"它(笔者注:形式)是感性的一种特质";他进一步说:"形式作为感性之所以成为感性的那种东西与感性处于同一水平。"②

五、感性形式

至此为止,我们还仅仅是为阐释杜夫海纳审美对象形式论的独特性奠定了一个基本前提,下面,我们将回到问题本身。

让我们首先关注感性形式与理性形式的不同。杜夫海纳在"逻辑形式主义和美学形式主义"一文中,对逻辑对象的形式和审美对象的形式作了区分,归纳起来有如下几个要点:从其生成过程来看,在逻辑中,形式不仅不再与质料相关,甚至于清除质料,最后,达到完全的形式化,以至于形式意识到自己是形式对象;而审美对象的形式则是承受质料,融汇感性,使感性具有形式,并把此种形式作为自己真正的形式。从其本身性质来看,逻辑形式是一个抽象和空洞的推论的形式,而不是一个对象的形式;而审美形式则是一个对象的具体的和充实的感性形式。从其与主体的关系来看,逻辑形式对应于主体的知性,审美形式对应于主体的知觉。从其与意义的关系来看,逻辑形式的意义是确定的,但其完全是空洞的,意义全部存在于形式之中。一个逻辑陈述除去它所说的之外,什么别的东西也不想说。而审美形式的意义则是一种充实的但是非确定的意义,"美的形式是那种在任何话语之外说话的形式,是那种说出一个世界的形式"。因此,在审美对象这里便出现了双重内在性:"形式内在于感性,意义又内在于形式。"③ 从其与背景的关系来看,逻辑形式与背景没有更多的关系。而审美形式则与它的背景相配合,例如画与墙、建筑物与风景。在这

---

① [法]杜夫海纳:《美学与哲学》,孙非译,中国社会科学出版社1985年版,第128页。
② [法]杜夫海纳:《审美经验现象学》,韩树站译,文化艺术出版社1996年版,第127页。
③ 同①,第130页。

个相互关系中，形式使背景审美化，同样背景也使形式审美化。从现象学的角度看，背景是审美对象的世界境域，两者本来就是一体的。

上述两者的差异告诉我们，审美对象的形式不是理性形式，而是感性形式。而前面对于形式感性的论述又间接地告诉我们，审美对象的形式不是普通感性形式，而是纯粹感性形式。正如前面论述"形式感性"时，其论证侧重在形式在感性生成中的作用，现在对"感性形式"的论证，则侧重在感性对形式生成的作用。杜夫海纳一方面认为"感性是通过形式而出现的"，但另一方面他又接着说"但它（笔者注：指感性）也使形式出现"。因为，在杜夫海纳看来，说到底，形式是感性的一种特质。

感性在活动中具有两个环节，一是对象方面的感性，二是主体方面的感性。就对象感性来说，处于基础层面的是物之原始感性，处于超越层面的是物之纯粹感性。对于现实之物来说，尽管形式因素与内容因素是分离的，而且其形式因素不具有独立性，但毕竟这个形式以其体积、形状、色彩、声音、运动、滋味等因素作用于人的感官，从而形成具体感性的"这一个"对象。在此，现实之物的形式就是物的原始感性。这种原始感性为纯粹感性和审美形式的生成奠定了不可缺少的基础。

那么，纯粹感性如何产生？从对象一极看，杜夫海纳的论述显然是苍白的，而海德格尔关于"物之物性"的思考为我们解答这一问题提供了一个很好的思路。

按照海德格尔在《艺术作品的本源》中的考察，西方思想史上对物之物性的解释概括起来有三种：（1）物是具有诸属性的实体；（2）物是感官上被给予的多样性之统一体（感觉的复合）；（3）物是具有形式的质料。在海德格尔看来，这三种解释都没有把握物本身。

为什么这三种对物的解释都没有把握物本身呢？海德格尔的表述其实并不是很清晰的。如果我们从意向性的角度对此作一番梳理，问题可能会变得更明白一些。上述三种对物的解释即是对物的三种认识方式，其共同特点是对物或对认识过程作了抽象分解，导致物本身隐身不显。从主体的角度看，这三种认识方式表现为知性意向性而非感性意向性，所以它必然导致物的抽象化，这是人对物的遮蔽；从物作为对象的角度看，相应于知性意向性，是它的观念化的存在方式，这是物自身的遮蔽。由于存在着以上两重遮蔽，作为知性的意向对象的"物"不可能敞开、展现并生成它的纯粹感性。

如果说在认知的层面上，物因其观念化而不能显示其物性的话；那么，在实践的层面上，由于我们处在一个技术的时代，物已被物质化、功能化和齐一化，所以它同样不能显示其自身的物性。与把"物"观念化造成物的整体的遮蔽不同，技术作为一种展现的方式，它展现了物的可用性的方面，以迎合人的利益需求。但同时，它也因此缩减了事物的丰富性，造成了物的单质化。冈特·绍伊博尔德就此评论说："把事物加以物质化、功能化和齐一化的展现剥夺了事物的自己的东西、真正的东西和实体性的东西，通过这种剥夺使事物成为单纯的影子和格式，因而使事物不再能够成为会集人性和沉思的容器。单纯功能性的东西不能是人的生活的真正的基准点，它们是单纯的生活的假象。"①

既然事物既不是观念性的东西，又不是单纯功能性的东西，那么，事物自身到底是一种怎样的东西？或者说，作为什么样的东西它才能敞开自身并显示出物之物性？这也就是本文前面所问的纯粹感性如何生成的问题。

在海德格尔看来，真正的事物不是一个单纯的事物，不是一个完成了的僵死的事实。真正的事物是未完成的、开放的、正在生成着的事情。事物的本质在于"成为……"（事物成为事物），在于"是……"（事物是事物），在于与其他东西建立联系（聚集）。所以，成为事物就是进行聚集，聚集什么？聚集天、地、神、人四重性，因此，事物就是四重性的聚集地。海德格尔曾以不同的事物为例对四重性的聚集作过说明，如《艺术作品的本源》中的"农鞋"和"希腊神庙"、《物》中的"壶"、《筑·居·思》中的"桥"和"农家院落"。下面，让我们尝试对他的"桥"和"壶"的现象学描述作一分析。

如果我们立足于表象性思维，把物看作是与人相对而立的对象，或者立足于功能性的角度，只关注物的可用性方面，那么，所谓物就仅仅是一

———————

① ［德］冈特·绍伊博尔德：《海德格尔分析新时代的技术》，宋祖良译，中国社会科学出版社 1993 年版，第 86 页。

个单纯的现实之物、现成之物。譬如，"桥"就是架于河流之上、连接河岸、方便人们行走的一种物，而"壶"就是由壶底、壶壁及两者之间的虚空构成的器皿。在海德格尔看来，这样的"桥"和"壶"没有成其本质，原因在于，它们没有物化。物如何物化呢？

海德格尔不是孤立地谈论"桥"这一个别的事实，而是在桥与河岸、河流、天、地、人、神之间进行相互指引，并建立意义的关联。由"桥"指引到"两岸"，由"河岸"指引到"广阔的后方河岸风景"，由"河岸风景"指引到"大地"。由桥"飞架于河流之上"指引到"桥墩"，由"桥墩"指引到"河床"与"桥拱"，由"桥洞"指引到"水流"。在这种指引中，桥使河流、河岸和陆地进入相互的近邻关系之中，桥把大地聚集为河流四周的风景。由"桥"作为"道路"指引到"往来于两岸的人们"，由现实中人们以多重方式的行走"达到对岸"指引到"作为终有一死者达到彼岸"，由赴死的人指引到"诸神"。这种指引和意义的关联就是"聚集"。"桥以其方式把天、地、神、人聚集于自身"①。

什么是壶呢？从壶作为个别的事实来看，壶是一个由壶底、壶壁及其虚空所构成的能够站立的器皿，它的作用在于容纳其他东西。由此，海德格尔开始了他的现象学描述。"虚空以双重方式来容纳，即承受和保持"。虚空的双重"容纳"由"倾倒"来决定，"倾倒"使"容纳"真正如其所是。"倾倒"在于"馈赠—赠品"：水和酒。"水"中有"泉"，"泉"中有"岩石"，"岩石"中有"大地"，"大地"承受"天空的雨露"。"酒"由"葡萄的果实"酿成，"果实"由"大地"的滋养与"天空"的阳光所玉成。在作为"饮料的倾注之赠品"中，"终有一死的人"以自己的方式逗留着。在作为"祭酒的倾注之赠品"中，"诸神"以自己的方式逗留着。在"倾注之赠品"中，同时逗留着"大地与天空"。海德格尔由此得出结论说，壶的本质是天、地、神、人四重整体在赠品中的纯粹聚集。

通观海德格尔对"桥"和"壶"所做的现象学描述，可以看出如下几个要点：首先和最为根本的是，让"桥"、"壶"去存在……、去是……、

---

① ［德］马丁·海德格尔：《演讲与论文集》，孙周兴译，生活·读书·新知三联书店2005年版，第161页。

去成为……，而不是僵死地把它看作单纯物质化和功能化的"什么"。其次，物之存在就是以建构意义的方式指引到天、地、神、人，让其临近、到场，此谓"聚集"。再次，聚集的方式（也就是指引的方式），或是空间的，如由桥到岸，由河岸到后方风景，由后方风景到大地；或是时间的，如天地的运行，人的赴死，神的永恒；或是因果的，如祭酒之对于诸神，饮料之对于人，大地的滋养与天空的雨露之对于葡萄的果实。此种"聚集"、"指引"是物之吟唱，是物的光辉的照耀，是物之灵性的显现。所以，不是桥的两端有河岸、河岸后方有风景、风景背后有大地这样客观的空间排列，而是桥让河岸出现、沟通、对峙，是桥使河流、河岸和陆地进入相互的近邻关系之中，是桥把大地聚集为河流四周的风景。最后，聚集就是物的物化，物物化世界，物化就是世界化，"天、地、神、人之纯一性的居有着的映射游戏，我们称之为世界"①。正是在这个意义上，我们说，物有一个世界，物－在－世界－中，物在世界化中发生、生成。

在这种物化中，物显示自身的物性——纯粹感性，成为"象"。杜夫海纳在他的美学中，没有像海德格尔这样谈及物、物化、物性，但他论及了艺术作品的物质材料在诉诸审美知觉时便转化为审美感性。在这个过程中，物质材料"丝毫不漏掉它的感性特质和它对知觉的参照"，当它"得到直接的处理"——对象的物质性受到了颂扬——的时候，"物质材料"因此转化为"感性"本身，感性达到了它的最高峰。这时，旋律就是倾泻在我们身上的声的洪流，诗就是词句的协调和娓娓动听，绘画就是斑斓的色彩，纪念性建筑物就是石头的感性特质。②

纯粹感性如何产生？从主体一极看，对于海德格尔而言，即通往事物的道路的问题，他指出了两条路：艺术的道路和思想的道路，限于本文论题对此不拟展开。对于杜夫海纳而言，则是知觉意向性的问题。杜夫海纳把审美对象看作是一个纯粹知觉对象，那么相应的主体极则是纯粹知觉意识。因此，审美知觉意向性的结构则可表述为：纯粹知觉——审美对象。

---

① ［德］马丁·海德格尔：《演讲与论文集》，孙周兴译，生活·读书·新知三联书店2005年版，第188页。

② ［法］杜夫海纳：《审美经验现象学》，韩树站译，文化艺术出版社1996年版，第114—115页。

纯粹知觉在审美对象感性生成中的作用和地位，在本章第一节第五部分"感性与审美知觉"中有比较详细的论述，在此，则概其要而述之。首先，知觉的主体，不是知性意识的主体，而是"身体—主体"，"身体—主体"既是肉体又是精神，是肉体和精神的统一。杜夫海纳在他的美学中接受梅洛-庞蒂"身体—主体"的概念，并把它转变为"表演者"。杜夫海纳说欣赏艺术作品，身体不会退场。其次，"审美知觉"虽然是一个整体，但在其深化过程中可以区分出三个阶段：呈现、再现、思考。在呈现阶段，审美对象诉诸肉体；在再现阶段，审美对象诉诸想象；在思考阶段，审美对象诉诸感觉。与物之物化是一个精神上升的过程相应，由呈现到再现，由再现到感觉，则是审美知觉精神化的过程。但在这个过程中，想象和感觉始终扎根于肉体知觉，它不但不会走向脱离审美对象这个"物"的漫无边际的想象和抽象的知性思考，恰恰相反，它是知性和想象向知觉的返回。杜夫海纳所说"审美经验在它是纯粹的那一瞬间完成了现象学的还原"其意在此。因此，审美知觉整体上是纯粹感性的知觉。再次，审美知觉与审美对象两者之间的关系，是非对象性的感性水平上的相互呈现，是存在性的感性的"绝对显现"，两种感性在共同开启的"存在性境域"中达致同一。

至此为止，我们已经在对象和主体两个向度阐述了纯粹感性的生成。接下来的问题是：在审美对象感性生成的过程中，形式又如何呢？本节第四部分论感性与形式的关系，侧重在形式对感性生成的作用，得出的结论是：感性乃形式感性。在这一部分，我们论形式与感性的关系，则侧重在感性对形式生成的作用——感性中的形式。

根据本节第二部分建构的审美对象形式论的理论框架，主体、客体、审美对象三者处在相互关联之中，所以哲学史、美学史和艺术史上有些"形式"的含义涉及上述三方，我曾把它表述为"在主体、现实客体与审美对象之间"。杜夫海纳的美学把上述理论框架化为了"艺术作品（客体）——审美对象——审美知觉（主体）"这样一个知觉意向性的结构。因此，他的"形式"含义也涉及三者，也是"在艺术作品、审美对象、审美知觉之间"。在审美过程中，客体（或艺术作品）的自然感性与身体主体的知觉感性相互观照、呈现，生成了审美对象的纯粹感性。审美对象的形式就在这三重感性中孕育、生成。依据杜夫海纳形式"存在于感性之内"的观点，我们说：形式在感性中。"形式在感性中"的含义可在海德格尔的"此在在世界中"的意义上来理解。

从审美对象本身看，形式存在的三个层面——形相层、本质层、形上层——其关系在审美过程中是双向的：由"形上层"到"本质层"到"形相层"，这个"到"作为存在的过程，一方面它解构了现实之物内容与形式的关系，另一方面，"到"就是"回到"，就是"现象学的还原"。在此还原中，理念、内容、意义充分地感性化，感性化为肉体感官的对象。正是在现象学还原的意义上，黑格尔说出了至今仍然具有真理性的话："美是理念的感性显现。"而由"形相层"到"本质层"到"形上层"，这个"到"不是抽象化的过程，而是事物自身敞显、去蔽，在现象学的解构与还原中进行"建构"的过程。形式在此征服了内容，以其高度的感性化获得了自身的独立性。审美对象的形式就在这双重的感性化中孕育、生成。因此，在审美对象本身形式感性化的意义上我们同样说：形式在感性中。

既然形式"在—感性中—存在"，"形式"自然、必定就"是"感性形式。与美学史上诸多形式含义不同的地方，在自身形式含义存在诸多繁复、歧义甚至矛盾的表述中，杜夫海纳审美对象形式论的独特性和核心点在于：它是纯粹知觉意向性中的纯粹感性形式。这就是笔者对杜夫海纳审美对象"形式论"所作的知觉现象学阐释。笔者的意图在于，借助于这种阐释，构建审美对象的"形式现象学"。

第三节 意义

意义的发现及其分析和描述，是胡塞尔现象学理论的核心之一，但对于杜夫海纳来说，关于审美对象的意义，却是他的美学理论最为薄弱的环节之一。杜夫海纳就"意义"问题固然说了很多话，但这些话是零散的，明显缺少现象学应当具有的系统性和深入性。为了讨论他在其基本著作《审美经验现象学》和《美学与哲学》中提出的审美对象的意义问题，我们有针对性地从中选取一些基本句子或者段落，并在其相互联系中予以系统的阐释，以此来建构审美对象意义现象学。所谓"在相互联系中"，包含两个向度，一是杜夫海纳不同的论题之间，二是杜夫海纳与现象学哲学或美学诸家之间。

一、意义的分层或分层的根据

1. 杜夫海纳缺少规定性的意义类型区分

在论"美"一文中，杜夫海纳就美的对象的意义这样说："美的对象在对我说话，它只有在真的条件下才是美的。然而，它在对我说些什么呢？它既不像概念的对象如逻辑算法或推理那样对智慧说话，也不像常用的对象如信号或工具那样对实践的意志说话，又不像愉快或可爱的对象那样对情感说话。美的对象首先刺激其感性，使它陶醉。因此，美的对象所表现的意义，既不受逻辑的检验，亦不受实践的检验；它所需要的只是被情感感觉到存在和迫切而已。"① 在这里，杜夫海纳区分了与不同意义相对应的四种对象和心理机能：其一，概念的对象—智慧；其二，常用的对象—实践的意志；其三，愉快或可爱的对象—情感；其四，美的对象—存在。这种对不同对象和心理机能的区分，其实质在于为意义进行分层。但在此，杜夫海纳未能对意义层次进行相应的规定性，而仅只作出了一定程度的分类。在论"归纳性感性"一文中，杜夫海纳区分了两种意义，一种是"内在于感性的意义"，一种是"逻辑的意义"："审美对象的第一种意义，也是音乐对象和文学对象或绘画对象的共同意义，根本不是那种求助于推理并把理智当作理想对象——它是一种逻辑算法的意义——来使用的意义。它是一种完全内在于感性的意义，因此，应该在感性的水平上去体验。"② 所谓"内在于感性的意义"之"感性"，指审美对象之"感性"。在论述意义与符号的关系时，杜夫海纳区分了两种符号：一是作为向悟性开放的工具性符号，二是作为向知觉开放的符号。与此相关也就有了两种意义："如果意义真正属于心智的话，如果符号是意义的一种不可或缺的、但不过是无足轻重的工具的话，那倒可以把意义与符号分开，把意义驱逐

① ［法］杜夫海纳：《美学与哲学》，孙非译，中国社会科学出版社1985年版，第20页。
② 同上书，第64页。

到另外一个向悟性而非向知觉开放的世界。倘若相反，意义是一种建立在知觉可以辨识的某种有关经验这个基础之上的自然意义，例如关节痛意味着天气的变化，那么，所指和能指就同属于向知觉开放的自然世界，无需把它们分开了。但在这种情况下，符号并不显示意义，它就是意义。"① 与工具性符号相应的意义，其特点在于，一方面与符号相分离，另一方面向悟性（心智）开放，图示如下：符号——意义——悟性。与知觉符号相应的意义，其特点在于，一方面与符号同一，另一方面向知觉开放，图示如下：符号（意义）——知觉。

从以上三段引文可以看出，杜夫海纳分别从对象、主体心理机能、符号三个角度对意义进行分类，其所用概念也不完全一致。实际上，杜夫海纳没有完成意义分层的工作。这是他审美对象意义论最大的局限性。

《审美经验现象学》英译本"前言"作者按照他对杜夫海纳的理解，做出了更为清晰和明确的意义分层表述："在行动的或认识的情况下，意义倾向于作为客观的意指作用，超出经验的直接范围。但是，在审美经验中，意义的作用迥然不同。它使我们的注意力集中在感性自身，显示出它的结构，而不像在行动或认识的情况中那样使我们超越感性地给予的东西。"② "行动"、"认识"、"审美"是人类三种基本的活动方式，与此相应，严格地说，应有三种意义类型，但作者把与"行动"和"认识"相应的意义合二为一，指出其存在一方面超出主体的经验，另一方面超出感性的对象，因而是"作为客观的意指作用"。而与"审美"相应的意义，则是内在于感性的对象。叶秀山在对杜夫海纳美学研究中，从认识论和存在论两个层面来划分意义。一种是和存在论发生关系的意义，具有根源性，它诉诸感官感觉："听和看一样，不仅是感觉性的，而且也可以是理解性的，听音乐也和看作品一样，具有读的性质。音乐作品就像绘画作品一样，其意义不在娱目、悦耳，而在读出它所蕴含的意义。"③ 另一种是派生出来的逻辑性、知识性意义。

---

① ［法］杜夫海纳：《审美经验现象学》，韩树站译，文化艺术出版社 1996 年版，第 181 页。
② 同上书，第 611 页。
③ 叶秀山：《思史诗》，人民出版社 1988 年版，第 308 页。

　　在对杜夫海纳的意义类型做出具有严格规定性的分层之前，让我们回到胡塞尔、海德格尔和梅洛－庞蒂等现象学家的相关理论分析。

　　2. 胡塞尔的"意识行为"分层

　　叶秀山曾这样评价胡塞尔的现象学追求："在胡塞尔的纯粹'心理世界'，在精神世界里，本质与现象的统一是直接的，本质就是现象，现象就是本质，这个统一'单元'即是'意义'。"① "意义的发现，在胡塞尔看来，无异于揭示了整个西方哲学的最后秘密，找到了从古代希腊哲人开始要寻求的东西"②。由此可见，"意义"在胡塞尔现象学中的地位和重要性，但胡塞尔对意义的追寻是从意识分析入手的。

　　"意向性"在胡塞尔那里所表示的是纯粹意识的先验结构，这个结构在《逻辑研究》中被表述为"意向行为——意向内容——对象"，在《观念1》中被表述为"意向作用——意向对象"，在《笛卡尔式的沉思》中被表述为"自我——我思——所思"。不论对这个结构作何种表述，意义均蕴含于这一结构中。因此，我们也可以说，意向性涉及的是意义与意向的关系；或者更准确地说，意义涉及的是纯粹意识意向性结构中的意向活动与意向对象的关系。

　　按照胡塞尔的观点，不同性质的意识行为之间具有奠基关系。胡塞尔研究专家倪梁康把此种奠基关系简要表述为："所有意识行为都可被划分为客体化的和非客体化的这两种意识行为。任何一个非客体化的行为都奠基于客体化的行为之中，因为非客体化的行为不具有自己的质料，从而只能依赖于客体化行为的质料而成立所有。客体化的行为都可以被划分为称谓的和陈述的这两种意识行为。任何一个陈述的行为都可以被还原为称谓的行为。所有称谓的行为都可以被划分为直观的和符号的意识行为。任何一个符号的意识行为都奠基于直观行为之中，因为符号行为不具有自己的充盈，从而只能借助于直观行为的质料而成立。据此，真正独立的，或者说最终奠基性的意识行为是直观行为。所有其他的意识行为最后都奠基在

---

① 叶秀山：《思史诗》，人民出版社 1988 年版，第 81 页。
② 同上书，第 78 页。

直观行为之中，而直观行为却不需要依赖任何其他的意识行为。"① 而整个直观行为是由感知（当下行为）和想象（当下化的行为）这两个部分所组成的，想象行为奠基于感知行为之中。

为清晰起见，上述不同性质的意识行为之间的奠基关系可图示如下：

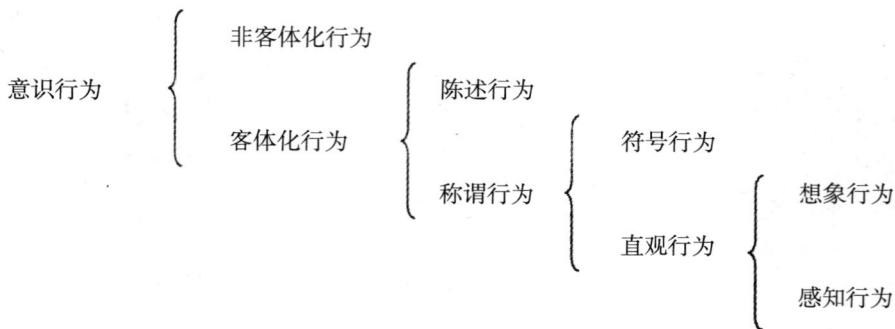

$$
\text{意识行为}
\begin{cases}
\text{非客体化行为} \\
\text{客体化行为}
\begin{cases}
\text{陈述行为} \\
\text{称谓行为}
\begin{cases}
\text{符号行为} \\
\text{直观行为}
\begin{cases}
\text{想象行为} \\
\text{感知行为}
\end{cases}
\end{cases}
\end{cases}
\end{cases}
$$

奠基关系，存在着许多类型，单就意识行为的奠基来说，胡塞尔给出的规定是："一个行为的被奠基状态并不意味着，它——无论在何种意义上——建立在其他行为之上，而是意味着，被奠基的行为根据其本性，即根据其种属而只可能作为这样一种行为存在，这种行为建立在奠基性行为上。"② 根据这段文字，"奠基"的意思不是指一个行为同时性地建立在另一个行为之上进行，也就是说，一个行为完全可以独立地进行。但从两个行为的本性即种属关系来看，假如两者之间存在着种属关系，那么属于"种"的行为必定奠基于"属"的行为之上才是可能的。也就是说，一种行为必须以另一种行为为基础才可能发生。

按照上述理解，我们可把上述不同性质的意识行为简括为三个层面：包括感知行为和想象行为的直观行为属于感性的领域，是感性行为，它处于底层。包括符号行为和陈述行为的客体化行为属于知性的领域，为知性行为，它处在中层。知性行为也被胡塞尔看作是"范畴行为"或"范畴行

---

① 倪梁康：《现象学及其效应》，生活·读书·新知三联书店 1994 年版，第 54 页。
② ［德］胡塞尔：《逻辑研究》（第二卷·第二部分），倪梁康译，上海译文出版社 1998 年版，第 180 页。

为的权能"。非客体化行为是指情感、评价、意愿等价值论、实践论的行为活动，属于感受的领域，它处在上层。三个层面之间表现为由低到高的奠基与被奠基关系：作为感性行为的直观行为为知性行为奠基，而感性行为和知性行为作为客体化行为则为价值论、实践论的非客体化行为奠基。

感性行为和知性行为属于客体化行为，所谓客体化行为是指能够指向并构造对象的行为，其中称谓行为（表象）构造出作为实事的客体（即在感性的具体性中被把握的对象），而陈述行为（判断）则构造出作为事态的客体（即对象的状况或对象之间的联系）。所谓非客体化行为（情感、意愿、评价）是指不具有构造客体对象能力的行为（其因在于非客体化行为不具有自己的质料），但由于非客体化行为奠基于客体化行为之中，因而它能够借此指向客体，具有意向性。到此为止，我们看到，所谓意识的意向性，即意味着意识必定是关于某物的意识。

在意向活动和意向对象之间存在着普遍的平行关系，这也就意味着，在不同的层次中，不仅意向活动的性质是不同的，而且相应的意向对象的存在方式和存在形态也是不同的。在感性的层次上，与素朴的感知、想象这样一种感性直观相应的意向对象是感性的个体之物；在知性的层次上，与符号行为、陈述行为这样一种普遍直观相应的意向对象是抽象的普遍之物；在感受的层次上，与情感、意愿、评价等意向感受的价值论行为相应的意向对象是使人感到如何的感性的个体之物。同样，与不同层次上存在着的意向活动和意向对象的平行关系相应，意义在不同层次上也就具有不同的所与方式和存在形态。胡塞尔就此写道："如果一种知觉行为、想象行为、判断行为等等成为一个完全与其一致的评价层次的根基，于是我们在此根基全体中有不同的意向对象或意义，此根基全体按照其中的最高层级被称作是具体的评价体验。被知觉者本身作为意义，特别属于知觉行为，但也同样被包括在具体的评价的意义中，作为其意义的根基。因此我们应当区分：对象，物，性质，事态，它们在评价中呈现作被评价者，或者呈现作表象、判断等等相应意向对象，它们是价值意识的根基；另一方面则为价值对象本身以及价值事态本身，或与它们相应的意向对象的变样；然后，一般地讲，属于具体的价值意识的完全的意向对象。"①

---

① ［德］胡塞尔：《纯粹现象学通论》，李幼蒸译，商务印书馆1992年版，第241页。

3. 海德格尔的存在论区分

海德格尔的意义分层建基于他的存在论区分，即存在与存在者差异；如果从把握上述两者的方式区分，则就是认识论与存在论的差异。

与胡塞尔把纯粹意识作为哲学主题不同的是，海德格尔的哲学主题是存在，其重心在追问存在的意义。为达此目的，首要的就是对存在和存在者进行区分："把存在一般与存在者之间的区别问题置于首位，这不是没有根据的。因为对于这个区别的探讨首先使我们可能以一种清晰明确的、在方法上可靠的方式把存在之类的东西放到与存在者的区别之中来加以主题化的观看，并将之设立为研究。"①

所谓存在，就是事物的涌现、显示，即涌现、显示活动本身，海德格尔就是在这样的意义上来规定"现象"的含义的："就其自身显示自身者、公开者。"② 所谓存在者，指存在着的某种确定的事物和现象，它可以是已经显示其存在的现实之物，也可以仅仅是观念中之物。对海德格尔而言，存在者就是显示自身的东西或在显示活动中呈现出来的东西。

因此，非常明确的是，存在不是存在者，既不是个别的存在者，也不是具有一切存在者族类普遍性的绝对的存在者。在海德格尔看来，存在是确定存在者作为存在者的那种东西，是使一切存在者得以成为其自身的先决条件，或者说，它是使存在者显示其为存在者的本源性的东西，因而与一切存在者相比具有优先地位。但另一方面，存在并不是在其他存在者之外的某种独立的东西，"存在总是某种存在者的存在"③。

传统形而上学已经提出关于存在的问题，而且不断以各种不同的方式说到存在，但其失误在于，它只是把存在想象为存在者，因此，传统形而上学遗忘了存在。

如果从"把握"存在和存在者方式的不同进行区分，那么，对应于"存在者"的是认识论的思维方式，对应于"存在"的则是存在论的体验

① ［德］马丁·海德格尔：《现象学之基本问题》，丁耘译，上海译文出版社 2008 年版，第305 页。
② ［德］马丁·海德格尔：《存在与时间》，陈嘉映、王庆节译，生活·读书·新知三联书店1999 年版，第 34 页。
③ 同上书，第 11 页。

或领悟的方式。

忘记存在就是忘记存在和存在者之间的区别，遗忘存在的深层原因在于用追问存在者的方式来追问存在。追问存在者的典型发问方式是"是什么"？海德格尔认为："这是由苏格拉底、柏拉图、亚里士多德所发展出来的问题形式。例如，他们问：这是什么——美？这是什么——知识？这是什么——自然？这是什么——运动？"① 在这样一种发问方式中，被追问的存在者"什么"成为一个现成的对象、客体，而追问者则成为一个主体，这就是主客二分为特征的认识论思维方式。海德格尔把这种认识论思维方式称之为"理论的态度"。在这种态度中，事物被脱生活处理而变成没有意蕴的硬邦邦的"实在"，对周围世界的经历体验被脱生活处理而变成对实在的"认识"，历史性自我被脱生活处理而变成作为"主体"的独特自我。②

而追问存在的发问方式则是"怎样是？"、"如何是？"。因为存在总意味着存在者的存在，所以追问存在，就是要从存在者身上来逼问出它的存在来。在所有存在者中，人这个存在者的独特之处在于：它存在论地存在，也就是说，这个存在者为它的存在本身而存在。海德格尔称这个存在者为"此在"。从此在出发追问存在，是谓基础存在论。作为能够发问存在的存在者，作为能够与存在发生关系的存在者，此在的存在方式与存在状态在于：在世界之中存在。在世界之中存在，既不是指两个现成存在者之间的空间关系，也不是指世界作为对象而此在作为主体之间的认识关系，而是指此在生存中混沌未分的同一现象。在此，"此在的'本质'在于它的生存，所以，在这个存在者身上所能清理出来的各种性质都不是'看上去'如此这般的现成存在者的现成'属性'，而是对它说来总是去存在的种种可能方式。"③ 世界之为世界本身是一个生存论环节，对于此在来说，"'世界'在存在论上绝非那种在本质上并不是此在的存在者的规定，

---

① 孙周兴选编：《海德格尔选集》（上），上海三联书店1996年版，第592页。

② 李章印：《解构—指引：海德格尔现象学及其神学意蕴》，山东大学出版社2009年版，第81页。

③ ［德］马丁·海德格尔：《存在与时间》，陈嘉映、王庆节译，生活·读书·新知三联书店1999年版，第49—50页。

而是此在本身的一种性质"。它使此在成为自身。

主体和客体之间的认识关系与此在和世界之间的生存关系不是同一种关系，或者说，人的认识活动与此在的生存活动不是同一种活动。对此海德格尔明确说："主体和客体同此在和世界不是一而二二而一的。"① 就认识与生存之间的关系而言，生存是第一位的、根源性的活动，而认识则是派生性的、第二位的活动。认识本身先行地奠基于"已经寓于世界的存在"中，认识是此在的植根于在世的一种样式。张世英先生在层次高低的意义上把"主体—客体"和"自我—世界"称之为"两重在世结构"。海德格尔则进一步把对应着认识的直观和思维看作是对应着生存的领会的"远离源头的衍生物"。

与对存在者的认识和对存在的领悟相对应，便有两种不同的意义类型。

4. 梅洛－庞蒂对"意识"、"身体"、"肉"的区分

在梅洛－庞蒂的哲学思想进程中，不同阶段有着相对侧重的主题，譬如身体、他人、语言、世界等，但"这些主题围绕着一个核心，即他的意义理论。我认为这是一个推动了他整个著作的理论，一个提供了把他的著作理解为一个连贯整体的理论"②。如果我们要对梅洛－庞蒂的意义进行分层，首先则必须对他的人的活动层次进行区分，这就是：意识、身体、肉。

"意识"在这里既指笛卡尔的与身体相分离的"纯粹意识"，也指胡塞尔的无人身的"先验纯粹意识"。笛卡尔认为，人是由心灵和身体两种实体所构成的。心灵的实质是精神、思维，身体的实质是物质。就两者的关系而言，精神和身体可以互不依存，精神可以没有身体，身体也可以没有精神，由此构成了他的心身二元论。就两者的地位而言，笛卡尔明显地重心灵而轻身体。他认为，人或者主体主要属于思维、心灵、精神的范畴，身体只具有从属的意义，这可从他的"我思故我在"的命题看出来。"我

---

① 〔德〕马丁·海德格尔：《存在与时间》，陈嘉映、王庆节译，生活·读书·新知三联书店1999年版，第70页。

② 〔美〕丹尼尔·托马斯·普里莫兹克：《梅洛－庞蒂》，关群德译，中华书局2003年版，第1页。

思"之"思"就是意识活动，"我思"之"我"就是意识的主体或思想的主体。对于笛卡尔而言，自我这样一个实体的全部本质或本性只是思想。意识主体对应的客体是可知的世界，两者之间存在着理性的认识关系。在胡塞尔看来，笛卡尔经过怀疑而发现的"我思"，虽然具有思维的明证性，但他没有彻底切断与身体的关联，"我思"仍然是人的思维，其中隐含着一个经验自我。站在现象学的立场上，胡塞尔要求在笛卡尔的我思中排出经验自我，还原到纯粹思维上。"在这里我们需要还原，为的是使思维的在的明证性不至于和我的思维是存在的那种明证性，我思维地存在着的那种明证性等等相混淆"①。经过先验还原所回到的这个纯粹思维即是无人身的先验纯粹意识。在梅洛－庞蒂看来，无论是笛卡尔的经验的我思，还是胡塞尔的先验的我思，其中所隐含的主体都是意识主体。与这个意识主体相对应的客体，无论是经验的还是先验的，都是意向活动所指向的对象，两者之间存在着理性的认知关系。

在不断地清算理智论或纯粹意识理论的过程中，梅洛－庞蒂建构了自己的身体现象学。他用身体主体取代了笛卡尔和胡塞尔的意识主体。身体主体之"身体"，不是实在的身体，而是现象的身体。实在的身体，即解剖学上或更一般地说孤立的分析方法让我们认识到的身体，这种身体是机械的、缺少精神的纯粹物质。现象的身体，则是活生生的身体，它含有精神，富有灵气，是身心同一之身体。但这种同一最终实现在身体中，而不是在精神之中。这种身心同一之身体已经是主体，即身体主体。身体主体与世界的关系是"在世界中存在"，在此，身体主体对世界表现为知觉而非认知，世界对身体主体表现为可感而非可知。这也就是说，身体是知觉主体，世界是可感世界；两者的关系是感性生存而非理性认识。

由于存在现象学是梅洛－庞蒂哲学的最终朝向，所以身体的概念以及身体主体所处的活动层次尚存在如下的问题：首先，从身体出发，虽然避免了纯粹意识，克服了显性的主体—客体二元论，但隐性的主客二元论却始终无法避免；其次，身体主体与世界的关系虽然强调了身体的处境性，但这种知觉关系明显的是单向的；再次，最重要的是，身体主体与世界的

---

① ［德］胡塞尔：《现象学的观念》，倪梁康译，上海译文出版社 1986 年版，第 40—41 页。

同一缺少本体论的根据，两者仍然是分离的。有感于此，梅洛－庞蒂在后期提出了"肉"的概念。

"肉"的概念，明显地是身体向世界、语言的延伸，以至于有身体之肉、世界之肉、语言之肉，其意在强调身体、世界、语言之感性特质。但是，严格说来，"肉"是一个终极的概念。"肉既非物质，也非实体，既非精神，也非由精神所构成的观念或在精神面前的表象。它不是任何一种特殊之物，但却是事物得以产生的根源或可能性。它是最'一般之物'，它体现在所有的存在物中。它是'一种具体化的原则'，并因此赋予任何存在物一种具体的风格和存在的本质。它不是事实和事实的总和，但它是使各种事实成其为事实的'事实性'，与此同时，它也是使事实具有意义的东西。也许与它最为贴近的是古希腊意义上的'元素'观念，它就像希腊哲学家们所谈到的水、气、土和火一样，是构成世界万物的始基或基质"①。作为一个终极性的概念，它是存在的感性体现。作为支撑着身体和世界这两个相对项的非相对项，"肉"构成了身体与世界的共同基础，或者说，"肉"是身体和世界共呈的结构和源泉。

以"肉"为基础的人与世界的关系，当然还是知觉关系，但是在这里两者之间呈现为双向的知觉关系。梅洛－庞蒂认为，知觉并不单纯地来自于主体，我们必须考虑到事物方面，它对我们的知觉产生着重大影响："光明最初是从世界、从事物向我们而来的，而它影响着我们对于世界的知觉。"② 梅洛－庞蒂把这种双向的知觉关系称之为可逆性的交织关系："交织，可逆性，就是说一切知觉都被一种反知觉所重叠（康德的真正对立），是双面的行为，人们不再知道究竟是谁在说，谁在听。说与听的循环性、看与被看的循环性、知觉与被知觉的循环性（是它让我们觉得知觉是在事物之中形成的）——主动性＝被动性。"③ 这种在身体与世界之间、心灵与身体之间、自我与他人之间、自然与文化之间、思想与言语之间所具有的可逆性交织恰是肉体知觉的感性体现，它排除了在一般知觉中所掺

---

① 张尧均：《隐喻的身体》，中国美术学院出版社 2006 年版，第 176 页。
② 杨大春：《杨大春讲梅洛－庞蒂》，北京大学出版社 2005 年版，第 158 页。
③ ［法］梅洛－庞蒂：《可见的与不可见的》，罗国祥译，商务印书馆 2008 年版，第 339 页。

杂的知性和目的性因素。正是在这种可逆的交织中，人与世界达到了真正的同一。

5. 进一步的讨论

综观上述诸家之所论，显然，他们并没有建构起一个严密的意义分层理论，但由于意义总是与人的活动（存在、生存、实践、认识等）和人的活动所涉及的对象（世界、他人、事物、自然等）相关联，他们的论述便涉及了意义分层的根据。譬如，胡塞尔对意识行为类型的区分，海德格尔的存在论区分，梅洛－庞蒂对意识、身体、肉的区分，杜夫海纳对不同对象和心理机能以及两种符号的区分。在上述种种区分里，涉及了人的存在方式、意识类型、符号类型、对象类型等诸多方面或角度。但由于各家思想侧重点的不同，所用概念的差异，人的活动的分层不尽一致。在此，我们可把人与世界的关系作为根据，综合上述诸家之说，建构一个统一的人的活动分层理论，以便为意义的分层奠定基础。

以主客二分为参照，可把人与世界的关系分为如下三个层次：前主客关系、主客关系、超主客关系。如果借用中国古典哲学术语，则可对应表述为：原始的天人合一、天人相分、高级的天人合一。人与世界的上述三层次关系，既是历时性的，又是共时性的。作为历时性结构，它标志着人类个体精神活动所具有的由低到高的不同发展阶段；作为共时性结构，它标志着人类活动所具有的整体性和层次性。

以人与世界的关系为纲，综合主体、意识、符号、世界等要素，图示上述三层次结构如下：

人与世界之关系	主体	意识	符号	世界
前主客关系	身体主体	身体意识 （无意识/非自觉意识）	感性符号 （意象）	生活世界
主客关系	意识主体	纯粹意识 （自觉意识）	知性符号 （表象、概念）	科学世界
超主客关系	自由主体	自由意识 （非自觉意识/超意识）	超越性符号 （意象）	意象世界 （意境）

主客关系之"主客"是指认识论意义上的主体和客体，而非指本体论意义上的主体和客体。因为，严格说来，在本体论意义上并没有什么主体和客体的区分与对立。"主体和客体，是对人和世界的关系的一种反思层面的理论的自觉。它是在反思的意义上成立的。主体和客体的关系，是以主体作为'我'的逻辑先在性为前提的。我有关于我的自觉意识，我才把我同世界之间把握为一种'关系'。而这种关系构成了一种主体客体关系、主客关系"①。这里的关键在于意识通过反思而形成的关于我的自觉意识——自我意识。立足于对主体和客体的这样一种认识论的规定，我们可对上面层次结构图表作一解说。

（1）前主客关系

从意识角度看，前主客关系层次表现为身体意识，身体意识包含两个层面：无意识和非自觉意识。从历时性角度看，无意识来源于原始人类动物式的蒙昧意识，因此在无意识层面主观与客观没有分化，身体与心灵没有分化，对象与自我完全同一。从共时性角度看，无意识作为深层结构制约着作为表层结构的意识（非自觉意识和自觉意识），并为身心分离之后的更高层次的同一奠定了基础。从内涵方面看，无意识一方面体现为个体无意识（弗洛伊德），另一方面体现为集体无意识（荣格）。个体无意识显现为生命本能的两种力量：爱欲与死欲。爱欲是个体生存和种族繁衍的动力，是创造的力量，它追求欲望的满足和快乐。死欲是仇恨和毁灭的力量，它用强制的力量，追求事物的原初状态，在毁灭中得到新生。集体无意识则是非由个人所得而是由遗传所保留下来的普遍精神机能，它是属于人类的"种族记忆"，但须凭借个人得以显现。它的内容是原型或原始意象——人类经验的先天的基本形式或模式。集体无意识也就是原始人类的原始意识。严格来讲，集体无意识又构成了个体无意识的深层结构。杨春时说："无意识是以原始意象形式存在的，它既是原始人类的集体表象，又是个体童年时期形成的个体意象。无意识既包含着原始欲望，积聚着巨大的心理能量，又包含着原始思维逻辑，是非分析的（形式）逻辑即综合（内涵）逻辑，直觉想象和创造性思维就是依据这种逻辑。无意识是人类

---

① 孙正聿：《哲学修养十五讲》，北京大学出版社 2004 年版，第 84 页。

意识的深层动力和依据，人的意向活动和认知活动都以无意识为最终根据。"①

但是无意识并不直接表现出来，而是通过非自觉意识发生作用。"非自觉意识是无意识的合法表现形式，它把无意识中积聚的原始欲望部分地转化为合法的情感意志，也把无意识的直觉想象力部分地转化为直觉想象活动"②。非自觉意识是最基本的意识活动，相当于萨特所讲的"反思前的意识"。反思前的意识是原始自我意识，它直接指向对象（设置性的对象意识）而不是对意识本身的意识（非设置的自我意识）。这种原始自我意识，先于对意识的反思或认识，是原始的、第一位的意识。萨特说："意识是作为存在，而非作为被认识的进行认识的存在。"③ 非自觉意识虽然是未经反思的意识，但是既然是意识，就会指向对象，从而在其自身中便内在地含有了对象意识和自我意识。只不过这是一种"非正题的意识"，也就是说，意识虽然未经反思地意识到自身，但它非正题地意识到自身。萨特以数香烟为例对此作了说明，我在数香烟时，意识完全投入到香烟的数量上（对象），而没有"认识到我在数"。但当有人问我在那里做什么时，我会立即回答："我在数。"因此，作为反思前的意识，非自觉意识也是自我意识，但是这个自我意识不同于反思的意识所形成的认识论意义上的自我意识。为了与反思的意识相区别，我们把非自觉意识意义上的自我意识称之为"原初自我意识"。

原初自我意识包含了意识的主体和意识的对象。这个意识的主体不是认识论意义上的主体，而是生存论意义上的主体。认识论意义上的主体对于他的对象仅表现为客观的、抽象的认知，是单纯的认识者。而生存论意义上的主体则是整体（知、情、意）地与他的对象发生关系，是一个生存者。我们可把生存论意义上的主体按梅洛－庞蒂赋予"身体"的含义称之为"身体主体"，为显示与"主体"的区别，也可称之为"准主体"。身体主体的意识对象同样不是一个单纯的被认识者——客体，而是一个与身

---

① 杨春时：《美学》，高等教育出版社 2004 年版，第 101 页。
② 同上书，第 102 页。
③ ［法］萨特：《存在与虚无》，陈宣良等译，生活·读书·新知三联书店 1997 年版，第 8 页。

体主体发生全面关系的对象，我们可把它称之为"对象"（与客体有别）
或者说"准客体"。而对象之整体（哈贝马斯称为"具体生活的非对象性
的整体"）就是"生活世界"。在身体主体与生活世界之间存在着的中介环
节是感性符号——意象（就其自身来讲，意象有感性和知性之分，但与自
觉意识层次上的符号相比，意象总是感性的，所以在此称之为感性符号）。

非自觉意识的感性表现形式是直观联想，非自觉意识的知性表现形式
则是直觉想象。

（2）主客关系

意识在主客关系层次上表现为纯粹意识，即自觉意识。自觉意识是非
自觉意识的反思形式，萨特称其为"反思的意识"。反思的意识是把意识
本身当作对象的意识（"反思的意识将设定被反思的意识为自己的对
象"①），在此，意识活动不是直接指向对象，而是指向关于对象的意识。
这种以原初意识为对象的反思性意识是关于我的自觉意识，它是认识性的
自我意识。

作为认识性的自我意识，它所关联的主体是认识者，我们可把它称之
为"意识主体"；它所关联的对象是被认识者，我们可把它称之为"客体"
（与对象有别）。张世英认为主客关系的特征有三：（1）外在性。人与世界
万物的关系是外在的。世界万物在我之外，是独立于我—人这个主体的。
（2）人类中心论。人为主，世界万物为客，世界万物只不过处于被认识被
征服的对象的地位。（3）认识桥梁性。意即通过认识而在彼此外在的主体
与客体之间搭起一座桥梁，以建立主客的统一②。其实，主客关系更为重
要的一个特征是张世英所没有谈到的，这就是主客体的抽象性和片面性。
主体的抽象性表现为排除了人的丰富多彩的感性生命欲求而成为纯思维的
人，客体的抽象性表现为舍弃了丰富多彩的个性化现象而成为仅仅标志其
本质和规律的符号一般。主体的片面性表现为丧失了人的天性的全面性而
成为充满片面占有欲的私有者（"对最美的景色都无动于衷的人"、"只看

---

① ［法］萨特：《存在与虚无》，陈宣良等译，生活・读书・新知三联书店 1997 年版，第
10 页。

② 张世英：《哲学导论》，北京大学出版社 2002 年版，第 3 页。

到矿物的商业价值"的人），客体的片面性表现为失去了它属人的效用，只剩下了自己的赤裸裸的有用性。

主客关系包含两个层面：认识层面和实践层面。认识又有感性与知性水平之分，感性水平上的认识属于经验认识，经验认识的表现形式是表象，表象以其抽象概括区别于意象的具体丰富；知性水平上的认识属于科学认识，科学认识的表现形式是概念，概念是通过对表象更高程度的抽象而形成的逻辑符号。与自觉意识相对应的外在行为方式是人类的实践活动——在理论认识指导下所采取的、有明确功利目的指向的改造征服客体世界的活动，它包括自然科学的实践，经济、政治以及道德的实践等。

自觉意识及其相应的行为，涉及了相应的主体和对象，这个主体是意识主体（以及实践主体），而其对象则是客体，客体的总体（哈贝马斯称为"认识的或理论的对象化把握的整体"）构成科学世界。在意识主体与科学世界之间存在着的中介环节是知性符号——表象和概念。

（3）超主客关系

从历时性角度看，超主客关系是人类精神意识发展的最高阶段，它达到了高级的天人合一的境界。从意识的层次看，它体现为自由意识。自由意识是对纯粹意识抽象性与片面性的克服和超越，是在更高层次上对身体意识的回复。如果说身体意识是正题、纯粹意识是反题的话，那么自由意识则是合题。杨春时认为，自由意识包括审美意识和哲学意识，审美意识是自由的非自觉意识，即超越性的非自觉意识；哲学意识是自由的自觉意识，即超越性的自觉意识①。说审美意识是自由意识是对的，但若说哲学意识是自由的自觉意识则是悖论。自由意识就是审美意识，张世英认为："审美意识的天人合一以'原始的天人合一'和'主体—客体'关系的阶段为基础，它依存于以前的各个阶段，包含前面的各个阶段，而又超出以前的各个阶段。审美意识的天人合一是'原始的天人合一'的回复，但又不是简单的重复，而是经历了'主体—客体'关系之后的回复。"②

因为自由意识是对身体意识的回复，所以，在其构成上，与身体意识

---

① 杨春时：《美学》，高等教育出版社 2004 年版，第 99 页。

② 张世英：《新哲学讲演录》，广西师范大学出版社 2004 年版，第 53 页。

中的"无意识"和"非自觉意识"相应，它也包含了两个层面：非自觉意识和超意识（即忘我意识，与无我意识相对应）。杨春时把审美意识看作是自由的非自觉意识，此观点深刻但有失片面，因为他漏掉了与无意识相对应的超意识。超主客关系中的非自觉意识对应于前主客关系中的非自觉意识，其共同性在于，两者都是未经反思的、非认识论意义上的意识；因都非正题地意识到自身，其主体和客体都是"准主体"和"准客体"；其表现形式都是直观联想和直觉想象。不同的地方在于，前主客关系中的非自觉意识是非充分的、被动的，具有再现和模仿的特性，其所意识到的对象仅仅是对象本身；超主客关系中的非自觉意识则是充分的、能动的，具有创造性和表现性，其所意识到的对象能超越自身构成一个世界。超主客关系中的超意识对应于前主客关系中的无意识，其共同性在于：两者都是各自层次之非自觉意识的深层结构；两者都没有自我意识和对象意识，因而也就无主体客体之分。两者的相异之处在于，超意识是无意识的转化形式，它克服了无意识与自觉意识的对立，使之达到完全同一；集体无意识的表现形式是巫术迷狂和巫术体验，超意识的表现形式是灵感和高峰体验。

　　张世英认为"人—世界"这种在世结构有三个特点：（1）内在性。人是一个寓于世界万物之中、融于世界万物之中的有"灵明"的聚焦点，世界因人的"灵明"而成为有意义的世界。（2）非对象性。在人与万物为一体的关系中，人与物的关系不是对象性的关系，而是共处和互动的关系。（3）人与天地万物相通相融。人不仅仅作为有认识（知）的存在物，而且作为有情、有意、有本能、有下意识等在内的存在物而与世界万物构成一个有机的整体，这个整体是具体的人生活于其中的世界。此世界是人与万物相通相融的现实生活的整体。① 上述特点，既适应于前主客关系，又适应于超主客关系，因为就在世结构来说，两者是同一的。然而就其差异来说，超主客关系所体现的"人—世界"结构具有双重超越性，即超越前主客关系，又超越主客关系，达到了天人高度同一的自由境界。因而它的内在性、非对象性、人与天地万物的相通相融都是充分的、彻底的、未有丝毫间隔的，而处在前主客关系阶段的上述三个特点则是不充分的，因为处

---

① 张世英：《哲学导论》，北京大学出版社 2002 年版，第 4—7 页。

在这个层次上的人已经有了认识和目的的趋向。

如果非要用主体和对象这样的概念，那么自由意识的主体是自由主体，其对象则是审美意象，审美意象的世界是意境（意象世界）。联结自由主体与意象世界的中介是超越性符号——意象。

6. 分层理论之综合

在以人与世界的关系为纲并综合主体、意识、符号、世界等要素所作三层次结构划分的基础上，我们可以对杜夫海纳、胡塞尔、海德格尔、梅洛－庞蒂各自的分层理论逐一分析并做综合表述，以求异中之同。

（1）杜夫海纳分层理论之综合

杜夫海纳的分层理论明显缺少系统性，但在分散的表述中，可以看出都涉及了上述三个层次。杜夫海纳在《美学与哲学》中曾对与不同意义相对应的四种对象和心理机能做过区分：其一，概念的对象——智慧；其二，常用的对象——实践的意志；其三，愉快或可爱的对象——情感；其四，美的对象——存在。其中，"智慧"对应着"概念的对象"，这属于知性水平上的认识——科学认识。科学认识使用逻辑符号——概念，杜夫海纳称之为"向悟性开放的工具性符号"，知性层面所显示的意义为"逻辑的意义"，这就是叶秀山在杜夫海纳美学研究中所指出的"派生出来的逻辑性、知识性意义"。"实践的意志"对应着"常用的对象"，这属于主客关系中"实践"的层面，也就是爱德华·S. 凯西所讲的"行动"。这个"实践的意志"是在理论认识的指导下抱着明确的功利目的来展开它的对象化的"行动"的，因此，它所涉及的意义"倾向于作为客观的意指作用，超出经验的直接范围"，因而也是逻辑性的意义，它要接受"实践的检验"。"情感"对应着"愉快或可爱的对象"，这属于前主客关系中的非自觉意识层面。严格讲，此"情感"是身体主体的情绪和欲望，此"对象"是实用的对象，即杜夫海纳所讲的原始感性对象，此"情感"与此"对象"两者属于现实的"生活世界"。作为身体意识的"情感"所使用的符号是作为感性符号的意象，其所涉及的意义为生存性的。"存在"对应着"美的对象"，这属于超主客关系中的超意识层面，此"存在"既是自由主体的存在，又是美的对象的存在。杜夫海纳认为情感既存在于客体，也存在于主体，当这种情感特质被审美化时它便构成为一种先验——情感先验。"审美经验运用的是真正的情感先验。"① 情感作为先验是存在性的原始现实，它先于心灵和肉体、内部和外部、主体和客体的区分。因此情感特质先于客体的属性，也先于主体的情绪。也就是说情感先验的宇宙论方面和存在方面都是以存在为基础的。在这个层次上，自由主体运用超越性的意象符号创造了一个意象的世界——艺术的世界。其所显示的意义是存在性的情感意义。

在论及"先验"时，杜夫海纳谈到了主客体相互关系的三个阶段：呈现阶段、再现阶段、感觉阶段。他说："在每个阶段，主体都呈现出一个新面貌：在呈现阶段，他是肉体；在再现阶段，他是非属人的主体；在感觉阶段，他是深层的我。主体就是这样先后承受着与体验的世界、再现的世界和感觉的世界的关系。与主体的这三种态度相关联的是世界的三副面貌。"② 这三个阶段实质上分别对应于人与世界的三个层次的关系。"呈现阶段"属于前主客关系层次，"肉体"即身体主体，"体验的世界"即生活世界；"再现阶段"属于主客关系层次，"非属人的主体"即意识主体，"再现的世界"即科学世界；"感觉阶段"属于超主客关系层次，"深层的我"即自由主体，"感觉的世界"即意象世界。

（2）胡塞尔分层理论之综合

按照前面所作人与世界关系的层次论进行考察，胡塞尔的意识行为分层存在以下几点缺陷：第一，胡塞尔把客体化行为和非客体化行为都作为意识行为，这在一定程度上混淆了两者之间存在着的认识和非认识界限。意识行为仅指能够指向并构造对象的客体化行为，不应包含情感、意愿、评价等不具有构造客体对象能力的非客体化行为。倪梁康说："一般说来，客体化行为可以被等同于认知行为，而非客体化行为则大都意味着情感行为和意愿行为。"③ 指向并构造客体，对胡塞尔来说，是一种意识主体的具有逻辑—认知特性的智性行为。情感、意愿、评价等非客体化行为，当然

---

① ［法］杜夫海纳：《审美经验现象学》，韩树站译，文化艺术出版社1996年版，第477页。
② 同上书，第484页。
③ 倪梁康：《现象学的始基》，广东人民出版社2004年版，第152页。

是对情感对象、意愿对象、评价对象的指向和感受，因为"一个没有被喜欢之物的喜欢是不可思议的"①，"没有这种指向，它们就根本不能存在"②。但它不是对客体的认知，所以其意识属于非反思的意识，胡塞尔称之为"原意识"："意识必然是在其每一个阶段上的被意识存在"，但它不以自身为对象。意识进行的这种被意识状态可以说是构成了任何可能的后补反思的前提。与原意识行为相应的自我，胡塞尔称之为"原自我"：一个起"原初作用的自我"，它"已经被意识到，但同时又是隐匿的"。

第二，胡塞尔把情感、意愿行为看作是非客体化行为，但他统而论之，没有对不同性质情感、意愿行为进行必要的区分。也就是说，非客体化行为既可出现在认知行为之前，又可出现在认知行为之后。以感受现象为例，在认知之前为一般生活感受；在认知之后为审美感受。

第三，颠倒了客体化行为与非客体化行为的奠基关系。实际上，不是客体化行为为非客体化行为奠基，相反，是非客体化行为为客体化行为奠基。因为，生活世界中的情感、意愿等非客体化行为与所指向的对象尚处在主客未分阶段，而认知性的客体化行为只有建立在这个基础上才是可能的。孙周兴就此对胡塞尔提出批评说：在意识行为的奠基顺序中，胡塞尔自始就排除了"非客体化的意识行为"，进而对"客体化"或"对象化"的意识行为进行层层剥离的分析，最后达到最具奠基性的知觉行为。胡塞尔对意识行为的分析工作完全处于海德格尔"理论的、客体性质的东西"范围之内。在海德格尔那里，"非客体化的"、"前理论的"生命体验不仅没有被剥离掉，而且还是"客体化的"、"理论化的"东西的"奠基动因"。③ 李章印则认为孙周兴对胡塞尔的这种论述有点简单化，说胡塞尔的意识分析完全处于海德格尔"理论的、客体性质的东西"范围之内有点太绝对。因为胡塞尔虽然把知觉行为看作奠基和构造的范例，但他毕竟也涉及了前知觉的领域。在胡塞尔的奠基构造顺序中，并没有完全排除"非客

---

① ［德］胡塞尔：《逻辑研究》（第二卷·第一部分），倪梁康译，上海译文出版社1998年版，第429页。

② 同上书，第428页。

③ 李章印：《解构—指引：海德格尔现象学及其神学意蕴》，山东大学出版社2009年版，第87页。

体化的意识行为",而是已经看到了"非客体化的意识行为",只是又把它弄成了"客体化的意识行为"。①孙周兴和李章印的批评都深中肯綮,但同胡塞尔一样没有注意区分两种非客体化行为:一是生活世界里的非客体化行为,一是审美世界里的非客体化行为。如果讲奠基关系,其顺序应该是:生活世界里的非客体化行为、客体化行为、审美世界里的非客体化行为。审美层次上的非客体化行为奠基于客体化行为,对此,胡塞尔曾以美感为例作过很好的说明:"美的感受或美的感觉并不从属于作为物理实在、作为物理原因的风景,而是在与此有关的行为意识中从属于作为这样或那样显现着的、也可能是这样或那样被判断的、或令人回想起这个或那个东西等等之类的风景;它作为这样一种风景而要求、而唤起这一类感受。"②

很明显,经过对奠基关系重新排序的三种行为,恰与人与世界的三个层次关系相对应。生活世界中的非客体化行为属于前主客关系层次,其中"原意识"属于后补反思的"非自觉意识","原自我"属于"原初自我"或"准主体",其所意向的对象属于"准客体"(对象)。胡塞尔在后期著作《欧洲科学的危机与超越论的现象学》中提出的"生活世界"以及《经验与判断》中提出的"前谓词经验"就处在这个层次。生活世界是一个非课题性的、奠基的、直观的、主观的世界。非课题性意味着它是非反思的,奠基性意味着科学世界只有以生活世界本身的存在为前提才是可能的,直观性意味着日常的、伸手可及的、非抽象的,主观的意味着它是被一个生活主体从他的角度所体验的世界。从胡塞尔的哲学体系和理论思路来看,他的生活世界处在这样一个位置:先验意识——生活世界——科学世界、哲学世界。"前谓词经验"是最原初、最素朴和最直接的知觉经验,而谓词判断就奠基于此。如果由"原意识"再往前追溯,也就可以发现胡塞尔也有他的"无意识现象学"。但不同于弗洛伊德和荣格,他的无意识指的是意识的积淀下来的底层,它虽被遗忘,但仍起作用,它是一片遗忘的视域,属背景意识。客体化的意识行为属于主客关系层次。包括感知和

① 李章印:《解构—指引:海德格尔现象学及其神学意蕴》,山东大学出版社2009年版,第87页。

② [德]胡塞尔:《逻辑研究》(第二卷·第一部分),倪梁康译,上海译文出版社1998年版,第430页。

想象的直观行为是感性直观或个体直观，属于感性认识层面；包括符号行为、称谓行为和陈述行为都是"范畴行为"，这些行为实际上就是《纯粹现象学通论》中提到的"逻各斯的意向作用——意向对象层次"，属于知性认识层面。审美层次上的非客体化行为或纯粹艺术中的美学直观均属于超主客关系层次。胡塞尔在致霍夫曼斯塔尔的信中曾说："艺术家与哲学家不同的地方只是在于，前者的目的不是为了论证和在概念中把握这个世界现象的意义，而是在于知觉地占有这个现象。"① 由于胡塞尔的兴趣主要是意识理论，所以他对审美现象很少做细致分析，审美现象只是偶尔被用作例子来解释意识现象的结构和奠基层次。

（3）海德格尔与梅洛－庞蒂分层理论之综合

海德格尔、梅洛－庞蒂两人有着共同的哲学主题，这就是"存在"，他们没有就意识层次、活动层次等方面进行专题式的研究，人与世界的不同关系是在他们探索"存在"的过程中通过话题的转换显示出来的。或者说，他们的思想进展就显示出了这种层次性。就此来说，两人具有相当程度的一致性。

海德格尔受胡塞尔的影响踏上了现象学的道路，但他很快就产生了疑问："依据现象学的原理，那种必须作为'事情本身'被体验到的东西，是从何处并且如何被确定的？它是意识和意识的对象性呢还是在无蔽和遮蔽中的存在着的存在？这样，通过现象学态度的昭示，我被带向了存在问题的道路。"② 探讨存在问题的道路，对海德格尔来说，可分两个阶段，这就是从意识到生存（前期，海德格尔1）、从生存到存在（后期，海德格尔2）。

现象学的"事情本身"，对于胡塞尔来说是纯粹意识，对于海德格尔来说是实际生活或生命本身。在早期弗莱堡时期，海德格尔通过"讲台体验"和"问题体验"完成了从理论的方式到前理论的方式、从意识到生命、从认识活动到生存活动、从意向性到原意向的推进。在《存在与时

① 倪梁康选编：《胡塞尔选集》（下），上海三联书店1997年版，第1204页。
② ［德］马丁·海德格尔：《面向思的事情》，陈小文、孙周兴译，商务印书馆1996年版，第82页。

间》中，人的生存活动所体现的人与世界的关系得到了经典性的表述：此在在世界中存在。理论的方式是科学的、对象化的方式，前理论的方式是前科学的、非对象化的方式。"人首先在对存在有所作为的过程中理解自身的存在，对存在的作为是行动；其次，才是对存在意义的思考，即胡塞尔所说的'意向'，这是第二性的、派生的行动。海德格尔的中心问题不是认识论，而是存在论"①。

从此在出发追问存在，固然超越了传统形而上学的认识论而进入了存在论领域，但"此在"仍然指的是个人，其实质不过是以本体论（存在论）上的个人取代了作为认识主体的个人，这非但没有反掉传统形而上学的主体性，反倒是从存在论的根基上把这个主体性巩固起来了。后期海德格尔从此在生存转向了对存在本身的探讨，于是，我们看到，真理、语言、思、诗等成为了他后期哲学的主题。存在是什么？存在就是存在本身，就是存在者的存在，就是存在自身的自我显现。存在本身的自我显现就是真理；思就是存在者的存在呈现于思想中，在此，思想与存在者的存在是同一的；"存在"在思维中形成语言，语言是存在的直接呈现，因此语言是存在的家；艺术或诗乃是存在之真理之发生的本源性的方式。在艺术作品中，"天"、"地"、"神"、"人"四大要素聚集为"世界"。在这里，"天"象征着明亮、敞开，"地"象征着隐匿和关闭，"神"是神秘之域，"人"是生存之域。存在就是发生在所有这些遮蔽和去蔽的领域中的一切。此时，人是"存在的看护者"。

梅洛－庞蒂的思想进程与海德格尔几乎相同，前期，在批判地扬弃笛卡尔和胡塞尔的意识哲学的同时，建构了自己的身体现象学。他从身体出发追问存在，此时，人与世界的关系，同海德格尔一样，也是"在世界中存在"，不同的是，他把海德格尔的"此在"转化为"身体主体"，与"身体主体"相对的"世界"则是"被知觉的世界"。后期，他从存在出发直接追问存在本身，这时，身体被转化为更具本源性和普遍性的"身体之肉"、"世界之肉"、"语言之肉"。与海德格尔相比，梅洛－庞蒂的身体、世界、肉、语言比海德格尔的此在、存在更具感性的光芒。

---

① 赵敦华：《现代西方哲学新编》，北京大学出版社 2001 年版，第 105 页。

如果要对海德格尔和梅洛－庞蒂的思想进程按人与世界的关系进行层次划分的话，粗略地说，应该是这样：他们所由出发并进行批判的意识哲学处在主客关系层次，前期的"此在"的在世存在和"身体主体"的在世存在处在前主客关系层次，后期的"人是存在的看护者"和身体之肉与世界之肉、语言之肉的可逆性交织处在超主客关系层次。

二、意义与意向性

意义理论是现代西方语言哲学研究的中心问题，分析哲学对意义的研究主要侧重在对语言及其含义作静态的逻辑分析。意义论也是现象学的核心，但与分析哲学不同的是：第一，现象学把意义与意识的赋义活动、人的生存筹划活动乃至审美活动联系起来作动态的考察。也就是说，在现象学那里，意义与意向性相关。意向活动与意义互为相关者，即每一意向活动都指向一定意义，而每一意义又都引向相应的活动。杜夫海纳说："我们并不认为，存在于事物或词中的意义完全是现成的，只要求一种被动的记录。意义产生在人与世界相遇的时刻，因为世界只有在人的目光或人的实践的自然之光中才得到阐明。"① 第二，现象学的意义研究还突破了表达的层面，把它深入、扩展到意识领域、生存领域和审美领域，从而形成了在不同层次上的意义与不同类型（或性质）意向性的关联，显示了不同意义的相异的所予方式和存在形态。第三，胡塞尔所提出的"意向对象的意向性"在超主客关系层次得到了突出的体现。杜夫海纳认为审美对象是一个准主体，笔者以为审美对象之所以是一个准主体，就在于它能够像一个主体那样凭借自我显现去进行赋义或意指活动，以此建构或创造自己的对象世界。

我们已经对人与世界的关系以及意识活动的层次作了明确的区分，在此基础上我们提出了审美对象作为"准主体"的赋义或意指问题，因此，下面的意义论就按意义与不同层次意识活动的意向性相对应展开论述，于是我们便有了如下的议题：意义与纯粹意识意向性、意义与身体意识意向性、意义与自由意识意向性、意义与审美对象意向性。

---

① ［法］杜夫海纳：《美学与哲学》，孙非译，中国社会科学出版社 1985 年版，第 150 页。

1. 意义与纯粹意识意向性

(1) 意义与表述

胡塞尔的意义现象学从符号开始。符号有两种，一是信号（指号），它有指示功能，但没有意义；一是表述，它是有意义的符号。在表述上，可以区分出以下四个方面：第一，物理方面，即表述所用符号本身；第二，心理体验，即表述的意识行为（意义授予行为、意义充实行为），具有报告功能；第三，意指方面，即意识行为的内容，或者说是表述的意义，具有意谓功能；第四，指称方面，即表述所指称的对象，具有指示功能。可以看出，在一个语言表达中包含着三个环节：表达—意义—对象。它与《逻辑研究》时期所描述的意识活动的意向性结构"意向行为——意向内容——对象"是对应的。胡塞尔说："每个表述都不仅仅表述某物，而且它也在言说某物；它不仅具有其含义，而且也与某些对象发生关系。"① 什么是表述的意义呢？由以上所述，可以明显地看出，表述的意义是由意识行为所授予并借以指向对象的东西，这就是意向性结构中的"意向内容"，它由特定的物理符号所承载。

表述的意义与表述的其他三个方面都存在着紧密的关联，胡塞尔意义分析工作非常重要的一个方面就是对意义与心理体验、对象、符号作出区分。

意义虽是由作为心理体验的表达行为所授予，但意义不是心理体验。因为心理活动是具体的、主观的、因人而异、变动不居的，而表达式的意义却是客观的、逻辑意义上的内容。例如，无论谁在什么情况下和什么时间里作出"一个三角形的三条垂直线相交于一点"这个陈述，这个陈述所陈述的都是同一之物，它是同一个几何学真理。但陈述行为却是每次都不同的短暂的体验。胡塞尔把两者之间的不同称之为"观念差异"，《胡塞尔现象学》的作者扎哈维就此评论说："胡塞尔将观念性的意义（那些可被我和其他人重复和共享，又不失去其同一性的意义）和具体的意谓活动（意向某物的主观过程）之间的关系，理解为观念性和它的具体事例之间

_____

① ［德］胡塞尔：《逻辑研究》（第二卷·第一部分），倪梁康译，上海译文出版社 1998 年版，第 48 页。

的关系。"① 也就是说，意义是意指行为的种，意义的观念性是意指行为的种的同一性。

意义虽然指向对象，但它不是对象，因为对象永远不会与意义完全一致。具体地说，其一，多个表述可以有不同意义但却可以指称相同的对象。例如，等边三角形和等角三角形，耶拿的胜利者和滑铁卢的失败者。其二，具有同一意义的同一个表述可以指称不同的对象。例如，"一匹马"这个表述意义相同，但在不同的表述中（例如，布塞法露斯是一匹马、这匹拉车马是一匹马）其对象关系会发生变化。其三，一个表述可以没有相应的实存的对象但却具有意义。其四，指称个别对象的表述，其意义仍是一般之物。

意义虽然与表述的物理符号构成一种统一体，但两者完全不同，并且是可以分离的。"表达式的物质部分具有物质实在的全部特征（三维性、时间性等等）。相反，表达式的理念部分——意义——则根本不具有物质性事物的这些特征。意义不是三维的，它们也没有时间性"②。胡塞尔认为意义是一种先于语言的东西，并不必定与语言相联结，他说："物理表达、语音在这一整体中可被视为不重要的因素。……事实上它完全可以被忽略掉。"③ 实际上，表达式的意义部分和物质部分是由我们的意识使之结合在一起的。或者说，表述的意义仅是内在意识行为的意义借物质符号所作的一种概念性显示。

由上述一系列的区分和规定可以看出，作为"意向内容"的意义，它是表述这种心理体验的理想内容、逻辑内容，是构成"一般对象"意义上的一类概念。据此，我们大致可以确定，胡塞尔所理解的意义是先于语言符号的、处在意向活动和对象两者之间的某种恒定不变的内容，是一种理想的客观化的单元。

（2）意义的根源：意义与纯粹意识

胡塞尔把理念性的意义和意向行为的心理体验、对象作出上述区分，

① ［丹］丹·扎哈维：《胡塞尔现象学》，李忠伟译，上海译文出版社2007年版，第21页。
② ［美］维克多·维拉德—梅欧：《胡塞尔》，杨富斌译，中华书局2002年版，第32页。
③ ［德］胡塞尔：《逻辑研究》（第二卷），转引自吴增定：《意义与意向性》，《哲学研究》1999年第4期，第67页。

在三者所处的层次上造成了并不相应的矛盾。吴增定指出："意向性原本意味着，意识通过意义而指向对象。但在《逻辑研究》中，这三者却处在不同的本体论地位。意识行为是时间性的个别对象，意义是超时空的理想对象，而'对象'概念的含义则非常暧昧。依胡塞尔之见，它既可以是实在的时空对象，又可以是虚构的对象，甚至是根本不存在的对象。假如意向对象是现实世界的个别物，那么说这三种根本不同类型的对象之间存在着一种对象性关系，似乎是不可理喻的。假如意向对象是虚构的或者根本不存在，那么说三者之间的意向性关系会导致悖论。"① 把在经验层面发生的意向性活动的意义推到超经验的理性层面，胡塞尔的这种做法，一方面，漏掉了意识活动和对象在经验层面上的意义；另一方面，对意义做了本体论的预设，但却没有给出证明，造成了意义本体论的困惑。

这个困惑的具体表现就是，在实际的意向活动中，我们直接指向的是行为的对象而不是意义，作为一般物的意义并不对象性地呈现在我们面前。那么，我们如何发现这个意义呢？在此，胡塞尔运用了本质直观的方法，即反思自己的主观意识以获得事物本质的方法。用现象学家克劳斯·黑尔德的话说，本质直观就是"将意向体验和其对象的事实性特征还原到作为它们基础的本质规定性——事实特征对于这些本质规定性来说仅仅是一些可互相代替的事例——上去。"② 本质直观或本质还原，既体现在意识行为方面也体现在意向对象方面，胡塞尔说："如果我们在直观上使'颜色'成为充分的清晰性、充分的被给予性，那么这个被给予之物便是一个'本质'，同样，如果我们在纯粹直观中例如从一个感知看到另一个感知，从而使'感知'、感知的自身之所是——在随意的、流动的各个感知单数中的同一者——成为被给予性，那么我们便以直观的方式把握到了这个本质。"③ 对意向对象的本质直观得到的是"观念的对象"（例如"红"本身），对意识行为的本质直观得到的是观念的内容—意义（例如"红"的意义）。荷兰现象学专家泰奥多·德布尔在《胡塞尔思想的发展》中对此

① 吴增定：《意义与意向性》，《哲学研究》1999 年第 4 期，第 69 页。
② ［德］胡塞尔：《现象学的方法》，倪梁康译，上海译文出版社 2005 年版，第 19 页。
③ ［德］胡塞尔：《文章与讲演》（1911—1921），倪梁康译，人民出版社 2009 年版，第 35 页。

做出了他的解释：指向活动的抽象得到的是"意义"，指向活动对象的抽象得到的是"种"。"观念的领域因此一分为二。它既包括关于活动（意义）观念，也包括关于对象（例如红色性质、音符 C、数和几何图形）的观念。这样意义和种的关系就类似于活动和对象的关系"①。例如，从意指 4 个物体的活动抽象出作为意义的"4"；从作为意指行为之对象的 4 个物体抽象出作为种的"4"。站在一般认识论的立场上看，胡塞尔的本质还原实际上就是从感性认识（感性直观、个体直观）向知性认识（本质直观）的上升。

经过本质还原之后，我们所得到的还只是意识活动和意识对象的"实在本质"，在此，"实在本质"和作为个别的意识活动和意识对象这样一种"实在事实"一样，仍然处在自然观点中，也就是说，它仍然被作了存在设定。因此，便需要现象学的先验还原来对自然观点进行转换，通过悬搁排除一切实体之物，最终回到先验纯粹意识这一特定领域。此时，先验纯粹意识的意向性结构就由《逻辑研究》时期的"意向行为——意向内容——对象"转化为"意向作用——意向对象"。在本书第一章中已经对这个结构及其要素做过比较详细的分析，此处要做的仅仅就意义与意向作用和意向对象的关系做一简要介绍。"意向作用"是关于某物的意向活动本身，它具有两方面的特性：其一，意识行为的规定性。这个规定性决定了一个行为成为什么种类的行为和意义给予的特性；其二，意义给予的特性。这个特性决定了一个行为的内容。"意向对象"的构成要素有：1）意向对象的"对象本身"。指被进行的综合意向行为所发现的、由一系列相关的意义所形成的一个同一性的统一体。这个同一性的统一体是诸可能谓词的联结点或载者，这个意义载者是一个"纯可规定的 X"，一个"空 X"，一个"在抽离出一切谓词后的纯 X"。2）意向对象的"在其规定性的方式中的对象"。它指的是意向作用所给予的"意义"或者说"内容"，它是"意向对象核"。3）被共同意指着的"在待定中"的未被规定性。指的是当意向行为指向一个对象时所潜在地指向的这个对象周围的东西——

① ［荷］泰奥多·德布尔：《胡塞尔思想的发展》，李河译，生活·读书·新知三联书店 1995 年版，第 245 页。

"背景直观的晕圈"或"边缘域"。

由以上分析可以看出，经过本质还原和先验还原后，"意义"与意向作用和意向对象的关系由以前的分离转化为同一。从意识角度看，意向作用给予（生产）意义，借此指向并构造对象；从对象角度看，对象与意义的关系犹如一个命题的主词对其谓词的关系，对象是主词，意义是谓词，意义成为对象内部不断生长着的一个部分。

国内学者对胡塞尔寻找意义根源的努力作了如下评价：在早期，他强调一般物不依赖于意识而自在存在；在中期，尽管他的"本质直观"说仍然默认了"本质"的某种自在存在，但其本体论地位在很大程度上被淡化了。在后期，"胡塞尔终于完全摆脱了那种面目不清的潜在的观念实在论的纠缠，彻底贯彻先验唯心论，意向性获得了真正生产性和创造性功能，意识的先验建构成了一般物乃至世界存在的唯一根源"①。总之，无论早期、中期还是晚期，对于胡塞尔来讲，无论自在存在还是为他存在，理念性意义的存在形态都是观念的。尽管在晚年提出了"生活世界"的概念，但生活世界不过是他实现先验还原的一条途径而已，即：从客观科学的世界还原到生活世界，最终从生活世界还原到纯粹意识的世界。意义即产生于这一原始的领域。纯粹意识意向性所平行对应的意义只能是观念的。如果这种抽象的观念性意义需要物理符号作为载体显示自身，那么，这个符号最多也不过是可与意义相分离的一层外衣而已。

但是，尽管如此，胡塞尔还是觉得"逻辑的意义是一个表达"。一方面，意向对象需要通过意义来表达；另一方面，意义本身（意向对象核）需要借助于表达将自身提升到逻各斯的领域和概念的领域。他就此写道："在意向作用面，一个特殊的行为层次应在'表达行为'名称下表示，一切其他行为都以各自特殊方式与其相符合，并以特殊方式与其相融合，以致每个意向对象的行为意义，以及因而存于其内的与对象的关系，均在表达行为的意向对象物上有其'概念上的'表示。"②

---

① 徐友渔等：《语言与哲学》，生活·读书·新知三联书店1996年版，第145页。
② ［德］胡塞尔：《纯粹现象学通论》，李幼蒸译，商务印书馆1992年版，第303页。

2. 意义与身体意识意向性

（1）海德格尔的意向性问题

胡塞尔把意向性理解为"关于什么的意识"，与此不同，海德格尔则把意向性理解为比纯粹意识更为本源的生命体验本身的结构。他说："当我们把所有认识论的成见搁置一边之后，就能清楚地看到，行为本身——它已然摆脱了它正确还是不正确的问题——就其结构而言就是自身—指向。并不是说，一开始只有一种作为状态的心理过程以非意向性的方式运行着（感觉、记忆联系、表象和思想过程的复合体，借此出现一幅图像，由此图像出发，我们始可提出这样的问题：是否有某种东西与之相对应？）在此之后，它才在某些特定的情况下变成意向性的。与此相反，行为之所是本身就是一种自身—指向。意向性不是加派于诸体验之上的一种与非体验式对象的关系——这种关系有时会随着这些体验一同出现，毋宁说，体验本身就是意向性的。"① 海德格尔把不同于意识体验的生命体验称为"原初意向"。由此可以看出，海德格尔对胡塞尔意向性理论的批判，不在于拒绝意向性，而在于否认意识意向性是第一性的存在基本结构。

海德格尔既反对对"意向性"的颠倒妄想地客观化的解释，又反对对"意向性"的颠倒妄想地主观化解释。客观化解释的错误在于，把意向性看作是两个现成者——主体与客体——之间的现成关系；主观化解释的错误在于，把意向性看作是内在于主体体验领域而后需要加以超越的东西。他说："意向性既不是客观之物，如同客体那样现成，也不是内在于所谓主体这个意义上的主观之物。"② 他认为，在更为本源的意义上，意向性既是客观的又是主观的。"我们以后不再谈论主体、主观领域，我们把意向行为所归属的存在者领会为此在，以便我们尝试借助于被正确领会的意向施为来贴切地描述此在之存在之特征。"③ 在《存在与时间》中，他把此在存在之意向性特征经典地表述为：此在在世界中存在。休伯特·L·德赖

---

① ［德］马丁·海德格尔：《时间概念史导论》，欧东明译，商务印书馆2009年版，第36—37页。

② ［德］马丁·海德格尔：《现象学之基本问题》，丁耘译，上海译文出版社2008年版，第80页。

③ 同上书，第78页。

弗斯则直接称其为"作为原初意向性的在世界中的存在"。① 根据海德格尔此在能够这样或那样地与之发生交涉的那个存在是生存的意思，我们可把"此在在世界中存在"所体现的意向性称之为"生存意向性"。

但在什么意义上我们可以把这种生存意向性称之为"身体意向性"呢？一个明显的事实是，在海德格尔的主要著作中缺乏关于身体的研究，例如在《存在与时间》中，仅有一处提到了"身体性"这个词："此在在它的'身体性'——在这个身体性里隐藏有它自己的整个问题，然而在这里我们将不讨论它——中的空间化也是依循这些方向标明的。"② 学术界对海德格尔缺乏对身体的研究这一现象大致有两种解释：一种是批评的意见，认为对海德格尔来说，身体不属于此在的本质结构，或者说，此在是无身体的。并由此断定"海德格尔对此在的描述比他所能承认的更接近于无身体的先验主体，那种康德从笛卡尔那里继承来的无身体的先验主体。"③ 另一种是赞成并辩护的意见，认为身体在海德格尔的存在论中扮演了一个中心的角色：它是区分此在式的存在者和非此在式的存在者的界限，而基础存在论的一切构想都建立在这个区分上。身体参与构成了存在领会的"Da"，因而海德格尔并非不追问身体现象，只是他是在存在维度中追问的。

批评的意见显然是站不住脚的，因为海德格尔的存在论区分就建立在对笛卡尔、康德以及胡塞尔先验主体性的批判上。在《存在与时间》中，不明确谈论身体，不等于断定此在不包含身体的维度，正如不谈论意识，此在也毫无疑问包含意识的维度一样。像"身体"、"意识"、"主体"、"客体"这一类概念，在传统哲学那里往往是现成者，而海德格尔是在存在论的层次上谈此在的。所以，在自然态度中对人的身体（包括意识）的设定需要被悬置，"此在"是现象学还原之后的剩余者。对此，海德格尔

① ［美］休伯特·L·德赖弗斯：《海德格尔和梅洛－庞蒂对胡塞尔意向性观点的批判》，见《中国现象学与哲学评论》（第一辑），上海译文出版社1995年版，第513页。
② ［德］马丁·海德格尔：《存在与时间》，陈嘉映、王庆节译，生活·读书·新知三联书店1999年版，第126页。
③ 王珏：《大地式的存在——海德格尔哲学中的身体问题初探》，见《世界哲学》2009年第5期，第128页。

在"此在分析与人类学、心理学、生物学之间的界划"的标题下曾对此作过方法上的说明："分析工作的首要任务之一就是指明：从首先给定的'我'和主体入手就会完全错失此在的现象上的情形。……我们究竟应当如何正面领会主体、灵魂、意识、精神、人格这类东西的非物质化的存在？这些名称全都称谓着确定的、'可以成形的'的现象领域。引人注目的是，使用这些名称的时候总仿佛无须乎询问如此这般标明的存在者的存在。所以，我们避免使用这些名称，就像避免使用'生命'与'人'这类词来标识我们自己所是的那种存在者一样。"①虽然他在此并未针对"身体"而发，而且承认"物性本身的存在论渊源还有待查明"，但其追问此在的理路是完全适应"身体"这一"确定的、'可以成形的'现象领域"，即如果谈论现成的"身体"，就会完全错失此在的现象上的情形。所以"以海德格尔的现象学立场，合法的发问会是：身体本身是如何存在的？身体是如何交付给此在的？身体之为身体如何在此在的生存上加以描述"②？

基于这样的立场，我们就会看到，海德格尔并非不谈论身体，只是他所谈论的不是作为实体的身体而是作为现象的身体，即生存着的身体。譬如：与此在展开方式——现身情态、领悟、言谈相对应的只能是身体的情态、领悟与言谈，没有身体的情态、领悟与言谈是不可思议的，从存在论上看，这是身体生存的体现。在操劳活动中与工具打交道时的"上手状态"里的手是生存着的手，此在与他人共同在世不也正包含了身体的在世吗？如此等等。由此皆可见出，作为存在维度中的身体参与构成了此在领会的"此"。从意识的角度看，有身体参与的此在之意识是非反思的原初意识，是身体意识，生存意向性也就是身体意向性。

（2）意义与此在在世

从何处去寻找意义呢？海德格尔在《存在与时间》中对此说过三句话："意义是此在的一种生存论性质，而不是一种什么属性，依附于存在

① ［德］马丁·海德格尔：《存在与时间》，陈嘉映、王庆节译，生活·读书·新知三联书店1999年版，第54—55页。

② 陈立胜：《自我与世界》，广东人民出版社1999年版，第251页。

者，躲在存在者'后面'，或者作为中间领域漂游在什么地方。只要在世的展开状态可以被那种于在世展开之际的存在者所'充满'，那么，唯此在才'有'意义。所以，只有此在能够是有意义的或是没有意义的。"①"意义现象植根于此在的生存论结构，植根于有所解释的领会"②。"意义学说植根于此在的生存论"③。这三句话表述略虽有差异，但意思是共同的，即意义与此在的生存相关。

此在的生存结构是"此在在世"。在世本质上就是操心，操心的含义，不是指存在者层次上的存在倾向，如忧心忡忡、无忧无虑、意求、愿望、追求、嗜好、冲动等欲望，而是指存在论意义上的存在建构——此在在世的存在状态。这种此在在世界中和它所遭遇的存在者打交道的存在状态具体地表现为两种形式：操劳和操持。操劳指此在与他物发生关系的存在状态，操持指此在与他人发生关系的存在状态。

作为此在的基本存在状态的操心表现为一种时间性。通常对时间的理解是："现在"是此时此刻存在的现在，"将来"是尚未到来的现在，"过去"是曾经存在的但已不复存在的现在。因此时间自身只不过是这些"现在"时刻的无限相继，它是一条从未到的现在（将来）经过当前的现在继而成为过去的现在的由现在时刻组成的流。这样的时间是一种客观的、超然的时间，而海德格尔所理解的时间则是与人有关的，是此在的时间，时间是此在自己存在的如何。所以海德格尔对时间性的规定是："从将来回到自身来，决心就有所当前化地把自身带入处境。曾在源自将来，其情况是：曾在的（更好的说法是：曾在着的）将来从自身放出当前。我们把如此这般作为曾在着的有所当前化的将来而统一起来的现象称作时间性。"④对这段话所包含的复杂含义，我们在此先不予展开论说。在此需特别强调的是此在与时间性的关系："时间性是在此在的本真整体存在那里、在先

---

① ［德］马丁·海德格尔：《存在与时间》，陈嘉映、王庆节译，生活·读书·新知三联书店1999年版，第177页。

② 同上书，第179页。

③ 同上书，第193页。

④ 同上书，第372页。

行者的决心那里被经验到的。"① 这种关系表现为两个方面：一方面，因为此在存在的整体性就是操心，所以，时间性使整体性的操心结构进一步分成环节成为可能；另一方面，时间性绽露为本真的操心的意义。在海德格尔那里，操心的意义就是存在的意义，存在的意义就是存在，其表述虽甚为纠结，但其基本面却是明确的，即存在（操心）的意义就是时间性。其实，严格说来，时间性并不就是意义本身，它仅是意义得以产生的结构机制或生存方式而已。海德格尔也表达过了这样的认识："意义就是某某事物的可理解性持守于其中之处。"② 按我们的理解，这个"持守于其中之处"就是时间性，就是一切存在领会的地平线。我们可把这种意义上的"意义"称之为"意义的形式"（或称第一级意义），而相应于此"意义的形式"的"意义的内容"（第二级意义）则有待于此在的展开状态才能实现出来。

前面，我们提到时间性使整体性的操心结构进一步分成环节成为可能。因而，操心的分成环节的规定是："先行于自身的——已经在一世界之中的——作为寓于世内存在者的存在。"③ 与操心的各个环节相应的就是此在在世界之中存在的具体展开状态：领会、现身、沉沦、话语。四种展开状态的关系是："一切领会都有其情绪。一切现身情态都是有所领会的。现身领会具有沉沦的性质。沉沦着的、有情绪的领会就其可理解性而在话语中勾连自己。"④ 当沉沦着的、有情绪的领会在话语中相勾连时，此在生存的更为具体的意义——意义的内容——就显示出来了。

操心的首要环节是"先行于自身"，与其对应的具体展开状态是"领会"，领会首要地奠基于将来。"领会等于说：有所筹划地向此在向来为其故而生存的一种能在存在。"⑤"能在"意味着，此在是向着将来的未完成的存在，因而它是一种可能的存在。"将来"对此在来说意味着，这种存

① ［德］马丁·海德格尔：《存在与时间》，陈嘉映、王庆节译，生活·读书·新知三联书店1999年版，第346页。
② 同上书，第369页。
③ 同上书，第233页。
④ 同上书，第382页。
⑤ 同上书，第383页。

在者是以有所领会地在其能在中生存的方式存在的。"为其故"指的是这个此在本质上就是为存在本身而存在，而且这是一种本真的、唯一的"为何之故"。在"为其故"之中，"此在在世界之中"本身是展开了的，而其展开状态被称为"领会"。原初的领会总是进入到可能性的领域，它不断地努力去揭示各种可能性，因为它本身具有一种"筹划"的生存论结构。"此在作为此在一向已经对自己有所筹划。只要此在存在，它就筹划着"①。在他的原初的领会中，人自身"为了……之故"向他自己的终极之处筹划；并且同样原初地向一种世界筹划。而意义就是这个筹划的"何所向"。

操心的第二个环节是"已经在一世界之中"，与其对应的具体展开状态是"现身情态"。现身首要地奠基在被抛境况中从而在曾在状态中到时。现身建立在被抛状态的基础上，被抛境况是此在的"它存在着"，只要此在存在，它就要面对这个"它存在着"，并且"不得不在"。海德格尔说："从存在论原则上看，我们实际上必须把原本的对世界的揭示留归'单纯情绪'。"② 存在论上的现身情态表现在存在者层次上就是情绪，情绪是此在的原始展开方式。"在现身情态中此在总已被带到它自己的面前来了，它总已经发现了它自己，不是那种有所感知地发现自己摆在眼前，而是带有情绪地自己现身"③。现身情态的展开具有整体性，这表现在三个方面：此在的被抛性、在世存在本身和世界，因为现身既不是从外也不是从内到来的，而是作为在世的方式从这个在世本身中升起来的。现身向来有其领会，领会总是带有情绪的领会。如果如海德格尔所说"意义是某某东西的可领会性的栖身之所"，那么，被加以领会的情绪就是一种情绪的意义。

操心的第三个环节是"作为寓于世内存在者的存在"，与其对应的具体展开状态是"沉沦"。沉沦在时间性上首要地植根于当前。沉沦意味着"此在首先与通常寓于它所操劳的世界"。海德格尔强调说："我们曾把此在首先与通常处身其中的那一存在方式称为日常状态。"④ 日常状态中的此

---

① ［德］马丁·海德格尔：《存在与时间》，陈嘉映、王庆节译，生活·读书·新知三联书店1999年版，第169页。

② 同上书，第161页。

③ 同上书，第158页。

④ 同上书，第419页。

在不仅操劳着与在周围世界中来照面的存在者——他物打交道，而且操持着与在周围世界中来照面的存在者——他人打交道。这样一种存在状态使此在成为"常人"，庸庸碌碌、平均状态、平整作用是常人的存在方式，闲言、好奇和两可标画着此在日常借以在"此"、借以开展出世的方式。"沉沦"虽说是此在的非本真生存，但"本真的生存并不是任何飘浮在沉沦着的日常生活上空的东西，它在生存论上只是通过式变来对沉沦着的日常生活的掌握"①。这话对于理解人的生存的层次性和意义的层次性尤为重要。

话语虽不明确对应于操心的某一具体环节，但作为此在的展开状态的生存论建构，它勾连了由领会、现身情态与沉沦组建而成的完整的此在之展开状态。这是因为：其一，话语同现身、领会在生存论上同样原始。这就为话语勾连以上三个环节奠定了生存论的基础；其二，话语并非首要地在某一种确定的绽出样式中到时，这意味着话语同"时间性"一样在每一种绽出样式中都整体地到时。如此就产生了两个结果，一是话语与意义产生的结构机制"时间性"紧密相连，为意义的产生奠定了话语的基础；二是话语勾连着领会、现身情态和沉沦，直接生产了意义。话语包含了言、听与沉默。就其与领会的关系看，"此在听，因为它领会"②。由此论之，言与沉默皆奠基于领会。就其与现身的关系看，"现身的'在之中'通过话语公布出来，这一公布的语言上的指标在于声调、言谈的速度、'道说的方式'。把现身情态的生存论上的可能性加以传达，也就是说，把生存开展，这本身可以成为'诗的'话语的目的"③。就其与沉沦的关系来看，沉沦的表现形式之一本就是作为话语非本真状态的"闲言"。由话语与领会、现身和沉沦的关联，我们看到了意义的产生。海德格尔对此说得很明白："话语是可理解性的分化勾连。……可在解释中分环勾连的，更源始地可在话语中分环勾连。我们曾把这种可加以分环勾连的东西称作意义。"④

———————————

① ［德］马丁·海德格尔：《存在与时间》，陈嘉映、王庆节译，生活·读书·新知三联书店1999年版，第208页。

② 同上书，第191页。

③ 同上书，第190页。

④ 同上书，第188页。

（3）意义与身体在世

梅洛－庞蒂通过对知觉的现象学描述，在海德格尔"此在在世界中存在"观点的基础上，将现象学的实事域从意识的意向性转向了身体意向性。关于身体的意向性结构及其构成要素，本书第一章有较详细的分析，故此处不再赘述。身体意向性所体现的人与世界的关系可简要表述为：身体在世界中存在。对梅洛－庞蒂早期意义理论的分析可以此为据而展开。

海德格尔对"此在在世界中存在"的分析以严密著称，与其不同，梅洛－庞蒂对"身体在世界中存在"的分析，是在勾勒身体主体和世界相互投射、不可分离的总关系的前提下，就空间、时间、动作、我思、言语、性欲以及感情等方面作了相应的阐述。笔者在此围绕意义的生成与表达这个中心点，选取动作、性欲、表达这几个方面略作阐述。

运动（身体姿势）或动作是最能显示身体主体特色的方面，梅洛－庞蒂把身体在世界中的运动称作"运动意向性"。"我们的身体的运动体验不是认识的一个特例；它向我们提供进入世界和进入物体的方式，一种应该被当作原始的，或最初的'实际认识'。我的身体有它的世界，或者不需要经过'表象'、不需要服从'象征功能'或'具体化功能'就能包含它的世界。"① 在梅洛－庞蒂看来，运动机能已经具有意义给予的基本能力，习惯的获得就是对一种运动意义的运动把握。例如，如果我有驾驶汽车的习惯，我把车子开到一条路上，我不需要比较路的宽度和车身的宽度就能知道"我能通过"，就像我通过房门时不用比较房门的宽度和我身体的宽度。之所以如此，是因为身体能理解（体验）意向与现实之间的一致。"我们的身体是活生生的意义的纽结。"②

身体是一种有性欲的存在，性意向是一种原初的意向性。"性爱的知觉不是针对一个我思的对象的我思活动；性爱的知觉通过一个身体针对另一个身体，在世界中而不是在意识中形成。一个场面对我来说有一种性的意义，不是因为我隐隐约约地想起它与性器官或与快感状态的可能关系，而是因为这个场面为我的身体存在，为始终能把呈现的刺激和性爱情境联

---

① ［法］梅洛－庞蒂：《知觉现象学》，姜志辉译，商务印书馆2003年版，第186页。

② 同上书，第200页。

系起来和在性爱情境中调整性行为的能力存在"①。在这里形成的是整体的"性的情景",当一个人在性的情境里看一个女孩子时,他绝不会像看某个物体那样去看她的身体,她首先被感知为"有魅力的"、"吸引人的"或者"冷漠的"、"难以接近的"等,在这里,情感的"意义"出现了。病人施奈德不再主动追求性行为,在他看来,女人的身体都是相同的。之所以如此,是因为"病人失去的是把一个性的世界投射在自己面前、置身于性爱情境、或者每当性爱情景出现时能维持它或对之作出反应直至满足的能力。"②"满足"一词对他来说已没有任何意义,也就是说,他丧失了创造并体验性爱意义的能力。

表达可分为两种:身体的表达和言语的表达,身体的表达是根本性的,言语的表达是身体表达的扩张和延伸。"身体不是自在的微粒的集合,也不是一次确定下来的过程的交织——身体不是它之所处,身体不是它之所是——因为我们看到身体分泌出一种不知来自何处的'意义',因为我们看到身体把该意义投射到它周围的物质环境和传递给其他具体化主体。"③ 在身体主体的生存中,身体分泌并投射意义的能力是一种自然表达的能力,通过这种能力,它把一种运动的意向投射在实际的动作中。前面讲的运动和性欲都是这种身体表达能力的体现,它们都是身体意向性的表现。在身体的表达中,意义产生于动作本身,动作本身包含着意义,二者密不可分。"我不把愤怒和威胁感知为藏在动作后面的一个心理事实,我在动作中看出愤怒,动作并没有使我想到愤怒,动作就是愤怒本身。"④ 在此,动作自己勾画出自己的意义。

言语是我们的生存超过自然存在的部分,言语是身体表达功能的延伸。"如果没有带着发音和发声器官和呼吸器官,或至少带着一个身体和运动能力的人,那么就不可能有言语,也没有概念"⑤。正如身体具有自己的意义一样,"言语是一种真正的动作,它含有自己的意义,就像动作含

---

① [法]梅洛-庞蒂:《知觉现象学》,姜志辉译,商务印书馆2003年版,第207页。
② 同上书,第206页。
③ 同上书,第255—256页。
④ 同上书,第240页。
⑤ 同上书,第490页。

有自己的意义。"① 但言语的意义不是在语词之外的思想，它就是语词本身。奏鸣曲的音乐意义与支撑它的声音不可分离，同样，女演员是看不见的，出现的是菲德拉。意义吞没了符号，菲德拉占有了拉贝尔玛。言语的意义是一个世界，因此，"应该在情绪动作中寻找语言的最初形态，人就是通过情绪动作把符合人的世界重叠在给出的世界上"②。所以，主体之间言语交流，首先不是与表象或一种思想建立联系，而是与会说话的主体、与某种存在方式、与会说话的主体指向的世界建立联系。因为"我们生活在言语已经建立的一个世界中"③。

基于上述，可以看出，梅洛－庞蒂认为，意义不是作为先验的存在然后等待言语进行表达，意义恰恰产生在人的言语活动中，言语赖以奠基的身体生存情境既是这种意义产生的源泉又是它的显现形态。即便是面对在我之前已经存在的语词和意义，尽管"语词呈现于我们的时候，就已经带着自己的历史或'生涯'。当我们解释语词的意义时，我们侵入到它的存在之中，在它连续的意义生活中留下我们的贡献。我们把握已经存在于语词之中的意义，并且给语词附加上或创造出我们自己的意义"④。

3. 意义与自由意识意向性

（1）一点说明

按前面我们所做的区分，自由意识属于人与世界关系中的超主客关系层次。在胡塞尔那里虽然孕育了"生活世界"的思想，但由于他的现象学哲学的极端理性化倾向，同时也由于他的现象学缺少美学的维度，所以他未能沿着"生活世界"的路线将人与世界的关系推进到超主客关系层次加以理论地展开。海德格尔前期的基础存在论大略说来尚处在前主客关系层次，而后期人由存在的发问者转而为"存在的守护者"，由此进入了超主客关系层次，其理论明显表现出诗化哲学的形态。梅洛－庞蒂前期的身体或知觉现象学，大略地说是处在前主客关系层次上，后期提出"肉"的概

---

① ［法］梅洛－庞蒂：《知觉现象学》，姜志辉译，商务印书馆 2003 年版，第 239 页。
② 同上书，第 245 页。
③ 同上书，第 239 页。
④ 同上书，第 28 页。

念取代了尚存主体和意识嫌疑的身体概念，并进一步将"肉"普遍化为世界的始基或基质，由此进入到超主客关系层次。杜夫海纳美学理论的直接来源是梅洛－庞蒂的知觉现象学，但因他的研究对象是审美经验，所以他的知觉概念不是生活世界中的普通知觉，而是审美世界中的纯粹知觉。所以，他的理论所显示出的人与世界的关系处在超主客关系层次。

超主客关系层次上的意识是自由意识，与其相对应的概念，在海德格尔是"存在"（思维与存在同一），在梅洛－庞蒂是"肉"，在杜夫海纳是"纯粹知觉"。严格来说，在超主客关系层次上，已不存在胡塞尔意义上的"意向性"，但人与世界之间究竟还存在着一种关系，而且是更为丰富、更为真实的关系，如果要把这种更丰富、更真实的关系用"意向性"来表述的话，这就是"自由意识意向性"。与其相对应，在海德格尔是存在的敞开；在梅洛－庞蒂是"肉"的可逆性的交织；在杜夫海纳是"纯粹知觉意向性"。

（2）意义与纯粹知觉

纯粹知觉意向性的结构是："纯粹知觉——审美对象"，审美主体与审美对象的具体关系是：审美对象作为"自在——自为——为我们"的"准主体"与审美主体作为"自为——自在——为对象"的"准客体"的关系。根据纯粹知觉意向性的结构，论题"意义与纯粹知觉意向性"便包含了三个方面的内容：意义与审美对象、意义与纯粹知觉、意义与语言符号。与之相应，意义与审美对象、纯粹知觉以及语言符号的关系也必须在审美主体与审美对象的具体关系的前提下才能得到深入的理解和阐述。

A. 意义与审美对象

审美对象的意义存在于何处？就此，杜夫海纳在不同的地方反反复复说过很多话，在此引述部分段落如下："艺术的特点就在于它的意义全部投入了感性之中；感性在表现意义时非但不逐渐减弱和消失；相反，它变得更加强烈、更加光芒四射。"[①] "审美对象所特有的意义，其特点就在于它的意义完全内在于感性。"[②] "感性就含有一种意识可以感到满足的意义。

---

① ［法］杜夫海纳：《美学与哲学》，孙非译，中国社会科学出版社1985年版，第31页。
② 同上书，第223页。

这种意义是必要的。因为假如感性杂乱无章，声音只是噪音，对白只是叫嚷，演员和布景只是奇形怪状的阴影和斑点，那么感性就无法把握了。而这个意义是内在于感性的，它是感性的秩序本身"①。"审美对象自身带有意义，它是它自身的世界。……它是照耀自己的光"②。"审美对象的意义就是感性的组织、感性的统一原则。没有组织，没有统一原则，被知觉者就会分散成无数无意义的感觉，就像旋律可以化成一阵杂乱的声音一样"③。"意义和感性的这种统一就超越自己，变成表现，亦即审美对象的最高形式和它的意义的意义"④。

由以上引文可以看出，杜夫海纳论述比较散乱，但经过笔者有意的选择和排列，其意思可作如下较为系统的命题式的表述：意义投入感性之中，意义内在于感性，意义组织并统一感性，意义与感性统一。由于在杜夫海纳这里，审美对象就是感性，所以上述命题中的"感性"可以等值地转换为"审美对象"。

B. 意义与纯粹知觉

意义内在于感性，意义与感性统一，这表明了杜夫海纳对意义与审美经验中"对象极"关系的看法。那么，对意义与审美经验中"主体极"——纯粹知觉的关系杜夫海纳又是怎样看得呢？首先是对纯粹知觉主体的规定，这就是作为人体的、包含着精神和智力的肉体："这个肉身不是一个可以接受知识的无名物体，而是我自己，是充满着能感受世界的心灵的肉身。"⑤ 其次是对感性与肉体关系的规定："感性当然必须由肉体来接受。所以审美对象首先呈现于肉体，非常迫切地要求肉体立刻同它结合在一起。为了认识审美对象，肉体无须去勉强适应它，而是审美对象预先感到肉体的要求以便满足这些要求。"⑥ 感性与肉体的结合，以此作为整体存在于世界，在这个整体中，主体和客体是不可分辨的。再次是作为"意

---

① ［法］杜夫海纳：《审美经验现象学》，韩树站译，文化艺术出版社 1996 年版，第 36—37 页。

② 同上书，第 178 页。

③ ［法］杜夫海纳：《美学与哲学》，孙非译，中国社会科学出版社 1985 年版，第 64 页。

④ 同上书，第 174 页。

⑤ 同①，第 374 页。

⑥ 同上书，第 376 页。

向之线"的纯粹知觉本身，肉体与感性对象的关联在于知觉通过读解其中的意义而感受感性对象："我等待着：我听，我看，我就会获得意义。意义产生于感知物，感之物通过它被感知。"① "人就是这样在风暴中认出自己的激情，在秋空中认出自己的思乡之情，在烈火中认出自己的纯洁热情"②。为防止人们把这样一种现象理解为移情或比喻，杜夫海纳立刻补充说："决不应该把它视为一种反映作用或拟人化的比喻。" "肉体"通过"知觉"感受、读解审美对象的意义，不是主观性地任意创造，而是"接受"。当知觉深化为情感时，知觉接受审美对象的一种意义。这种意义的特点是，它是直接从对象上读出来的，它不外加在知觉之上，不是它的延伸或注释，它是在知觉中心被感受到的。

由纯粹知觉进一步追问，就涉及了在超主客关系的存在层次上人与意义的关系问题。杜夫海纳的基本观点是：存在就是意义本身。存在"就是这样一种先验：它先于自己的存在的规定性和宇宙论的规定性，它仿佛同时建立主体和客体、人和世界"③。"如果我们不同意说，人有意义，人自己把审美经验发现的情感意义置于现实之中，那就该说：（一）现实不是从人那里得到这种意义的；（二）存在激发人去做这种意义的见证人而非创始人。"④ "人是存在的一个时刻，意义自身集中的时刻。"⑤ 在存在面前，人的使命是表达意义而不是创造意义。叶秀山对此评论说："巴哈音乐的'纯净'使巴哈音乐之所以成为巴哈音乐，而巴哈本人——艺术家则只是使这种'音乐之纯净'显现出来，使这种'音乐'为'存在'的一个环节，因此艺术和艺术家都是'存在'的工具。艺术家是'传信使'，而不是'创世主'。艺术家受到'存在'的召唤，要让'存在'显现出来，艺术家为他所属的世界打开另一个他不属于的世界，艺术家是这些世界的'见证者'、'沟通者'。"⑥

---

① ［法］杜夫海纳：《美学与哲学》，孙非译，中国社会科学出版社 1985 年版，第 36—37 页。
② ［法］杜夫海纳：《审美经验现象学》，韩树站译，文化艺术出版社 1996 年版，第 590 页。
③ 同上书，第 589 页。
④ 同上书，第 589 页。
⑤ 同上书，第 592 页。
⑥ 叶秀山：《思史诗》，人民出版社 1988 年版，第 344 页。

C. 意义与符号

审美活动是一种创造性的心理活动，但在人与对象之间存在着一个中介环节——符号，所以说审美活动又是使用符号和创造符号的活动。审美对象可以看作是由特殊的符号构成的，这就是审美符号。用符号学的观点看，我们完全可以说，审美对象就是符号。由此就涉及了意义与符号的关系。

杜夫海纳区分了两种符号：向悟性开放的符号和向知觉开放的符号。向悟性开放的符号是工具性的，意义与符号可以分离，其意义具有逻辑的明确性；而向知觉开放的符号，"符号不显示意义，它就是意义。"① "音乐作品不是某种东西的符号，它自己表达自己。它对我说什么，它就是什么，因为它的意义是内在于它的。作品的意义可以说是体现的而不是意指的。它就是这样成为一种'具体的思想'。"② 这种意义只有在对符号的感知中才具有感性的明确性。

此外，杜夫海纳还区分了两种语言：散文语言和诗歌语言。"在散文语言的日常使用中，思想似乎走在话语的前面；语言被看作一种非常顺手而又有效的工具，以致在人们的使用中消失了。人们说话或听话时，谁也不去想字典或语法，他们通过词径直走向观念，词对他们说来只是一种不引人注目的、明显的、没有实质的存在。但是，如果他们读诗，或者确切地说，是用对诗应有的恭敬去朗诵诗，词对于他们便立刻有了实质和光辉。就这样，词因为自身或者因为给予朗读者的快乐而受到欣赏。词又还给了自然，带有感性性质，又得到了自然存在的自发性。词摆脱了常用规则，互相结合起来，组成最意想不到的形式。同时意义也变了，它不再是通过词让人理解的东西，而是在词上形成的东西，就像在刚被触动过的水面上所形成的波纹一样。这是一种不确定的而又急迫的意义。人们不能掌握它，但可以感受到它的丰富性。它与其说引人思考，不如说让人感觉。这一意义包含在词中，就像本质包含在现象中一样。它就在那里，凝结在词中，不能从词中抽象出来加以翻译或概念化。它增添了一个新的维度：

---

① ［法］杜夫海纳：《审美经验现象学》，韩树站译，文化艺术出版社 1996 年版，第 181 页。
② 同上书，第 250 页。

在再现上增添了表现"①。

杜夫海纳所谓的"向悟性开放的符号"和"散文语言"是作为表象或概念的知性符号，作为知性符号，意义与符号的物质形式分离，意义是目的，符号形式只具有工具性的意义。他所谓的"向知觉开放的符号"和"诗歌语言"是作为超越性的意象符号（审美符号），作为审美符号，意义与符号的物质形式同一，符号本身的感性特性被强化了，它因之具有了色彩、声音、节奏和生命，这就是"意义的呈现"，意义从词中获得一种强度和厚度，它无限发展成为一个世界。

D. 意义的主观性与客观性

由意义与审美对象、意义与纯粹知觉、意义与符号的关系很自然地会引申出一个问题，这就是：意义究竟是主观的还是客观的？回答是：这个问题只在主客关系层次上存在，而在超主客关系层次上它是一个似真而实伪的命题。

（3）意义与存在的敞开

从"此在"的生存论分析出发去研究存在的本体论意义，只能限于"此在"生存论上的时间性分析。由此发现的还仅仅是与此在的生存相关的意义，"时间性"构成这种生存意义得以产生的形式机制，现身情态、领悟和沉沦则构成了这种生存意义的具体内容，而话语则在时间性中通过对情态、领悟和沉沦进行分环勾连直接显示这种意义。很明显，生存的意义与存在的意义之间还存在着一定程度的间隔。海德格尔当然意识到了这个问题，于是，在后期他便由基础存在论转向了对一般存在本身的追问。

追问存在不能问"存在是什么"，而只能问"存在如何"。存在如何？存在是存在。这就是说，存在是一个自身显现、自身敞开、自身领悟的过程，这就是存在自身的言说。于是，存在与语言有了内在的关联，海德格尔因此提出，要追问存在问题，就是要把存在带入言辞，而语言就是入乎言辞的存在。"语言不只是、而且并非首先是对要传达的东西的声音表达和文字表达。语言并非只是把或明或暗如此这般的意思转运到词语和句子中去，不如说，唯语言才使存在者作为存在者进入敞开领域之中。在没有

---

① ［法］杜夫海纳:《美学与哲学》，孙非译，中国社会科学出版社1985年版，第163页。

语言的地方，比如，在石头、植物和动物的存在中，便没有存在者的任何敞开性，因而也没有不存在者和虚空的任何敞开性。"① 他由此得出结论说，语词给出存在，语言是存在的家。

海德格尔区分了两种语言：存在的语言和人的语言。"存在的语言"是不能对其进行谈论的语言，因为"词语——不是物，不是任何存在者"，"词语、道说是不具有任何存在的"②。在《语言的本质》一文中海德格尔提出要经验语言，所谓经验意味着：某事与我们相遇、与我们照面、造访我们、震动我们、改变我们。我们经受之、遭受之、接受之。这就是适合、适应和顺从于某事。所谓经验语言，就是"接受和顺从语言之要求，让我们适当地为语言之要求所关涉"③。通过在语言上取得一种经验，海德格尔发现了：语言本身就是语言，语言的本质——本质的语言，在于"语言说"。

何谓说？说就是显示、让显现、让看和听、既澄明着又遮蔽着把世界呈示出来。说就是让被说的某物达乎语言，让其如其所是地现象。"雪花在窗外轻轻拂扬，晚祷的钟声悠悠鸣响。"乔治·特拉克尔的《冬夜》一诗，通过诗之说命名冬夜时分，命名就是召唤，这种召唤把它所召唤的东西带到近旁。落雪和晚钟的鸣响此时此际在诗中向我们说话，它们在召唤中现身在场。虽然语言的本质存在是作为显示的说，但海德格尔认为，语言之说（显示）的特征并不基于任何种类的符号，相反，一切符号都源于此一显示，在显示的领域，为了显示的目的，符号才成其为符号。"说"的另一层意思是聚集："言词本身即是关联，因为它把每一物拥入存在并保持在那里。"④《冬夜》一诗，通过命名召唤雪花、晚钟、窗户、降落、鸣响等诸多事物显身在场，但这种在场并不是说诗中所说诸多事物来到我们现在的座位之间或身旁，而是说"在召唤中被召唤的到达之位置是一种隐蔽入不在场中的在场"，"落雪把人带入暮色苍茫的天空之下。晚祷钟声的鸣响把终有一死的人带到神面前。屋子和桌子把人与大地结合起来。这

① ［德］马丁·海德格尔：《林中路》，孙周兴译，上海译文出版社 1997 年版，第 57 页。
② 孙周兴选编：《海德格尔选集》（下），上海三联书店 1996 年版，第 1095 页。
③ 同上书，第 1061 页。
④ 同上书，第 1137 页。

些被命名的物，也即被召唤的物，把天、地、神、人四方聚集于自身。"①
诗歌用落雪、晚钟、面包、美酒等词语描绘了一幅画面，被指称的和没有
被指称的事物都在这幅画面之中，不在画面之中的也应召唤而现身在场。
"在场"在这里实质说的是，诗之说把我们带进了冬夜、雪地上的漫游者、
温暖的家宅、神的馈赠这样一个聚集着天、地、神、人的意义的世界。这
个世界，此时此刻因语言的召唤，具体地生动地呈现于我们面前，并召唤
我们自己一同进入这个世界。世界存在，我们存在，我们与世界同在于
此。比梅尔曾就"说"是聚集这一层意思评论道："语言不是在世界四域
之外发现的某种独立的东西（似乎说到底它就在那里），而是在世界四域
之中，它就是世界四域的关系。它不是一种超越的力量——形而上学是这
样来看的，而是统辖四域结构的'邻近'，海德格尔称之为邻近性（Nah-
nis）。换句话说，它就是源始的聚合。""聚合着的、无声的、沉默的语言
是本质的语言——我们可以说是存在的语言"②。

与"存在的语言"相对的是"人的语言"，"人的语言"也就是流俗
之见所认为的语言，人的语言也在说，人之"说"的规定有三：说是一种
表达，说是人的一种活动，人的表达总是一种对现实和非现实的东西的表
象和再现。海德格尔认为这种种观念都掩盖了语言的真实本性。"就其本
质而言，语言既不是表达，也不是人的一种活动"③。

相比而言，存在的语言是第一位的，而人的语言是第二位的。在海德
格尔看来，不是人创造了语言，而是人隶属于语言。"人们似乎作为语言
的创造者和主人在活动，而实际上语言才是人的主人"④。人与语言的关
系，正如此在与存在的关系。如果说"任何存在者的存在居住于词语之
中"，那么，人这个存在者也居住于词语之中。语言是存在的家，在它的
寓所中居住着人。是语言使人成为人的存在，作为说话者，人才是人。人

① ［德］马丁·海德格尔：《在走向语言的途中》，孙周兴译，商务印书馆 1997 年版，第
11 页。
② ［德］比梅尔：《海德格尔》，刘鑫、刘英译，商务印书馆 1996 年版，第 150 页。
③ 同①，第 8 页。
④ ［德］马丁·海德格尔：《诗·语言·思》，彭富春译，文化艺术出版社 1991 年版，第
132 页。

与语言的这种隶属关系首先体现为"听"，其次体现为"说"。人之"听"就是聆听存在之言的指令："人之说必须首先听到了指令；作为指令，区分之寂静召唤世界和物入于其纯一性之裂隙中。人之说的任何词语都从这种听而来并且作为这种听而说。"① 人之"说"就是跟随存在之言而说："我们说，并且说语言。我们所说的语言始终已经在我们之先了。我们只是一味地跟随语言而说。从而，我们不断地滞后于那个必定先行超过和占领我们的东西，才能对它有所说。"② 对于海德格尔来说，"说"就是"听"，"听"也就是"说"，人之"说"与"听"都是植根于存在之言的。总括起来，人之言与存在之言的关系就是："语言说。人说，是因为人应合于语言。应合乃是听。人听，因为人归属于寂静之音。"③

语言说，说总是有所说，所以语言之说的结构包含了"说"与"所说"。但在一般的"语言之说"中，"说"总是蔽而不显，"所说"往往只是作为某种说之消失的所说。因此，语言的本质被"所说"遮蔽了。那么，如何在所说中寻求语言之"说"呢？海德格尔在此发现了诗歌："在纯粹所说中，所说独有的说之完成乃是一种开端性的完成。纯粹所说乃是诗歌。"④ 在此，我们可以进一步发挥海德格尔的思想，为什么说诗歌乃是纯粹所说？答案只有一个，因为诗歌是"纯粹说"。纯粹的"说"，就是不说什么，不指称外在的什么，它就是为说而说。在这种纯粹的"说"中，一种完全不同于"什么"的"诗意因素"产生着、涌动着，意义的世界降临了。正是在这样的意义上，海德格尔才得出如下的结论：语言本身在本质的意义上是诗，是源始的诗；不仅纯粹的诗作是诗，纯粹的散文也和诗篇一样充满诗意；就连日常语言也是因遭遗忘被用罄了的诗；一切艺术本质上都是诗。从这样一个角度，我们有理由把"人诗意地栖居在大地上"这个命题阐释为"人诗意地栖居在语言里"，因为语言就是人的大地。海德格尔自己也是这样说的："作诗才首先让一种栖居成为栖居。作诗是本

---

① ［德］马丁·海德格尔：《在走向语言的途中》，孙周兴译，商务印书馆 1997 年版，第21 页。

② 孙周兴选编：《海德格尔选集》（下），上海三联书店 1996 年版，第 1082 页。

③ 同①，第 22 页。

④ 同上书，第 6 页。

真的让栖居。"①

可以明显地看出，海德格尔从此在追问存在和从语言追问存在所表现出的意义理论，有了明显的变化。从此在出发，强调的是意义与生存的关系，意义发生在此在生存展开的各种状态之中，并通过话语这种特定的展开状态表现出来。这种意义首先是归属于生存的"情绪"、"领悟"和"沉沦"，其次是通过此在筹划的"何所向"和周围世界以及在周围世界中照面的存在者的"作为……"结构而显示出来的"意蕴整体"。这时，海德格尔对建立在话语基础之上的语言的思考还没有成熟。假如说，此时的语言不具有此在的存在方式，那么它就是现成的、概念式的语言，照此推论，概念式语言所传达的意义就已经是此在生存意义的衍生样式了。从语言追问存在，语言成为存在的家，人居住在语言的寓所里，成为这个寓所的看护者。此时，意义就是语言显示事物并聚集事物成为世界的方式与道路，语言与意义合一，意义就是存在。人是语言的看护者，这也就意味着：人是意义的看护者。

（4）意义与肉的开裂和交织

梅洛－庞蒂早期的意义理论建立在"身体在世界中存在"这一生存论基础之上，以身体知觉为中心，他通过对身体动作、性欲、表达、情感等几个方面的现象学分析，阐明了意义的生成和显现形态。其基本的意思是，意义不是作为现成的存在者等待着表达，而是在身体主体与世界的知觉与被知觉的动态关系中生成、展开，并以感性的形态如身体动作、性欲情境、情绪动作、感性语言等表现出来。

身体在世生存论的局限性同样体现在上述意义理论中，即它是没有根基的。国内有学者就此指出："在《知觉现象学》中，身体与世界构成了一个相互依赖、不可分割的系统：一方面，世界是身体的意向行为的关联物，它是相对于我而存在的，是随着我的诞生而诞生的。我是世界的视点和筹划，是其意义的赋予者，世界不能脱离我而存在；另一方面，身体又必然地要以世界为支撑，世界是我们生存的基础，我在世界中，并且只有

_____

① ［德］马丁·海德格尔：《演讲与论文集》，孙周兴译，生活·读书·新知三联书店 2005 年版，第 198 页。

通过身体进入世界才能实现自己的主体性。这个系统看起来是相对完整的，但它其实是没有根基的，完全偶然的，因为'身体—世界'这一系统中的每一项都只是相对的，都已经设定了另一项，它们只是借助一种辩证关系才统一起来，但这种统一从来就不是很成功的。"① 博福雷曾针对梅洛－庞蒂"知觉的首要地位及其哲学结论"的演讲指出："在我看来，没有比《知觉现象学》更无害的了。如果我要对作者有所指责的话，不是说他'走得太远'，而是说他还不够彻底。他向我们所做的现象学描述实际上还保留着唯心主义的词汇。他的描述是按胡塞尔的描述排列组织的。然而所有的问题正在于了解：彻底的现象学是否要求像海德格尔从胡塞尔那儿走出一样，摆脱掉主观唯心主义的主体性及其词汇。"② 梅洛－庞蒂本人也早已意识到知觉现象学立论的根据尚不充分，从 50 年代起，他的学术思想开始偏离胡塞尔的现象学，并通过对海德格尔后期存在学的解读，最终建构了自己的本体论，其标志就是"肉"的概念的提出。

相对于身体和世界这两个相对的维度，"肉"是作为第三维度的"非相对项"而存在的。正如前文所指出的，"肉"是一个终极的本体论的概念。作为一个终极性的概念，"肉"支撑着身体和世界这两个相对项，构成了身体与世界的共同基础。在本源性的意义上，梅洛－庞蒂又把"肉"称之为"原初的存在"、"野性的存在"，这就是"自然"、"大地"和"母亲"。从意义的角度看，作为本体，"肉"是意义的母体和泉源。与海德格尔的"存在"和"大道"相比，梅洛－庞蒂的存在之"肉"及其所蕴含的意义更具感性和生机。对应于本源性的存在之"肉"的意义是"意义的意义"、"普遍的意义"，尽管这种本源性意义是不可见的，正如存在是触摸的不可触摸者、视觉的不可见者、意识的无意识者一样，但是，在梅洛－庞蒂看来，"不可见的不是可见的对立面：可见的本身有一种不可见的支架，不可－见的（in－visible）是可见的秘密对等物，它只出现在可见的中，它是不可呈现的（Nichturprasentierbar），它像呈现在世界中那样

<hr/>

① 张尧均：《隐喻的身体》，中国美术学院出版社 2006 年版，第 174 页。
② ［法］梅洛－庞蒂：《知觉的首要地位及其哲学结论》，王东亮译，生活·读书·新知三联书店 2002 年版，第 72 页。

向我呈现——人们不能在世界中看到它，所有想在世界中看到它的努力都会使它消失，然而它处在可见的线中的，它是可见的潜在家园，它是处在可见中（作为言外之意）"。①

存在之"肉"是一个原始"母体"、一个原始的"生育场"，存在的运动在"肉"这里体现为"开裂"，这种开裂是一种存在本身的"区分化运作"。通过存在的开裂，于是我们有了"世界之肉"、"身体之肉"、"语言之肉"、"历史之肉"。它们共同地拥有存在，按梅洛－庞蒂的说法就是"我的身体是用与世界（它是被知觉到的）同样的肉身做成的，""我的身体也被世界所分享"。但是它们之间是有差异的，"世界的肉身不是由身体的肉身来解释的，或者，身体的肉身也不是由否定性或驻于其中的自我来解释的"②。正是在这种区分化运作中，在差异中，在可见的世界、身体、语言、历史等感性事物中存在的意义得以呈现。"意义不是像黄油在面包片上那样在知识之上，不是像第二层的'心理实在'铺在声音上那样：它是已被言说的东西的全部，是词语链之所有差别的整体，它和词语一起被给予了那拥有耳朵的听者。反之亦然，所有受到词语和其他入侵的景象在我们看来仅仅是言语的一个变种，谈论它的'样式'，在我们看来就是进行隐喻。从某种意义上来说，就像胡塞尔说的那样，整个哲学都在于恢复意指的力量，就在于恢复意义或原初意义的诞生，就在于恢复通过经验的经验表达，这种表达尤其阐明了语言之特殊领域。在某种意义上，就像瓦雷里说的那样，语言就是一切，因为它不是任何个人的声音，因为它是事物的声音本身，是水波的声音，是树林的声音。"③同海德格尔一样，梅洛－庞蒂也把语言区分为存在的语言和人的语言，存在的声音同海德格尔的"寂静之音"一样是沉默的声音，"沉默的言语，没有明确表达的意义但却充满意义"。就其与人的语言的关系看，梅洛－庞蒂完全赞成海德格尔的观点，不是我们在说语言而是存在在人身上说语言。

存在的开裂造成了事物之间的差异，但是由于它们共属一体，所以在

---

① ［法］梅洛－庞蒂：《可见的与不可见的》，罗国祥译，商务印书馆2008年版，第272—273页。

② 同上书，第319页。

③ 同上书，第192页。

主观与客观、自我与他人、接触者与被接触者、可见者与不可见者、能动与被动、自我与世界、过去与现在、自为与他为之间就会发生侵蚀、越界、嵌入、交叉这样一些可逆性关系。"在存在的开裂与炸裂中分叉的'存在的双叶'作为'相互缠绕在另一方周围的内与外',使彼此差异化而又相互反转的关系就是交叉排列。它又称为深藏着差异的'与不可能共存的事物的统一',还可以称为交织、相互内含、侵蚀"①。梅洛－庞蒂曾以主动性与被动性的相互循环性说明这种可逆性的交织关系:"交错,可逆性,就是说一切知觉都被一种反知觉所重叠,是双面的行为,人们不再知道究竟是谁在说,谁在听,听与说的循环性、看与被看的循环性、知觉与被知觉的循环性(是它让我们觉得知觉是在事物之中形成的)。"② 这种事物之间的可逆性的交织,其实质是存在之肉所蕴含的意义的交织,意义在这种交织中生成并显现自身。

存在之"肉"的开裂与交织是存在运动及其意义生成并呈现的相互蕴含的两个方面,在此,我们会注意到在本体论的层面上,意义是生成的、感性的和暧昧的。

三、还原、意义的形态和特点

1. 意义与还原

现象学基本的精神原则是"回到事情本身","还原"的实质是回到事情本身的方法和道路。由于现象学诸家对"事情本身"理解的不同,从而也就在一定程度上造成了对回到不同的"事情本身"的方法理解上的差异,尤其是表述上的差异。拙著《现象学方法与美学》对于胡塞尔本质还原和先验还原做过细致的描述和分析,本书第一章也已对胡塞尔、梅洛－庞蒂和杜夫海纳的还原方法作过比较分析,并指出了他们之间存在的差异。

在对现象学诸家还原方法了解的基础上,围绕"意义与还原"这个题目,我们致力于解决两个问题,一是把现象学还原放在人与世界三层次关

---

① [日]鹫田清一:《梅洛－庞蒂——可逆性》,刘绩生译,河北教育出版社2001年版,第262页。

② [法]梅洛－庞蒂:《可见的与不可见的》,罗国祥译,商务印书馆2008年版,第339页。

系的理论框架中作出重新解释，二是把在现象学诸家还原中所暗含的意义还原予以展现，使其成为一种可表达的理论形态。

从人与世界的关系看，还原首先体现为在层次之间或在每一层次中的层面之间向事情本身的回溯，其次体现为在每一层次上由经验维度向先验维度的回溯。层次之间的回溯表现为如下的顺序或方向：由体现主客关系的意识主体的认识层次到体现前主客关系的身体主体（此在）的生存层次再到体现超主客关系的自由主体的存在层次。海德格尔和梅洛－庞蒂的整体思想进程就体现了这样一种还原的思想方向和方法，虽然他们的表述极为简略。

海德格尔说："对我们来说，现象学还原的意思是：把现象学的目光从对存在者的（被一如既往地规定了的）把握引回对该存在者之存在领会（就存在被揭示的方式进行筹划）与一切科学方法一样，现象学方法也是在向实事的切实抵进（这种抵进又凭方法之助）的基础上产生、演变的。"① 这段话说的是由"被一如既往地规定了"的"存在者"层次（即认识层次）向"存在者之存在领会"层次（即生存论层次）的还原，这是海德格尔前期思想所体现出的现象学方法；海德格尔把"研究目光从被素朴把握的存在者向存在引回"是由此在生存层次向存在层次的还原，这是后期直接追问"存在本身"的思想所体现出的现象学方法。

梅洛－庞蒂说："重返事物本身，就是重返认识始终在谈论的在认识之前的这个世界。"② 在认识之前，作为生存在世界中的人，我们已经事先知道什么是树林、草原和小河的景象。世界不是我掌握其构成规律的客体，世界是自然环境，我的一切想象和我的一切鲜明知觉的场。重返认识之前的作为知觉场的世界就是梅洛－庞蒂由意识主体的认识层次向身体主体的生存层次的还原。后期，梅洛－庞蒂进一步将其思想推进到作为存在的"肉"，其现象学还原也就随之回溯到了超主客关系的存在层次。杨大春对此评论说："现象学还原就是要回到现象场，也就是说回到知觉活动与知觉对象的相互作用场，这乃是早期的'被知觉世界'、晚期的'野性世界'

---

① ［德］马丁·海德格尔：《现象学之基本问题》，丁耘译，上海译文出版社 2008 年版，第 25 页。

② ［法］梅洛－庞蒂：《知觉现象学》，姜志辉译，商务印书馆 2003 年版，第 3 页。

或'蛮荒世界'所要表达的东西。"①

胡塞尔的本质还原体现在认识层次中两个不同层面——个体直观或感性直观（感性认识）和本质直观或范畴直观（知性认识）之间的回溯。此外，在知性认识的层面上，对胡塞尔来说存在着先验的维度。以此为据，胡塞尔运用先验还原的方法，对自然观点进行转换，通过悬搁排除一切实体之物，最终回到了他所认为的事情本身——先验纯粹意识——这一特定领域。

杜夫海纳的研究对象是处在超主客关系层次上的审美经验，因此他的还原理论就不像上述诸家对层次之间的回溯表述得那么清楚，但在他的极为简要的表述里，却暗含了不同层次之间的回溯："审美经验在它是纯粹的那一瞬间，完成了现象学的还原。对世界的信仰被搁置起来了，同时，任何实践的或智力的兴趣都停止了。说得更确切些，对主体而言，唯一仍然存在的世界并不是围绕对象的和在形相后面的世界，而是属于审美对象的世界。"② 审美经验搁置了认识层次上的"智力"的兴趣和生存层次上的"实践"的兴趣，而最终回到了存在层次上的"审美对象的世界"。同时我们注意到，在杜夫海纳那里明确存在着一个先验的维度，因此，审美经验也就搁置了对现实世界所设定的存在信仰。

通过此前对"意向性"和"还原"的描述和分析，我们会注意到这样一个事实，不论在哪一个层次上，"意向性"都是一个二项式结构：主体——对象，而"还原"则是在不同层次之间所做的不同的"主体——对象"的转换。在这个不同层次上的"主体——对象"结构里所包含着的相应的不同形态的"意义"被理论的表述漏掉了。因此，谈论"意义与意向性"和"意义与还原"便成了一个十分艰难的话题。那么，如何把在现象学诸家还原中所暗含的意义还原予以展现呢？实际上，在这整篇意在建构"意义现象学"的论述中，自始至终贯穿了笔者的努力。首先，我想做一原则性的说明，在主体和对象之间存在着不同层次的平行对应关系，在不同的层次中，不仅主体（意识）活动的性质是不同的，而且相应的对象的

① 杨大春：《感性的诗学》，人民出版社 2005 年版，第 104 页。
② ［法］杜夫海纳：《美学与哲学》，孙非译，中国社会科学出版社 1985 年版，第 53 页。

存在方式和存在形态也是不同的。与其相应，意义在不同层次上也会表现出不同的存在方式和存在形态，这在"意义与意向性"一节已经得到充分的描述和说明。

现在，笔者仅只对杜夫海纳的一句看起来是随意说的话"意义向形式的还原"做一现象学的分析。他说："意义内在于形式。在符号论中运用的符号语言不指外在意义的内容，它对自身来说就是自己的内容。……也许能说明这种意义向形式的还原。"① "意义内在于形式"表达了杜夫海纳对审美对象的形式与意义之间关系所持的基本观点，"意义内在于形式"体现在符号上就是意义与符号同一："符号语言不指外在意义的内容，它对自身来说就是自己的内容"。但问题在于，意义或符号是如何做到这一点的？对于知性符号来说，形式与意义分离；对于审美符号来说，形式与意义同一。审美作为符号的创造性活动，就是把知性符号转化为审美符号，转化的关节点就在于"意义向形式还原"。因此，"意义向形式还原"的意思是说，"搁置"也就是"瓦解"处在认识层次上的知性符号的意义（所指），回到并强化形式本身（能指），使之陌生化直至感性化为意象符号，在此，意义自然蕴含其中。这就涉及意义存在的形态问题了。

2. 意义的形态

（1）意义与审美对象意向性

审美对象的意向性包含内部意向性和外部意向性，内部意向性指审美对象各构成要素之间的意向性，外部意向性指作为"准主体"的审美对象对作为"准客体"的欣赏者的知觉的期待、引发和操纵。在这里，我们要谈的仅仅是审美对象的内部意向性。内部意向性表现为两个互逆并且交织在一起的指引顺序：一是从"形式"指引到"意义"，再从"意义"指引到"世界"，一是从"世界"指引到"意义"，再从"意义"指引到"形式"。

先看形式的意向性，此处"形式"指处在形相层中的"外部形式"——外在感性形象，如外观、外形、形状等，包含着声音、色彩、线

---

① ［法］杜夫海纳：《美学与哲学》，孙非译，中国社会科学出版社1985年版，第125页。

条等信息的显现形式。"形式"对"意义"的指引表现为"形式给予意义以存在"，所以就出现了这样的情形："当感性全部被形式渗透时，意义就全部呈现于感性之中。因而，出现了双重内在性：形式内在于感性，意义又内在于形式。"① 这就是说，形式通过对自身的强化，或者说形式通过意指自己而具有了精神意味。当形式以"意义"为中介指向一个世界时，意义的意向性就产生了。当然意义并不仅仅是"指向"一个世界，而是凭自身的意指作用"说"一个世界，"展开"一个世界，"暗示"一个世界。这个世界是什么呢？是"某个既不能用有关事物的用语、也不能用有关精神状态的用语去定义的世界。它是事物和精神状态的希望，只能用它的作者的姓名去命名，如莫扎特的世界、塞尚的世界"②。以上说的是从"形式"到"意义"再到"世界"的指引顺序。

再看从"世界"到"意义"再到"形式"的指引顺序。首先是"世界"的意向性。如果说"意义"展开了一个世界，那么反过来也可以说"世界"孕育着"意义"。胡塞尔说，意向对象是一个空"X"；我们说，"世界"是一个"X"，但它不是空的，而是充满意义的"X"。"孕育"、"蕴含"就是"世界"对于"意义"的意向，在此基础上，"世界"引导着"意义"走向审美对象的"形式"。本书论"形式"的部分曾把"意义"定位于"内部形式"，作为内部形式，它的作用（即意向性作用）表现在两个层面上：在本质层上，它组织自身成为统一体（"意义的统一"），此时，意义显示了感性的必然性；在形相层上，它组织外部形式并使之风格化（即个性化），此时，意义显示为"感性的和谐的组织"，显示了感性的充实性。如果说从"形式"到"意义"再到"世界"是一个"现象学建构"的过程，那么，从"世界"到"意义"再到"形式"则是一个"现象学还原"的过程。

在经过了"意义与意向性"、"意义与还原"、"意义与审美对象意向性"这一系列论述之后，我们可以就什么是审美对象的意义做一简要而明确的结论：从科学的角度说，意义就是审美对象"感性的秩序"、"感性的

---

① ［法］杜夫海纳：《美学与哲学》，孙非译，中国社会科学出版社 1985 年版，第 130 页。
② 同上书，第 20 页。

组织"、"感性的结构"、"感性的统一原则";从人学的角度说,意义是审美对象的"灵魂"、"本质"、"理念"、"情感的面貌";从神学的角度说,意义是审美对象中包含着的"神性的尺度"。

(2) 意义的形态

如前所论,在主体与对象关系的不同层次上,相应地存在着不同形态的意义。对应于主客关系层次的意义,其存在形态是概念的,它诉诸人的知性思维;对应于前主客关系层次的意义,其存在形态是原始感性的,它诉诸人的一般知觉;对应于超主客关系层次的意义,其存在形态是纯粹感性的,它诉诸人的纯粹知觉。对此,杜夫海纳有所认识,在《审美经验现象学》中他曾介绍过鲍里斯·德施劳泽对音乐意义的三种划分:理性意义、心理意义、精神意义。除标题音乐或歌词音乐外,音乐完全忽视理性意义,理性意义并不真正属于音乐。心理意义属于音乐并存在于作品的表现性之中,用情感来表达。精神意义是音乐的真正的意义,它是作品的"具体思想",是它的作为有机整体的存在本身。这三种意义大体上可与上述意义的三种存在形态相对应。

我们之所以说审美对象的意义其存在形态是纯粹感性的,理由有三:从人与世界的关系来看,它处在超主客关系层次。在这个层次上,审美对象作为超越性符号是一种意象符号,意象符号并不显示意义,它就是意义。杜夫海纳对此说过许多精彩的话,其主要观点是:意义投入感性之中,意义内在于感性,意义组织并统一感性,意义与感性统一。正是这种"统一"使得意义成为感性的。因此,"在诗歌中词用自己光彩夺目的身体找到了自己的深奥意义:身体变成了语言。"①

从审美对象自身的意向性结构来看,意义处在形式与世界之间,并与形式和世界发生双向的、循环性的指引和关联。在这个"形式—意义—世界"结构中,形式是感性形式,世界是感性的意象世界。从"形式"到"意义"再到"世界"是一个意象建构的过程,杜夫海纳曾说审美对象的意义是照耀自己的光,我们可接着说,这个作为"自为"的感性之光建构了一个感性的意象世界。而从"世界"到"意义"再到"形式"则是一

---

① [法]杜夫海纳:《美学与哲学》,孙非译,中国社会科学出版社1985年版,第117页。

个形式化的还原过程，形式化其实质就是感性化。"成为石柱，对石头来说已经是一种意义；但石柱是细长的还是雄伟的，那就增添了一种意义。正是通过这种增添的意义我们才真正感知到石柱"①。成为石柱，或进一步成为细长的或雄伟的石柱，这就是意义的形式化。在这里，意义完全内在于姿态之中，以至于就"是"姿态本身。因此，杜夫海纳才这样说："说话时声音的这种颤抖是胆怯，这种激烈和沙哑的吵闹是气愤。"②

从纯粹知觉意向性的结构来看，感性化的意义是诉诸纯粹知觉的。这首先是感官，"我等待着：我听，我看，我就会获得意义。意义产生于感知物，感知物通过它被感知。"③ 尤其是审美地感知，它不可能是消极地被动地记录一些本身并无意义的外观，而是在外观本身之中去发现外观只向辨认它的人交付的一种意义。当然这个审美地看和听，不仅是感觉性的，而是在感觉中包含了理解，正如叶秀山所言："听音乐也和看作品一样，具有读的性质。音乐作品就像绘画作品一样，其意义不在娱目、悦耳，而在读出它所蕴含的意义。"④ 但是在此需对后一句话做一点纠正，审美中的"娱目"和"悦耳"就已经是在"读"意义。正是由于审美对象意义的充分感性化，或者说感性与意义的完全一致，才使得人在审美活动中达到了感性与理解力的自由协调。其次是体验，在审美经验中意义不仅通过外在化知觉诉诸感官，而且通过内在化知觉诉诸肉体，从而转化为生命的体验。杜夫海纳认为审美对象的意义是我用肉体回答的一种要求，意义是在肉体与世界的串通中由肉体感受的。他说："审美对象首先是感性的高度发展，它的全部意义是在感性中给定的。感性当然必须由肉体来接受。所以审美对象首先呈现于肉体，非常迫切地要求肉体立刻同它结合在一起。为了认识审美对象，肉体无须去勉强适应它，而使审美对象预先感到肉体的要求以便满足这些要求。"⑤ 肉体与对象（世界）的沟通和结合，使得审美对象的意义不仅是可见物、可触物和可听物，而且同时是情感物。对情

---

① ［法］杜夫海纳：《审美经验现象学》，韩树站译，文化艺术出版社 1996 年版，第 177 页。
② 同上书，第 164 页。
③ 同上书，第 37 页。
④ 叶秀山：《思史诗》，人民出版社 1988 年版，第 308 页。
⑤ 同①，第 376 页。

感物的内在感知就是体验，按伽达默尔的看法，审美体验使人抛开了与现实的一切联系而返回到他的存在整体，在此存在着一种"意义丰满"。体验中的意义既是肉体性的又是精神性的，因为肉体富有智力，所以肉体在感觉中便能理解和思考。譬如读诗是"凭借词句在我的身上唤起的共鸣和引起的反应才能弄懂"，由此杜夫海纳得出结论说："对意义的体验是贯穿在对词句给说出它的口和听它的耳朵所产生的感性效果的体验之中的。"①

3. 意义的特点

感性的存在形态决定了审美对象的意义具有如下特点：多样性、暧昧性、深刻性。

（1）多样性

概念性意义是规定性的、单一的，即使加以延伸扩展，我们也会清楚地发现其意义演变的轨迹，而且演变了的意义也同样是规定性的。然而审美对象的意义却是在当下具体的情境中感性地生成着的，因此它具有多义性或丰富性。杜夫海纳认为审美对象总有一个第四维度，所以它的一个显著特征是展示众多的意义。所谓"多"就是具有 n 种意义或额外意义，而且它是不可穷尽的，以至于"意义的顶点似乎就是意义的虚无"。他说："像事物一样，意义展开了胡塞尔所谓的一个内心世界。它无边无际，开辟了一个世界，一个情感立即便能接近而思考却永远探索不完的世界。作品的独特本质是无穷无尽的。人们对任何被知觉的对象尤其是审美对象所能说的话，也可以对这种内在于感性的意义去说。就这种意义而言，每次阅读都是一种既使我们十分满意又使我们极其失望的'评价'。被再现的对象从此隶属于被表现的对象了，它变成了符号，如同神话所展开的那些原型，如同在原罪的神话中所表现的肮脏形象或在奥尔菲斯神话中的诗人形象，每部伟大作品都是一个神话，都是一个符号扩展成为一个世界的结果。如果像康德所说的那样，符号引人思考，那么它也拒绝思考。意义的顶点似乎就是意义的虚无，好像意义变得无边无际时终于要全部消失一

---

① ［法］杜夫海纳：《审美经验现象学》，韩树站译，文化艺术出版社 1996 年版，第 378 页。

样。"①

伽达默尔对审美体验中存在着的"意义丰满"分别从两个角度作出解释，一方面，这种意义丰满属于这个特殊的内容或对象；另一方面它更多地代表了生命的意义整体。"一种审美体验总是包含着某个无限整体的经验。正是因为审美经验并没有与其他体验一起组成某个公开的经验过程的统一体，而是直接地表现了整体，这种体验的意义才成了一种无限的意义"②。当把感性的意义与生命体验联系在一起时，杜夫海纳同样从人的角度解释其多样性和丰富性的原因。他认为，因为人的事实是无穷无尽的：意义可以在不同方面展开，在每一方面，它既是完整的又是不足的。所谓"完整的"是指生命体验的完整性，由此造成意义的丰富；所谓"不足的"是指人的未完成性，即"人绝非人之所是"，人总是超越"已是"而趋向于"不是"，这个不是自身的东西就具有意义。他甚至把这种"人的存在总是面对着自己的先验性"所显示的意义称之为"宗教意义"。

审美对象意义的多样性、丰富性，从符号学的角度会看得更清楚。审美对象是一种审美符号，审美符号是由现实符号转化而成的，当现实符号的所指回到能指并一同构成审美符号的能指时，这个更高层次的符号系统的能指就会产生新的所指，这个新的所指就是审美意义，但与现实符号的所指是确指意义不同，审美符号的所指是泛指意义。罗兰·巴尔特的观点是，艺术符号是自然语言产生泛指意义的结果。但实际上，从鉴赏的角度恰恰应该颠倒过来说，当自然语言转变为审美符号时就会产生泛指意义。

（2）暧昧性

纯粹知觉所把握——感知和体验——的感性意义，是理性语言所无法阐明的，是散文语言所无法翻译的，杜夫海纳把这种不可说明的意义看作是"暧昧的"。但杜夫海纳认为这是一种"好的暧昧性"，他引用杜勃罗夫斯基的话说："这不是走向意义零点的暧昧性，而是含有一种超意义的暧昧性；不是那种以缺乏内容或内容消失为前提的暧昧性，而是那种建筑在

---

① ［法］杜夫海纳：《美学与哲学》，孙非译，中国社会科学出版社1985年版，第164页。
② ［德］伽达默尔：《真理与方法》（上），洪汉鼎译，上海译文出版社1999年版，第90页。

内容的无限密度之上的暧昧性。"①

杜夫海纳从两个角度来解释审美对象意义暧昧性的原因。从对象角度看,对象具有多重意义——"意义过多";多重意义之间相互萦绕——"第二种意义总是萦绕着第一种意义";意义自身又经常是双重性的——"莫扎特的活泼轻快既是舞蹈又是思想";而且意义具有象征性。从人的角度看,对象的特殊意义只能在知觉的特赦下才能被把握。这两种解释都是非常有见地的,但是对象角度的解释过多注重于意义的现象层面,而有忽略感性本体之嫌。其实,意义的感性本体才是自身暧昧性的最终原因,其次才是感性本体与理性语言之间的差异造成的无法(不能)阐明。以此来看,海德格尔后期的"大道"之"道说"和梅洛-庞蒂后期的存在之"肉"的开裂和交织更能说明意义的这种暧昧性。"道说"是存在的"寂静之音","肉"的开裂和交织是事物本身的声音,这种作为存在的"说"是不说之说,所以它模糊暧昧。存在之言正是人言所不能言的,然"惟不可明言之理,不可施见之事,不可径达之情,则幽渺以为理,想象以为事,惝恍以为情,方为理至事至情至之语"。②"幽渺"、"想象"、"惝恍"即是暧昧。严羽说:"盛唐诸人惟在兴趣,羚羊挂角,无迹可求。故其妙处透彻玲珑,不可凑泊,如空中之音,相中之色,水中之月,镜中之像,言有尽而意无穷。"③"羚羊挂角,无迹可求"、"透彻玲珑,不可凑泊"、"不涉理路,不落言筌"即是暧昧。

(3)深刻性

审美对象意义的丰富性,在横向的展开中表现为多样性;而在纵向的展开中则表现为深刻性。杜夫海纳就此写道:"这意义不是并列的,而是可以说按照等级的高低叠置的。意义的这种多样性表明审美对象的深奥性。"④

从自身来看,审美对象的意义之所以具有深刻性,是因为它不是对象表层的显明意义,而是对象借之超越自身从而进一步投射一个世界或者说

---

① [法]杜夫海纳:《美学与哲学》,孙非译,中国社会科学出版社1985年版,第147页。
② 叶燮:《原诗》,见《原诗 一瓢诗话 说诗晬语》,人民文学出版社1979年版,第32页。
③ 严羽:《沧浪诗话》,见郭绍虞:《沧浪诗话校释》,人民文学出版社1983年版,第26页。
④ [法]杜夫海纳:《审美经验现象学》,韩树站译,文化艺术出版社1996年版,第357页。

无限地发展成为一个世界的更为根本的意义，这是一种"前意义"。它不具有任何明确的规定性，但它表示的是意义的未定的、繁多的辉煌可能性。"梵高画的椅子并不向我叙述椅子的故事，而是把梵高的世界交付予我：在这个世界中，激情即是色彩，色彩即是激情。"① 这个作为"根本的意义"，作为"前意义"的意义，其实就是审美对象的情感特质。情感特质在审美对象的生成中，一方面具有先验作用，所谓先验即经验和经验对象可能性的条件，这也就是说情感特质作为意义它使审美对象成为审美对象。"我们一开始对审美意义就产生强烈反应，并且能够立刻把它归入情感范畴（如优美的、悲剧的、美妙的）"。另一方面，情感特质又是审美对象的构成因素，而且是作为本体的构成因素，正是作为本体，"审美意义构成对象并给予对象无限的发展成为世界的能力"②。正是在这一关节点上，杜夫海纳认为"审美对象以一种不可表达的情感性质概括和表达了世界的综合整体：它把世界包含在自身之中时，使我理解了世界。同时，正是通过它的媒介，我在认识世界之前就认出了世界，在我存在于世界之前，我又回到了世界"③。

从意义与真理的关系看，意义的深刻性在于，意义就是作为存在的自由的真理本身。正是在这样的意义上，杜夫海纳才说，作家的真理在作品之中，但作品的真理却不在作家身上，而是在作品的意义之中。作品永远有一种意义。作家说话是为了说出某些东西，作品的效能就在于他说的能力之中。如果说出来的东西不能用真和假的普通标准去衡量，那也无关紧要，作品的真理总是在意义的说明之中。

从意义与审美知觉主体的关系看，意义之所以具有那种无法理解的深刻性，是因为它付诸知觉，而不是付诸理解力。即使表面上看来最容易理解的艺术也含有某些神秘的东西。

4. 意义的解释

论审美对象的意义，必然涉及审美主体对意义的解释。杜夫海纳未能

① ［法］杜夫海纳：《审美经验现象学》，韩树站译，文化艺术出版社 1996 年版，第 26 页。
② ［法］杜夫海纳：《美学与哲学》，孙非译，中国社会科学出版社 1985 年版，第 130 页。
③ 同上书，第 26 页。

建构意义解释学，但他在《审美经验现象学》第一编第二章"作品及其表演"中论表演与艺术作品真实性的关系，隐含了一些解释学的思想，笔者在此将其钩沉梳理以显示其基本理路。

作品需要表演以使自己从潜在存在过渡到显势存在，作品只有在表演中才能完成，在杜夫海纳看来，"表演就是解释"。所谓解释，实际上就是对作品丰满意义的具体现实化，杜夫海纳称之为作品的"现实性"，现实性指它根据表演与否而所是的东西。因此，解释具有历史性，也就是说，对同一部作品，可以做出种种不同的解释，因而作品的意义随着时代的更替而变化。譬如，每个时代都偏爱某些审美对象，贬低它有时完全不了解的另外一些审美对象。作品随着人们给予它的热情的大小和从中发现的意义的多少而沉浮，有时丰富起来，有时变得贫乏。但是如果过分强调解释的历史性就会陷入审美相对论，为防止解释走向主观性的极端，杜夫海纳提出了作品"真实性"的概念："作品的真实性是指它想要成为而通过表演恰恰成为的东西：即审美对象，这个我们为了讨论作品和评价作品的表演暗中参照的对象，这个通过表演来完成并揭示的作品的本质。"① 一方面，作品需通过表演才能把自己呈现为审美对象、完成自身；另一方面，作品又具有自己恒定的本质。那么，应该如何来理解表演与作品真实性的关系呢？

杜夫海纳的基本观点是：首先，作品规定的真实性、作品的本质是超历史的。所以真实性独立于表演之外或先于表演，真实性并不在历史之中。假如把真实性卷入历史的旋涡，那就无历史之可言；反之，只有在本质、真实性这些恒星的照耀下，历史才弄得明白。因此，作品不能归结为表演，不能让历史去承担逐步解释、逐步揭示一部作品的重任。其次，作品的真实性需要表演来显示，并在表演中完成。由于作品只有通过表演它才能被人理解，而且在表演中它才能更清楚地被理解，杜夫海纳才这样说："作品的那种真实性，就在于是一种真实性。"② 这就是说，每一次表演都是真实性的有限的实现。那么，问题就在于，在现实性只能表现出一

① ［法］杜夫海纳：《审美经验现象学》，韩树站译，文化艺术出版社1996年版，第48页。
② 同上书，第52页。

种真实性的情况下，表演能实现作品本质的那种无限的要求吗？杜夫海纳对此的回答存在着矛盾，一方面他说表演的历史通过多次尝试和错误，逐渐显示作品的真实性，甚至更沮丧地说作品不能归结为表演；但是另一方面他又非常明确地断言："每当作品相当清楚地、相当严格地和准确无误地呈现在我们面前的时候，每当一切都要求我们的知觉把它奉为审美对象的时候，这个无限的要求就实现了。这时，我们掌握的作品的真实性确是摆到我们面前的作品规定的真实性。"① 再次，表演检验作品的质量，而同时作品的真实性又对表演加以判断。杜夫海纳认为这样就把在真实性与表演之间存在的循环的圆圈解开了。

杜夫海纳所提出的"作品真实性"和"表演"概念的含义，主要是针对审美对象及其感性显现而言，但如果我们将其缩减为审美对象的意义及其解释上，则就构成了他的意义解释学。其特点在于，受胡塞尔的影响，他强调了审美意义的超历史性；受解释学的影响，他强调了解释的历史性。其所存在的最大不足在于，他忽略了解释的超历史性，结果导致他不能很好地解决作品真实性与表演的同一性问题。我们认为，审美解释既具有历史性又具有超历史性，它是历史性与超历史性的同一。解释的历史性使得表演仅实现了"作品的那种真实性"的"一种真实性"，而解释的超历史性则使得表演通过实现的"一种真实性"（个别、有限）而蕴含了"作品的那种真实性"（一般、无限）。

第四节 世界

一、世界观念

杜夫海纳论审美对象的世界，曾就用"世界"这个词来表示审美对象之所指提出过这样一个问题："为什么我们使用了世界这个概念"？对这一问题的回答，逻辑地引出三个更具体的问题：（一）世界观念意味着什么；（二）世界概念的根源；（三）审美对象特有的世界观念的证实。

---

① ［法］杜夫海纳：《审美经验现象学》，韩树站译，文化艺术出版社 1996 年版，第 52 页。

1. 世界观念意味着什么

世界观念意味着什么呢？杜夫海纳首先在康德和海德格尔那里寻找答案。对于康德来说，知性是意识从自身产生观念的能力，但知性只能在现象之间行使其统一作用，不能超出现象一步；而理性则用"理念"来整理统一知性的知识，希望通过这种统一而达到无条件的绝对完整的知识。康德认为，理性的理念有三个：作为一切精神现象的最高的最完整的统一体的灵魂，作为一切物理现象的最高最完整的统一体的宇宙，作为灵魂与宇宙的统一的上帝。实际上，是灵魂、宇宙和上帝三者共同构成了世界，杜夫海纳评论说："世界的观念真正是绝对的：理性寻求的……只是绝对。"①

关于海德格尔的世界概念，杜夫海纳指出其含义有二：一是与传统形而上学有关的纯宇宙论的含义，即康德所谓作为理性理念的"宇宙"；另一种是存在的含义，即《存在与时间》中"此在在世界之中存在"这个命题所蕴含的生存论意义上的世界。这个世界不是非此在式的存在者，不是现成存在于世界之内存在者的总体，而是此在"在世界之中"的一个生存论环节，是此在本身的一种性质。

此在在它的日常生存当中，总是要有所操心地与世内存在者打交道，首先在世内照面的存在者是作为上手事物的用具，诸如书写用具、缝纫用具、加工用具、测量用具等。用具具有用具性，即用具本质上是一种"为了作……的东西"，有用、有益、合用、方便等等都是"为了作……之用"的方式，譬如制作鞋是为了穿，装好了的表是为了读时，如此等等。任何用具都通过其"为了作……"的结构而指向别的用具，用具间的相互指引便构成着一向先于个别用具的用具整体性，而世界就随着这一整体呈报出来。另一方面，此在在世不仅与他物打交道，而且也要与他人打交道。海德格尔说："随着工件一起来照面的不仅有上手的存在者，而且也有具有人的存在方式的存在者。操劳活动所制作的东西就是为人而上手的。承用者和消费者生活于其中的那个世界也随这种存在者来照面，而那个世界同时就是我们的世界。"② 按照海德格尔用具之间具有相互指引的因缘关系的

---

① ［法］杜夫海纳：《审美经验现象学》，韩树站译，文化艺术出版社1996年版，第230页。
② ［德］海德格尔：《存在与时间》，陈嘉映、王庆节译，生活·读书·新知三联书店1999年版，第83页。

意思，我们可以进一步发挥说，作为"具有人的存在方式的存在者"之间、以及它与用具之间也普遍存在着相互指引的因缘关系，并借此构成因缘整体。由用具整体所呈报出来的世界和由人的因缘整体所呈报出来的世界，是同一个世界。所以，"世界就是此在作为存在者向来已经在其中的'何所在'，是此在无论怎样转身而去，但纵到天涯海角也还不过是向之归来的'何所向'"①。这个显示着此在"何所在"与"何所向"的世界现象就是日常此在的最切近的"周围世界"。当此在与世内存在者由上手状态转为现成在手状态时，"世界失落了特有的周围性质，周围世界变成了自然世界"②。在此，海德格尔提出了两个世界的概念，一是具有生存意义的周围世界，一是具有认识意义的自然世界。

杜夫海纳的世界首先是"现实世界"。这个"世界保证世界中每个事物在我们眼中的现实性。……那么这个世界究竟是什么呢？它是各种被感知到的对象的总体，但丝毫不是某种能概括它的科学所认识的总体，而是作为一切境域的境域给予一切被感知到的对象的境域的那个总体。这个世界是一切形体清晰显现的背景"③。在现实世界的基础上，杜夫海纳又提出了"观念对象的世界"、"主观世界"、"审美对象的世界"等世界类型。"观念对象的世界"是一个向悟性而非向知觉开放的世界。"主观世界"是一个与"现实世界"相对立的世界。"审美对象的世界"是一个审美对象存在于现实世界中、通过行使审美王国的统治权而打开的自己的世界。

2. 世界概念的根源

在以上紧紧围绕杜夫海纳所涉及有关世界的论述，还仅仅是关于世界的"什么"，接下来要谈的则是世界的"为何"，即"世界概念的根源"。

世界为何成其为世界？世界的根源在哪里？在把康德的观念世界确定为理性把握的"绝对"之后，杜夫海纳说："难道不可以说绝对来自主体性的存在本身吗？如果世界不是现象的不确定整体，而是现象的统一体，

---

① ［德］海德格尔：《存在与时间》，陈嘉映、王庆节译，生活·读书·新知三联书店1999年版，第89页。

② 同上书，第130页。

③ ［法］杜夫海纳：《审美经验现象学》，韩树站译，文化艺术出版社1996年版，第180页。

又像是序列的发生特质，如果绝对首先是一种开放方式，难道不是因为主体性本身即是开放，并且像海德格尔所说，主体性本身是先验的吗？"① 杜夫海纳把世界的根源归之于主体性，这与康德的主体性哲学完全一致。不同的地方在于，杜夫海纳认为，"绝对"不是由理性而是由感觉加以把握的："如果不能用知性去把握绝对的话，那么难道不可以说绝对是在感觉之中显示的，即世界的观念是对世界的感觉吗？"② 这就把世界的根源由康德的理性主体性转向了感性主体性。

在把海德格尔的世界含义确立为"与每人必然有关的东西的概念"之后，杜夫海纳在一个脚注里作了较为详细的评论："一个世界之出现，存在之'进入世界'，是因为定在（笔者注：即此在）在构成自身的运动中超越自身，走向那里。它超越自身确实是走向世界，而不是走向这样或那样的存在，因为定在正是从世界这个整体出发才能与这样或那样的存在发生关系。定在就是这样'感到自己处于存在中，并与存在保持关系的'。而我们则更愿意说：定在有一个世界的感觉。"③ 这里所阐述的世界与此在的存在关系正是海德格尔本人思想的表述，新异的地方在于，把世界的根源由此在生存具体到感觉的维度。

此后，杜夫海纳便正式表达了自己对世界根源的观点："所以我们应该在主观世界中寻找世界概念的根源和世界与主体性的基本联系。"④ "世界观念的根仍然是主体性做出的独特揭示。"⑤ 把世界概念的根源定位于主体性或主观世界，这意味着什么呢？或者更明确地说，它包含着怎样的现象学含义？我们的回答是：世界是主体（康德的"理性主体"、胡塞尔的"先验自我"、海德格尔的"此在"、梅洛－庞蒂的"身体主体"、杜夫海纳的"感觉主体"，等等）意识的相关项。所以，在"世界概念的根源"这个题目下，杜夫海纳或自觉或非自觉要谈的，实质上是：世界与意向性。现在的问题在于，世界本身与对世界意识之间的基本联系是怎样发现

① ［法］杜夫海纳：《审美经验现象学》，韩树站译，文化艺术出版社1996年版，第230页。
② 同上书，第230页。
③ 同上书，第231页。
④ 同上书，第229页。
⑤ 同上书，第233页。

的呢？

让我们回到胡塞尔的世界概念：自然态度的世界和生活世界。所谓"自然态度"是指自然生活中的人的非反思的意识状态（它包括感觉、意愿、想象等素朴直观行为），"我"以这种自然态度意识到一个在空间中无限伸展、在时间中无限变化着的世界。在这个无限的时空中，物质物就直接对我存在着，有生命的存在物——人也直接对我存在着。对我存在的世界不只是纯事物世界，而且以同样的直接性存在着的还有价值世界、善的世界、实践的世界等。与我多方面变化着的意识自发性活动的综合体相关的这个世界，正是我所处的世界，是作为我的周围环境、并对他人也有效、我们本身属于其中的"周围世界"。胡塞尔以下述命题指出了自然态度的世界的最重要之点："我不断地发现一个面对我而存在的时空现实，我自己以及一切在其中存在着的和以同样方式与其相关的人，都属于此现实。'现实'这个词已经表明，我发现它作为事实存在者而存在，并假定它既对我呈现又作为事实存在者而呈现。对属于自然世界的所与物的任何怀疑或拒绝都毫不改变自然态度的一般设定。……按照这个一般设定，这个世界永远是事实存在的世界。"①

自然态度所设定的世界是一个与主体无关的事实存在的世界，它具有被给予性的特征。在自然的态度下，人们生活在质朴的世界确定性中，一个个具体的事物向人们展现出来，但作为一切现实的和可能的实践之普遍领域，作为具体事物得以出现的地平线的世界却往往蔽而不察。因为在对世界的意识方式与对事物的意识方式之间，有一种根本的区别。为了让世界以及对世界的意识显现出来，就需要一种彻底的态度改变，一种十分独特的普遍的现象学的悬搁。"我们使属于自然态度本质的总设定失去作用，我们将该设定的一切存在性方面都置入括号：因此将这整个自然世界置入括号中。"② 悬置，即一种判断的中止，一种一般的兴趣的转变。此时，"使我们感兴趣的不是别的，而正是那种给予方式的、显现方式的、内在的有效性样式的主观变化，这种主观的变化持续地进行着，不断地综合到

① ［德］胡塞尔：《纯粹现象学通论》，李幼蒸译，商务印书馆1996年版，第93—94页。
② 同上书，第97页。

流动之中，这样就产生出关于世界之直接的'存在'这种统一的意识。"①
而世界"是纯粹作为赋予它以存在意义的主观性之相关物而落入我们视线
之中的，由于主观性所起的作用世界才'存在'"②。

现象学的悬置，对自然态度的克制，把人从世界的预先给予性中解放
出来。"在这种解放中，并借助这种解放，世界本身与对世界的意识之间
的、自身绝对封闭和独立的普遍相互关系，就被发现出来了。"③ 通过现象
学的悬搁，现在这个世界——预先给予的作为事实存在的世界——在一种
十分特殊的意义上变成了现象，这就是胡塞尔所谓的"生活世界"。倪梁
康对胡塞尔的"世界"概念作出了如下的评价："自二十年代以后，随着
胡塞尔对现象学还原问题的深入研究，世界概念在他那里也获得了更为具
体的、而且各不相同的内涵。由于先验现象学将世界看作意识构造的产
物，因此对于胡塞尔来说很显然，对世界的真正理解就意味着：回到世界
本身在意识成就中的起源，从这个起源出发来理解世界。换言之，现象学
者必须排斥自然科学对自在世界的'客观'解释，回溯到前科学的'主
观'经验世界，即'生活世界'之上。相对于自然科学的世界而言，生活
世界是直接、原初的被给予性，它构成所有科学规定的根本基础。"④

显然，《欧洲科学的危机与超越论的现象学》中的"生活世界"实际
上就是《观念1》中的"自然态度的世界"。理由有二：其一，胡塞尔的
说明："生活世界就是自然的世界——在自然生活的态度下，我们是与其
他 Functioning 主体的开放圈中一道的生存着的 functioning 主体。关于生活
世界的所有客观的东西都是主观的所予，是我们的所得，我的，他人的，
每个人的。"⑤ 其二，现象学的还原虽然中止了自然态度，"但是世界，正
如它以前曾对我存在过，而现在仍然存在着一样，它作为我的世界，作为
我们的世界，人类的世界，以任何时候都是主观的方式而有效的世界，并

---

① ［德］胡塞尔：《欧洲科学的危机与超越论的现象学》，王炳文译，商务印书馆2001年版，
第177页。

② 同上书，第184页。

③ 同上书，第183页。

④ 倪梁康：《胡塞尔现象学概念通释》，生活·读书·新知三联书店2007年版，第512—513页。

⑤ ［德］胡塞尔：《观念2》，转引自陈立胜：《自我与世界》，广东人民出版社1999年版，
第291页。

没有消失"①。

从自然态度转变为现象学态度，我们运用经过还原了的主体意识——先验意识——发现了"自然态度的世界"存在的根源在于主体多方面变化着的意识自发性活动的综合体——非反思意识，而"生活世界"就是非反思意识的相关项。

杜夫海纳关于世界观念的根源在于主体性的揭示的观点正是来自于胡塞尔。用马克思主义的哲学观点来看，这里所谓世界观念根源的"主体性"实际上就是人类把握世界的方式和概念框架。世界，只是对我们而言的世界，是由人类把握世界的方式和概念框架所揭示、所建构的世界，就是我们关于这个世界的"世界图景"。那个存在着的、与人类无关的"自在的世界"，对我们来说，是"有之非有"、"存在着的无"。

世界根源于主体性，但我们不能就此说它是主观的。杜夫海纳引用海德格尔的话说，主体不是主观的，与主体有关的东西也不是主观的。"说到底，世界概念必须这样来得到把捉，即：世界虽然是主观的，但恰恰因此而不是作为存在者而落入某个'主观的'主体的内在领域之内。而另一方面，由于同样的原因，世界也不是纯粹客观的，如果'客观的'意味着：归属于存在着的客体。"② 杜夫海纳在此对世界非主观非客观问题的辨析，其意图在于把世界和对世界的经验推到前主客关系的层次上来加以把握和理解。而胡塞尔也认为存在着"人的主观性的悖论"：对世界来说是主观的东西，同时又是世界中的客观的东西。这个悖论的消解有赖于由"自我"向"我们"（"他我"、"我们大家"）的转变，于是自我的主观性便跳跃到了超越论的"主观间共同性"，结果在主观间共同性中的每一个超越论的"我"便"自身客观化"了③。

3. 审美对象特有的世界观念的证实

在我们的行文中，已经涉及了诸多世界的概念，但仍有一些世界概念

---

① [德] 胡塞尔：《欧洲科学的危机与超越论的现象学》，王炳文译，商务印书馆 2001 年版，第 184 页。

② [德] 海德格尔：《路标》，孙周兴译，商务印书馆 2000 年版，第 185 页。

③ [德] 胡塞尔：《欧洲科学的危机与超越论的现象学》，王炳文译，商务印书馆 2001 年版，第 216—226 页。

未能涉及。为了下文论述的方便，有必要在此一并将现象学的世界概念按现象学家列出。胡塞尔：自然态度的世界、生活世界、科学世界（"客观上真的"世界）。海德格尔：周围世界、自然世界、"天"、"地"、"神"、"人"四方共属一体的世界。梅洛－庞蒂：知觉世界、蛮荒世界。杜夫海纳：现实世界、客观世界、审美对象的世界。

如上所述，存在着众多世界，这众多世界存在的根源共同地在于主体性，或者说，共同地在于人类把握世界的方式和概念框架中。但主体性意识或人类把握世界的方式和概念框架是有着不同的类型并具有层次性特征的，因此，才相应地存在着众多世界。不同世界的根源在于不同主体性，不同的主体性与相应的世界之间具有层次性，具有奠基关系。

按照意义现象学中所列图表，可以清楚地看出，"生活世界"是身体主体性的相关项，它处在前主客关系层次；"科学世界"是意识主体性的相关项，它处在主客关系层次；"审美世界"是自由主体性的相关项，它处在超主客关系层次。生活世界、科学世界、审美世界之间具有奠基关系：生活世界为科学世界奠基，生活世界和科学世界共同地为审美世界奠基，而反过来，审美世界以自己特有的光照亮生活世界和科学世界。

属于生活世界的有：胡塞尔的"自然态度的世界"和"生活世界"，海德格尔的"周围世界"，梅洛－庞蒂普通知觉意义上的"知觉世界"和"蛮荒世界"，杜夫海纳的"现实世界"。属于科学世界的有：胡塞尔的"客观上真的世界"，海德格尔的"自然世界"。属于审美世界的有：海德格尔的"天地神人四方共属一体的世界"，梅洛－庞蒂纯粹知觉意义上的"知觉世界"和"蛮荒世界"，杜夫海纳的"审美对象的世界"。

如果我们从人类把握世界的方式来考察主体性，那么可以看出，"实践的方式"与身体主体性相应，当然这里的"实践"不是指主客关系层次上的有明确目的指向的自然科学的、经济的、政治的和道德的实践，而是指人的整体性的生存活动；"科学的方式"与意识主体性相应；"艺术的方式"与自由主体性相应。

如何证实审美对象特有的世界的存在呢？以上的论述已经为这个问题提供了答案，即主体性。但对杜夫海纳来说，这个特有的世界的存在有赖于双重主体性：一是创作者或欣赏者的主体性，二是审美对象的主体性。

创作者或欣赏者的主体性不是纯粹先验的主体性，而是根据它与一个世界的关系和它存在于世界的样式来界定的主体性。这个主体性被杜夫海纳表述为"创造性主体性"，创造性主体性就是自由主体性，也就是纯粹知觉主体性。纯粹知觉面对审美对象时，从容不迫、深入考察、通过感觉去发现审美对象内部的世界，"作为创造性主体性的表现的、审美对象特有的世界的观念就是这样得到了证实"①。由于审美对象是一个作者的作品，所以在它身上含有创造它的那个主体的主体性，因此，杜夫海纳把审美对象看作一个海德格尔所谓的"此在"式的存在者，一个"准主体"。作为"准主体"，审美对象具有表现性和意指作用："审美对象如同一件不属于世界的东西那样出现于世界。它有一种意指作用的存在：符号存在于世界并在那里向我示意。但是所指——诗歌的词句、舞蹈者的身姿、希腊神殿的完美协调、埃及浅浮雕庄严呆板的形象等等对我具有的意义——是否必须被置于心智的天空即超越物的世界的那个理念世界之中呢?"② "审美对象的意指作用既不同于历史书籍或物理书籍，也不同于信号。它既不向意志通知些什么也不向智力说些什么。它显示，而且有时只显示自身，丝毫不涉及任何现实"③。通过表现性的意指，审美对象打开了一个属于自己的世界。因此，杜夫海纳得出了如下的结论："审美对象同主体性一样，是一个特有世界的本原。"④

指出了两种主体性，并不意味着审美对象特有的世界的观念得到了充分的证实，杜夫海纳将这一问题的回答继续向前推进一步："我们感觉到的这个世界只能显示于一个主体，这个主体不但是它辉煌呈现的见证人，而且还能够把自己结合到产生它的那个主观性的运动中去，简言之，这个主体不是把自己变成一般意识去思考客观世界，而是用主观性来回答主观性。"⑤ 这里提出的是存在于欣赏者和审美对象之间的"主体间性"，这才是审美对象的世界的真正本原。

---

① ［法］杜夫海纳：《审美经验现象学》，韩树站译，文化艺术出版社1996年版，第229页。
② 同上书，第181页。
③ 同上书，第201页。
④ 同上书，第234页。
⑤ 同上书，第234页。

在审美对象的特有的世界的本原确定之后，就需要转向审美对象的世界本身以作更深入的探讨。

二、审美对象的世界

1. 世界的描述：风格与气氛

审美对象存在于世界之中，但它不是现成地存在，而是"此在"式地存在。海德格尔说："从存在论上来看，世界在本质上属于'在世界之中'，亦即属于此在之存在。"[①] 作为此在式存在的世界，"世界绝不存在，而是世界化"[②]。如果从一般生存论上看，世界是一个"此在"的话，那么，从审美生存论上看，审美对象的世界就是一个更为充分和更为典型的"此在"。如果问"审美对象的世界是什么"，那么无疑已经偏离了问题本身。有鉴于此，杜夫海纳才这样感叹："我们有什么权利在这里谈论世界呢？"这个世界是既不能用有关事物的用语、也不能用有关精神状态的用语去定义的。既然不能定义它是"什么"，杜夫海纳转而对其进行描述。在论述审美对象的意义时，杜夫海纳说这种意义暗示着某个世界，它是事物和精神状态的希望。如果要命名，我们也只能用它的作者的姓名去命名，如莫扎特的世界、塞尚的世界。

如何描述这个只能用作者的姓名命名的世界呢？首先是风格，因为风格是审美世界的可以感觉到的标志；其次是气氛，因为气氛是审美世界的可以感觉到的整体。

风格是审美对象的世界个性化的标志。风格既是作者创作个性出现的地方，又是审美对象的世界个性表现的地方，一种风格确定的审美世界总是一个人的世界。对于作者来说，真正的生活不是在现实世界里，而是在审美对象的世界里，所以，听莫扎特的音乐就能认出莫扎特来，即使读不署名的作品或者对作者的情况一无所知，我们会以更加纯净的审美知觉感

---

① ［德］海德格尔：《存在与时间》，陈嘉映、王庆节译，生活·读书·新知三联书店1999年版，第216页。

② ［德］海德格尔：《路标》，孙周兴译，商务印书馆2000年版，第191页。

到作者的存在。因为"艺术家是为了主观存在而牺牲客观存在的那个人，他选定存在于自己的作品之中，而不存在于世界和历史之中"①。对于艺术家与审美世界所达成的个性化的统一，黑格尔曾从"独创性"角度作过精彩的论述，他说："从一方面看，这种独创性揭示出艺术家最亲切的内心生活；从另一方面看，它所给的却又只是对象的性质，因而独创性的特征显得只是对象本身的特征，我们可以说独创性是从对象的特征来的，而对象的特征又是从创造者的主体性来的。"②

审美对象的世界是由形式借助意义开展出来的，因此作为审美世界个性化标志的风格也同样体现在内容与形式的统一上。杜夫海纳说风格表现出两种必然性，一种是服从于纯审美标准的感性形式的必然性，一种是当作一种活的必然性的意义的必然性。"风格正好出现在两种必然性结合到一起的这个点子上。也就是说，在这个点子上，规定形式的审美标准不但不显得是任意的，反而能显示出作者所独有的、并使人能认出作者的那个世界的某种面貌"③。例如，毕加索的立体主义绘画、卡夫卡的《变形记》在作品形式方面所表现出的极度变形，不只是因为技术的要求，而且还因为他们就生活在这个令人窒息的荒诞世界里。当技巧不只是创作作品的一种手段，而且是表现一个世界的手段时，风格就是技巧。"当我发现人与世界的某种活生生的关系，感到艺术家正是这种关系赖以存在的那个人（不是因为他引起这种关系，而是因为他感受到这种关系）时，就有了风格。我通过技巧的特点在作品中直接把握的就是与世界的这种关系的无可比拟的特质，就是这种'生活风格'。"④ 因此，梵高的笔法就是梵高的悲剧性。

如果说，风格是审美对象的世界的个性化标志，那么，气氛就是审美对象的世界的整体，它是世界这个一切被感知到的对象的境域的那个总体的整体。因此，杜夫海纳才这样说："与其说它是世界，倒不如说它是世

---

① ［法］杜夫海纳：《审美经验现象学》，韩树站译，文化艺术出版社1996年版，第144页。
② ［德］黑格尔：《美学》（第一卷），朱光潜译，商务印书馆1979年版，第373页。
③ 同①，第138页。
④ 同上书，第136页。

界的气氛。"① 作为审美对象自身的特质，这种世界的气氛并不像世界中的
众多对象那样被看到、听到、触摸到，而是在被看到、听到、触摸到之前
就已被直觉到。杜夫海纳把它称之为体现在人或物中的"一种至高无上
的、非属人的原则"，这听起来就像英伽登的"形而上学性质"。当英伽登
运用现象学的观点考察文学作品的时候，他首先确定文学作品的存在方
式——一个纯粹意向性构成。为了进一步证明这一点，他提出了文学作品
四层次结构说，即：每部文学作品在保持其内在统一性与基本性质的条件
下，包括以下四个必要的层次：（1）字音和建立在字音基础上的高一级的
语音构造；（2）不同等级的意义单元；（3）由多种图式化观相、观相连续
体和观相系列构成的层次；（4）由再现的客体及其各种变化构成的层次。
但他又认为四层次结构并没有穷尽文学作品的全部，所以在此之外，英伽
登又特别提出了文学作品的一个更为玄妙的因素——"形而上学性质"。
英伽登所认为的形而上学性质，既不是通常所说的事物的属性，也不是一
般所指的某种心理状态的特点，而是通常在复杂而又往往是非常危急的情
景或事件中显示为一种气氛的东西。这种气氛凌驾于这些情景所包含的任
何事物之上，用它的光辉透视并照亮一切。例如崇高、悲剧性、可怕、骇
人、不可言说、神圣、悲哀、幸运等所闪现的不可言说的光明以及怪诞、
妖媚、轻快、和平等都是文学的形而上学性质。②

　　气氛作为可直觉到的世界的整体的整体，与世界中的具体对象相比具
有逻辑的先在性，并以此左右支配其具体对象，这就像海德格尔论周围世
界时所说"因缘整体性"一向先于个别用具就被揭示了。对于两者之间关
系的说明，杜夫海纳所举的例子是：骚乱时集体意识左右支配了个人意
识，黑暗森林的树荫造成了树木的枝叶繁茂。在此，集体意识是骚乱的气
氛，树荫是黑暗森林的气氛。在黑暗森林的例子中，他对气氛有非常精彩
的描述："好像那样浓的树荫完全不是枝叶茂密的结果，而是相反，是树
荫造成了枝叶繁茂的树顶和盘根错节的树丛，造成了这全部的植物群及其
潮湿的神秘气氛：森林妨碍我们看到树木，森林本身也是通过自己的气氛

① ［法］杜夫海纳:《审美经验现象学》，韩树站译，文化艺术出版社1996年版，第202页。
② 张云鹏:《"形而上学性质"的中西比较释读》，《美学》2002年第11期，第38页。

被人看到的。"①

2. 世界的结构：躯体与灵魂

审美对象的世界包含"再现的世界"和"表现的世界"两个要素，杜夫海纳在比喻的意义上说："表现世界犹如再现世界的灵魂，再现世界犹如表现世界的躯体。它们之间的这种关系使它们形影不离。它们共同构成审美对象的世界。"② 这里的关键是如何理解"再现的世界"与"表现的世界"这两个要素之间以及与"审美对象的世界"之间的关系，如果把审美对象的世界看作是一个有机统一的整体，那么，为了对"再现的世界"和"表现的世界"做出更深入的说明，在此，需要引出结构主义的"结构"概念。

（1）"结构"的概念

结构主义哲学的思想核心是"结构"概念，何谓"结构"？瑞士结构主义者皮亚杰认为结构有以下三个特征：（1）整体性，即结构是按一定组合规则构成的整体；（2）转换性或同构性，即结构中的各个成分可按照一定的规则互相替换，而并不改变结构本身；（3）自律性，即组成结构的各个成分都互相制约、互为条件而不受外部因素的影响。③ 列维·斯特劳斯对结构的定义与皮亚杰基本一致：首先，结构展示了一个系统的特征，它由若干组份构成，任何一组份的变化都要引起其他成分变化；第二，对于任一模式，都应有可能排列出由同类型一组模式中产生的一个转换系列；第三，上述特征，使结构能预测，如果某一组份发生变化，模式将如何反应；最后，模式的组成，使一切被观察到的事实都成为可以理解的。④ 大体说来，结构主义者们都认为结构就是一种关系的组合，是由各个成分（部分）互相依存而构成的一个整体，部分只能在整体中得到它的意义。

基于上述思想，结构主义者把结构分为表层结构与深层结构两类，

---

① ［法］杜夫海纳：《审美经验现象学》，韩树站译，文化艺术出版社1996年版，第203页。
② 同上书，第226页。
③ ［瑞士］皮亚杰：《结构主义》，倪连生、王琳译，商务印书馆1984年版，第3—8页。
④ ［法］列维·斯特劳斯：《结构人类学》，转引自赵毅衡：《文学符号学》，中国文联出版公司1990年版，第2页。

"表层结构"是现象的外部关系，"深层结构"是现象的内部关系。结构主义语言学家索绪尔的言语与语言、横组合与纵聚合、历时性与共时性的区分，体现的正是表层结构与深层结构的关系。

用结构主义的观点看，"再现的世界"和"表现的世界"作为组分、作为要素构成了审美对象的世界这一系统，两者体现的正是审美对象的世界的表层结构与深层结构。

（2）表层结构：再现的世界

什么是审美对象的世界的"再现的世界"？正如他不能给审美对象的世界下定义一样，杜夫海纳只能模糊而隐喻地说："仿佛它是作品的实体本身"，"再现世界犹如表现世界的躯体"。他所做的主要是在与现实世界的联系与对比中加以描述性的说明。由此，他所提出的一个核心问题就是：审美地再现的对象是否带来一个再现的世界呢？在这里，应当注意"再现的对象"与"再现的世界"的不同，"再现的对象"是一个对象本身、事物本身，但"再现的世界"却是对象、事物超越本身而打开的更为阔大的时空境域。如果"再现的对象"就等于"再现的世界"，上述问题就失去了存在的合理性。那么，审美地再现的对象是否带来一个再现的世界呢？杜夫海纳的回答是："是又不是"。

为什么说"是"？杜夫海纳首先从"再现"作为艺术家处理与现实世界关系的方式的角度对此作了总的回答："再现即使不是模仿，也倾向于使对象从它的圈子中突现出来，赋予对象以唤起自己可以存在的那个世界的能力，尽管没有现实对象所具有的，使它能与世界、能与它的周围和延伸它的东西协调一致的那种充实性。"[1] 之后，杜夫海纳从人与环境、时空结构、背景设置三个方面展开了具体的论述。

艺术作品通过写人及其存在的环境而得出一个世界。小说家写人和人自身生活的环境，在处理两者的关系上，或者是像古典小说那样，把环境作为一个独立的和首要的现实或伟大存在，然后把人物投放其中，让他接受在这个伟大存在面前的自己的命运；或者是像现代小说那样，把环境从属于个人心理的刻画。然而无论哪种方式，都是把人结合到一个世界来把

---

[1]　［法］杜夫海纳：《审美经验现象学》，韩树站译，文化艺术出版社 1996 年版，第204 页。

握，这个世界对于人来讲既是一种关联，又是一种命运。然而这个通过小说家的选择、删除和补充而散布在作品中的迹象而显示出的世界是仿照被感知的世界（现实世界）的。

再现的世界也以自己的方式拥有被感知世界的时空结构。艺术家处理时间的方式，既可以把时间配合到事物的因果关系，又可以把它和意识的自发性相配合。前一种方式仿照的是现实世界的客观时间，后一种方式运用的是主观的心理时间。在这两种处理时间的方式之间，"小说家可以依照他在时间上参照的是意识的历史还是世界的历史来选择他认为最适于表示时间的手段。"然而这仅仅是表示时间的手段，最为重要的是，"不管把重点放在哪一方面，他总设法把时间恢复到他在现实世界所见到的状态"①。因为，客观时间是我们达到主观时间并进而达到期间的一个必要方面的手段。所以，在小说中，时间和空间就把现实的客观性转移到了再现之物之上。巴黎对小说的主人公和实际的旅行家来说，它的距离是相等的；小说中主人公人生命运经历的时间也具有现实时间的面貌。由此，我们看到，"时间和空间在这里担负着双重职能。它们不但用来展现一个世界，而且对这个世界进行客观的调排，使之成为人物和读者共有的世界"②。正是由于重建了经历的时间的客观结构，所以再现的东西看起来才有一个世界的厚度。

艺术都要突出某些对象，并在对象背后设置背景，譬如戏剧中的布景、电影中的布景、小说中的背景，如此等等。布景的作用在于，一方面，为审美对象划定界限，把它局限在它的感性躯体之内；另一方面，把现实世界与再现对象结合起来，迫使世界进入作品的框框之中，或者反过来说，给再现对象套上世界的光环。所以，在一个门廊所暗示的这座宫殿后面，我觉得有一座城市；在戏剧中，当布景在幕与幕之间转换的时候，我们感到了时间的流逝和地点的变换。这种所谓的超越了布景本身的感觉，恰恰意味着打开了一个世界。

为什么说"不是"？虽然说再现的对象通过对人的环境、时空结构和

---

① ［法］杜夫海纳：《审美经验现象学》，韩树站译，文化艺术出版社 1996 年版，第 207 页。
② 同上书，第 206 页。

背景的处理展现了一个像现实世界那样的世界，但再现的世界并不真正是一个像现实世界那样的世界。其原因在于，再现的世界与现实世界之间的关系是"再现"，这首先是因为，真正的完全的再现是不可能的。因为，从本性来说，现实世界是开放的而非封闭的。它具有时间和空间的无限性，当我们感知它的时候，是不断地从一个对象参照到另一个对象，其界限也不断地向外推移。这个作为一切境域的境域给予一切被感知到的对象的境域的那个总体是不能被"再现"的，也是人所不能"再现"的。再现的世界与现实世界的关系，其实质不过是"摹仿"而已，而"摹仿"也不过就是对现实世界中的某些对象在比喻意义上的"仿照"、"抽取"、"转移"、"重建"、"恢复"等。因此，再现的世界无法与现实世界互争短长。其次是因为，再现的目的"不完全是再现一个世界，而主要是从这个世界抽取某个确定的、有意义的对象，使之成为自己的财富，并不断地把我们领到这个对象上去"①。由于以上原因，杜夫海纳认为再现的对象不能带来一个再现的世界。如果说它带来了一个世界（如前所述），这个世界也不过是现实世界的一个映像，而且是一个不可避免地、有意地残缺的映像。

（3）深层结构：表现的世界

"再现的世界"不是一个真正的世界的表现是：不自足、不确定、不完整，而审美对象的世界却恰恰是作为一个自足、确定、完整统一的世界系统而存在的。审美对象的统一，既是所感知的外观统一（当外观严格构成时），又是所感觉到的、由外观再现的或确切地说来自外观的一个世界的统一；它既是再现之物的细节的统一，又是超越了再现之物细节统一之后的精神的统一、气氛的统一；一句话，这个审美对象的统一就是审美对象所展现的一个世界的统一。

在此，需要发问的是：这种可能的整体性的观念、这种无限的统一性的观念来自哪里？答案是：主体性。这当然不是指科学设法掌握的客观世界统一性的理性意识主体性，而是指创造性主体性、自由主体性、纯粹知觉主体性。前面我们曾指出，审美对象的特有的世界的存在有赖于双重主体性，一是创作者或欣赏者的主体性，二是审美对象的主体性。这两重主

① ［法］杜夫海纳：《审美经验现象学》，韩树站译，文化艺术出版社1996年版，第211页。

体性实际上是同一地存在于审美对象的世界里，是同一个主体性。杜夫海纳说："我们可以把审美对象的世界和作者的世界等同起来：作品揭示的那个作者就是作品揭示的东西的保证人。"① 主体性意味着表现，只有主体性才有表现。主体性打开了一个表现的世界。什么是表现的世界？杜夫海纳在比喻的意义上说，表现世界犹如再现世界的灵魂；我们在直接的意义上说，表现的世界就是审美对象的世界的精神和希望，是照耀这个世界的上帝之光。

什么是表现？表现就是审美对象的"自为"和"意指"，就是超越自身，走向意义，并建构一个意义的世界；就是"通过它的再现物使感知者产生某种印象，并表现出某种难以言喻的，但在唤起情感时得到传达的特质。这种为作品所固有的或者为同一作者或同一风格的不同作品所固有的特质，就是世界的一种气氛"②。这是对于表现作用的整体表述，"表现"的更为具体的功用表现为：

第一，表现确立一个独特世界的统一性。一方面，杜夫海纳说如果缺少内部的统一性，作品就无任何表现之可言；另一方面，他又说表现确立一个独特世界的统一性。这话听起来似乎是在绕圈子，两者之间分明存在着相互循环的规定。实际上，只要不把统一性和表现理解为现成的东西，而是理解为生成或显现的过程，两者就具有同一性。如果硬要在两者之间作出分别，那么，事情应该是：是作者使审美对象潜在地具有了统一性，而后审美对象面向欣赏者表现出了"表现"，而这种"表现"则向欣赏者表明，它正在确立一个世界的统一性。因此，"这种统一性不是一个可以感知的空间的统一性、一个可以合计的数目的统一性，也不是可以从外部把握的、可以粗略研究和确定的统一性。它来自仅仅服从情感逻辑的一种内部凝聚力"③。

第二，表现以审美对象所纳入的和它所排斥的东西为表现。"它所纳入的"就是进入作品的对象，就是再现的对象。在这里，体现了再现和表现的真正结合。例如，布景不再仅仅是为了装饰，而且也担负起表现世界

---

① ［法］杜夫海纳：《审美经验现象学》，韩树站译，文化艺术出版社1996年版，第213页。
② 同上书，第213页。
③ 同上书，第216页。

的责任；物不再是行动发生的地点，而是被审美化了，本身具有了超越实
用意义的意义；一个房间，由于它那沉闷乏味、豪华和窒息的气氛，可以
变成一部戏剧的主要人物。"凡尔赛宫用它那轮廓线条的严整、大小比例
的匀称和优美、装饰品的华而不实、石头的柔和颜色和我们说话。它的这
种纯正的、慢条斯理的声音说出了秩序和明朗，以及石块的面貌所显示的
至高无上的文雅。它也说明了人是怎样通过自身具有的威严，像完美的和
弦一样遏制任何不谐和的激情，变得高大和稳重的。宫殿所归属和审美化
的周围环境——花园、天空，直至城市——说的是同样的语言：布景犹如
男低音衬出建筑物的清脆声音。"① 李白的"长安一片月，万户捣衣声。"
姜夔的"二十桥四仍在，波心荡，冷月无声。"冯延巳的"风乍起，吹皱
一池春水。"就不仅仅是再现了一片个别的自然景色，而是表现了人类在
特定情景下的心情的震荡，"景语"在此摇身一变而为"情语"。总之，在
表现里，再现之物本身就意味着审美对象的整体性并转化为情感的世界。
"它所排斥的"就是没有进入作品而是作为深层结构和文化背景的东西，
因为"表现的世界"，它也具有了表现性。杜夫海纳举的例子是作品体裁
的选择，当选择了悲剧体裁的时候，也就意味着排斥了喜剧体裁。喜剧体
裁退场凸显了悲剧体裁，因之它也就参与了悲剧对一个封闭世界的表现。
正如诗人没有说出的作为纵聚合的"僧推月下门"，参与了说出了的作为
横组合的"僧敲月下门"对于深夜山中古寺静谧之境的表现。

第三，表现使世界具有开放性。"再现的世界"是一个包含着有限对
象的有限的世界，它是封闭的、具有确定性的世界，因为它是审美对象的
世界的"躯体"，例如一首乐曲、一幅画、一部文学作品都不能作随意的
改动，作为自在之物，作为躯体，它是"有形"的存在。但"表现的世
界"不但使"它所纳入的对象"具有表现性而扩展着审美对象的世界，而
且它也使没有出现的对象出现。"这个世界没有对象存在，它先于对象而
存在。它仿佛是破晓时刻，对象将在这个时刻出现，一切对这曙光有感觉
的对象，或者如果愿意这样说的话，一切能在这种气氛中展开的对象，都
将在这个时刻出现"②。没有出现的对象的出现进一步拓展着这个世界，由

---

① ［法］杜夫海纳：《审美经验现象学》，韩树站译，文化艺术出版社 1996 年版，第 215 页。
② 同上书，第 218 页。

此就造成了如中国古典美学所讲的"景外之景"、"象外之象"的现象："委尔麦尔画的内景所表现的恬静优雅不是限制在画面上的那些墙壁之内，它可以放射到无数没有出现的物体，构成一个世界的面貌，这个世界就是它潜在的世界。"① 如果说再现的世界是审美对象的外延的话，那么表现的世界则是它的内涵。所谓开放，不在外延的拓展，而在内涵的丰富、深度的开掘、灵魂的飞扬。

第四，表现显示了审美对象的世界的时间和空间。在杜夫海纳那里存在着三个世界，这就是"表现的世界"、"再现的世界"、"现实世界"，与此相应，也就有了三种时间和空间的概念：表现的时间和空间、再现的时间和空间、客观的时间和空间。当然，在杜夫海纳那里，时间和空间在论述上并非时时并重的，而他谈论更多的是时间。所以，我们行文中的用语，有时时间和空间并提，有时则单提时间。

三种时间和空间的概念既已阐明，那么，前文所说表现显示了世界的时间和空间首先是指："审美对象在表现一个世界的时候，已经表现着作为这个世界的那种先客观的时间和空间。"② 由于三种时间和空间之间存在着一种严格的结构层次关系，表现对时间和空间的显示便依次传导，借助于时间和空间作为世界的经纬，最终建构起审美对象世界的大厦。凯西在《审美经验现象学》英译本前言中就此说过一句非常简要的话："意义通过时空的'先验构架'来安排感性。"这一论题的具体展开，见本章"世界的架构：时间与空间"部分。

（4）先验与后验

表层结构与深层结构的划分，已经对审美对象中两个世界的关系作了结构主义的说明，而杜夫海纳本人则从先验哲学的角度把两者解说为先验与后验的关系。他首先提出了两个命题：（一）表现物仿佛是再现物的结果；（二）表现物先于再现物而存在并预示再现物的来临。由这两个命题，他逻辑地得出了如下的结论："表现物和再现物之间的关系可以比作先验和后验之间的关系。表现物可以说是再现物的可能性，再现物可以说是表

---

① ［法］杜夫海纳：《审美经验现象学》，韩树站译，文化艺术出版社 1996 年版，第 217 页。
② 同上书，第 219 页。

现物的现实性。它们二者一起并连同给予它们形体的风格构成审美对象的世界。"①

先验的概念来自康德，康德说："我把一切与其说是关注于对象，不如说是一般地关注于我们有关对象的、就其应当为先天可能的而言的认识方式的知识，称之为先验的。"② 由此可见，先验与经验相对，先验在此构成了经验可能性的条件。康德的先验仅指知性先验，杜夫海纳则把先验概念扩展为肉体先验、认识先验和情感先验。直接与审美对象相关的是情感先验，"这种先验与康德所说的感性先验和知性先验的意义相同。康德的先验是一个对象被给予、被思维的条件。同样，情感先验是一个世界被感觉的条件"③。

先验与经验的关系表现为两个基本方面：（一）先验是经验的条件，杜夫海纳说："先验对现实来说是一种先验，同时又是我之所是的一种先验。没有它，就完全没有主体和世界之可言。"④ 叶秀山就此发挥说："'范畴'是先天的、普遍的，经验是具体的，但经验之所以成为'经验'，则以'范畴'为条件，这就是说，普遍性为个别性的条件，普遍性'先于'个别性。这个观点，在康德那里，是与逻辑的普遍形式相结合的，在胡塞尔，则为普遍与个别相统一的'观念'相结合，在存在哲学，特别是萨特那里，则进一步与'定型心理学'的知觉理论结合起来。把整个'早于'部分的思想引入哲学中来，从而杜夫海纳可以比较容易地把它用来解释'范畴'的先验性问题，即那种现象学意义上的本源性知识早于对具体对象的感受，而对具体对象的感受以那种知识为基础和条件，并为那种知识之见证。因而才具有审美经验的普遍有效性。"⑤ （二）先验只有通过后验才能现实化，"先天性"只有通过"后天性"表现出来。"在杜夫海纳看来，主体的先天性只有通过一个'对象'才能表现出来，但这个'对象'

---

① ［法］杜夫海纳：《审美经验现象学》，韩树站译，文化艺术出版社1996年版，第221—222页。

② ［德］康德：《纯粹理性批判》，邓晓芒译，人民出版社2004年版，第19页。

③ 同①，第477页。

④ 同上书，第582页。

⑤ 叶秀山：《思史诗》，人民出版社1988年版，第341—342页。

又不是一般的'事物'，而必须同时是一个'他者'。"①

　　尽管以上所论，限于先验主体与经验对象立论，但这种关系同样适应审美对象的表现的世界和再现的世界。杜夫海纳说过："在审美经验中也是这样，表现的世界和再现的世界、情感特质和客观结构总是互相联结的。"② 在审美对象的世界里，作为先验因素的表现的世界与作为经验因素的再现的世界的关系具体地表现为以下两个方面：

　　一方面，表现的世界具有优先地位，也就是说具有先在性。首先，它引起再现的对象。前面曾经说过，这个世界没有对象存在，它先于对象而存在。表现物作为气氛、作为拂晓时刻的曙光，召唤对这气氛、这曙光有感觉的对象的出现，并引起再现的世界。审美经验证实了这一点，例如，就创作而言，不是事件和情节决定作品具有悲剧的还是喜剧的、或是崇高的还是优美的特性，相反，是这种或悲剧、或喜剧、或崇高、或优美的情境逻辑地决定了事件和情节的产生和发展。就欣赏而言，我们往往是通过被投入的某种气氛来感知再现对象的，这就可以解释在没有读完一部作品之前我们就已经对它有了整体性体验这种审美现象。其次，它改变再现物的面貌，并赋予再现物以意义，使再现物变成表现性的。例如，"中世纪圣母领报瞻礼的百合花，在即刻出现的纯洁与信仰的世界中盛开时，散发出怎样的异香！古籍的彩色装饰字母被兰博在他特有的那个神秘和美好的世界里提出来时显示出怎样的色彩！"③ 这样的例子可以举出很多，梵高《四棵向日葵》画的不是向日葵金灿灿的黄色，而是梵高熊熊燃烧的激情。当诗人把一个打开窗子的日常动作纳入到诗里："用力一推，双手如流，总是千山万水，总是回不来的眼睛。"此时，它表现出了怎样的人生感悟！梵高画中的房间不是人们居住的房间，而是梵高灵魂出没的房间。在暮春的天空里飞舞着的苏轼的杨花，不是杨花，而是有情人梦随风万里的思量，它"似花"（再现），又是"非花"（改变了再现物的面貌），因此，它"抛家傍路，思量却是，无情有思"（再现物变成了表现性的）。海德格

① 叶秀山：《思史诗》，人民出版社1988年版，第341页。
② ［法］杜夫海纳：《审美经验现象学》，韩树站译，文化艺术出版社1996年版，第485页。
③ 同上书，第224—225页。

尔说："如果存在找不到进入世界的途径，存在断无显现之可能。"① 对于再现物这种存在来说，进入世界的途径就是"表现"。再次，表现物确认再现物的客观存在。虽然再现物是对现实对象的模仿，但是，"不把自己提升到表现的高度的那些作品，它们的全部雄心壮志就是模仿现实"②。模仿的客观性仅仅是外在的客观性，而表现物则使再现物具有了内在客观性。例如，"诗中的棕榈枝，是因为我们对棕榈枝所表现的东西，对它带有的这种意外之意有感觉，所以我们才能公平对待它的植物本质，才能隐约看到它的庄重而柔和的曲线，使它对我们来说真正成为棕榈枝"③。唐代青原惟信禅师经过三十年的参禅修炼，因心灵得到了"休歇处"，他"见山只是山，见水只是水。"这比他未参禅时的"见山是山，见水是水"更具客观性。小说家对小说时间和空间的处理也印证了这个道理："审美对象通过自己的结构和再现手法所表现的和欣赏者被要求与之结合的时间性或空间性是建立而不是破坏再现时间和再现空间的客观性，从而保证故事的可理解性。"④ 在这里，表现物把再现物从一个名词变成了形容词，从而使对象具有了客观实在性。

另一方面，表现的统一性也取决于再现的对象。因为"表现的世界不是另外一个世界，而是再现对象按世界尺度的充分发展"⑤。这尤其表现在再现性的艺术中。如果没有《红楼梦》对一个封建时代大家族由盛到衰过程的再现性叙述，我们就看不到一个家族乃至一个社会、诸多人生乃至诸多爱情的悲剧性；如果没有"帘卷西风，人比黄花瘦。"如此人生场景的再现性描写，我们就感受不到李清照乃至我们自己每一个人的生命之愁；如果没有对"春花秋月何时了，往事知多少？""林花谢了春红，太匆匆，无奈朝来寒雨晚来风"春天景色的描写与发问，我们就体验不到李煜乃至无数李煜们的家国之恨以及与家国密切联属的生命之恨。杜夫海纳说：

---

① ［德］海德格尔：《形而上学是什么》，转引自杜夫海纳：《审美经验现象学》，韩树站译，文化艺术出版社1996年版，第224页。

② ［法］杜夫海纳：《审美经验现象学》，韩树站译，文化艺术出版社1996年版，第211—212页。

③ 同上书，第225页。

④ 同上。

⑤ 同上书，第222—223页。

"如果我们确实同意先验属于潜在物的说法，那么我们就想象得出它是受历史性的支配，因为它当然要现实化，而它正是在一部个人史和一部文明史中现实化的。"① 例如，当瓦莱里歌颂棕榈枝时，便有一个世界展现在我们面前。在这个世界里，一切都像棕榈枝：弯弯的线条和富有繁殖力、忍耐和富有、动作优雅和尽善尽美。审美经验就是这样告诉我们的，正是在卡夫卡的《审判》和海勒的《第二十二条军规》所再现的世界里，我们体验到了人生的荒诞；在贝戈特的《等待戈多》的世界里，我们体会到了人生的空虚、无聊和无望。由此可以说，每一个再现的世界都为表现世界的演出提供了"历史的舞台"。在审美对象的世界里，如果说表现是"谓词"，那么，再现则成了它的无可替代的"主语"。

三、世界的构造：时间与空间

1. 世界视域与时空视域

胡塞尔把世界看作是视域性结构的总体，他称这个总体为"普全视域"、"总体视域"、"世界视域"。这个"普全视域"的获得或构成，根本上在于时间视域和空间视域的不断获得和构成。在《观念1》中，他分别从"空间现前存在秩序"和"时间序列中存在秩序"两个角度对世界的形成作了描述。

在空间上，通过看、摸、听等不同的感官知觉方式，我发现了具有某一空间分布范围的物质物和有生命的存在物就直接对我们存在着，它们就在我的身边。"但是所有这些在直观上清晰地或晦暗地、明显地或不明显地共同呈现的东西（它们构成了实际知觉场的一个常在的边缘域），并未穷尽一个在我觉醒时被我意识到'在身边'的世界。相反，在其共存的固定秩序中，它伸向无限。现时被知觉的东西，多多少少清晰地共在的和确定的（或至少某种程度上确定的）东西，被不确定现实的被模糊意识到的边缘域部分地穿越和部分地环绕着。我可以将注意之光有某种成效地投入这个边缘域。在确定先是模糊的、然后变为鲜明的再现时，从我之中引出

---

① ［法］杜夫海纳：《审美经验现象学》，韩树站译，文化艺术出版社 1996 年版，第 534 页。

了某些东西，形成了一条记忆的链带，确定物的范围越来越广，直到与作为我的中心环境的现时知觉联系起来"①。于是，模糊的不确定性的空洞雾霭笼罩着各种直观事物或假想，作为世界的"空间世界形式"被显示出来。

在时间上，与"空间现前存在秩序中的世界"相类似，"这个在现在中，而且显然在每一醒觉时刻的现在中我存在的世界，具有其双向无限的时间延展域，即它的已知的和未知的、直接现存的和非现存的过去和未来。"② 在这个双向无限的时间延展域中，我既可以自由地在当下知觉到现存之物，也可以改变我的时空观点，使我的目光转向这个或那个方向，在时间中向前或向后。借此，我可以自由地在"过去"知觉到再现之物，或在"将来"知觉到可能的事物或似乎可能的事物。于是，在这种双向无限的时间延展域中，作为世界的"时间世界形式"被显示出来。

一个在空间中无限伸展着的世界和一个在时间中无限地变化着的世界，共同构成了对我的世界意识而言的作为普全的、总体的"世界视域"。倪梁康对此评论说："胡塞尔的现象学分析表明，每一个经验都具有其经验视域；这意味着，从被经验的对象来看，存在着这样一种可能性；或者说，从经验着的自我来看，存在着这样一种权能性，即：通过在时间和空间上对视域的不断获得、不断积累和不断扩展，一个在时间和空间上连续伸展的'一个关于同一之物的唯一的、开放无限的经验'，亦即在历史和现实世界意义上的'世界视域'可以对我显现出来。"③

海德格尔从生存论的角度把世界看作是此在"在世界之中"的一个生存论环节，是此在本身的一种性质。因为此在（Dasein）之"此"（Da）既具有时间的特性又具有空间的特性，所以他把空间和时间看作是组建世界的根本性要素；或者说，世界的存在论建构奠基在时间性和空间性中。就空间对于世界的构成来说，海德格尔称之为"组建"："就此在在世的基本建构来看，此在本身在本质上就具有空间性，与此相应，空间也参与组

① ［德］胡塞尔：《纯粹现象学通论》，李幼蒸译，商务印书馆1996年版，第90页。
② 同上书，第90页。
③ 倪梁康：《胡塞尔现象学概念通释》，生活·读书·新知三联书店2007年版，第514页。

建着世界。"① 就时间对世界的构成来说,海德格尔称之为"到时":"世界既非现成在手的也非上手的,而是在时间性中到时。世界随着诸绽出样式的'出离自己'而'在此'。如果没有此在生存,也就没有世界在'此'。"② 叶秀山在评论海德格尔的这种思想时则直接用"构成":"源始的存在论的'时间性'和'空间性'就构成了 Dasein 的'世界'(Welt)。'世界'不是自然,也不是通常意义下的人及其环境。'世界'是 Dasein 的'天地'(范围)(Horizonte)。"③

杜夫海纳接受胡塞尔世界视域的观点,把世界定义为"一切境域的境域",并提出了"时间和空间是世界的经纬"和"时间和空间是世界的骨架"这一命题。这一命题同样适用审美对象的世界:"时间和空间是那样紧密地和审美对象并合在一起以致它们仿佛来自审美对象:时间性和空间性成了审美对象内部世界的维度,成了对象为自己的世界创造的而非接受的形式。"④

2. 时间意识与空间意识

如前所述,世界存在的根源在于主体性,在于意识结构的视域性。"意识结构的'视域性'是个体和交互主体的'世界视域'得以产生的根本原因。通过这个可变化的、但始终一同被设定的世界视域,世界的命题才获得其本质的意义。换言之,我们视之为客观自在的世界本质上是建立在我们主观的世界视域的基础之上:'每一个世界性的被给予性都是在一个视域的如何之中的被给予性,在视域中还隐含着进一步的视域,而且,这些视域作为世界性的被给予之物最终都会带有一个世界视域并因此作为世界性的被意识到'。"⑤ 这里的意思非常明确,世界是由主体的时间意识和空间意识构成的;由此我们可以推论出,审美对象的世界是由其本身的

—————————

① [德] 海德格尔:《存在与时间》,陈嘉映、王庆节译,生活·读书·新知三联书店 1999 年版,第 131 页。

② 同上书,第 414—415 页。

③ 叶秀山:《思史诗》,人民出版社 1988 年版,第 159 页。

④ [法] 杜夫海纳:《审美经验现象学》,韩树站译,文化艺术出版社 1996 年版,第 265 页。

⑤ 倪梁康:《胡塞尔现象学概念通释》,生活·读书·新知三联书店 2007 年版,第 515 页。

时间和空间经纬而成的。因此，就需要把话题转到时间与空间的结构上来。

（1）时间结构

A. 胡塞尔的时间结构层次

胡塞尔的时间包含三个层次：第一个层次是客观时间（或称世界时间、超越的时间）。客观时间也就是外在的时间或者说是空间时间，在这种时间里，时间与物体在空间中的运动不可分，时间是对物体运动的一种度量，时间的长短是通过空间的长短得以显示的，如地球绕太阳运转一周为一年，自转一周为一天。时空不可分离是客观时间的根本特征，此种时间可以用计时器来测量。客观时间为一个由诸时刻点组成的有序系列，每一客体均在此系列中占据一个确定位置。可以把这种时间比做世界的空间性，即事物占有的几何学广延以及事物之间的位置关系。客观时间是公共的、可证实的。

第二个层次是主观时间。主观时间即内在时间，"内在"指内在于意识，意识现象虽不像实在对象一样占据空间，但它在意识之流中一个跟一个地显现，由此我们可以区分某一意识现象先于或后于另一意识现象，由此所显现的独立于空间的时间就是内在意识的时间。胡塞尔说："那样一种本质上属于体验本身的时间，以及它的现在、在前和在后的、通过它们具有确定样式的同时性和相续性等等的所与性样式，既未被也不应被太阳的任何位置、钟表或任何物理手段所度量。"① 由此看来，独立于空间是主观时间的根本特性。可以把这种内在时间性比作我们从里面所经验到的身体空间性。内在时间不是公共的，而是私人的。

第三个层次是内在时间意识。因为内在时间不足以说明它自己的自我觉察，所以必须引入第三个层次来说明我们在第二个层次上经验到的东西。这就是对于内在时间的觉察或意识，胡塞尔把它称之为"内在时间意识"。现象学家罗伯特·索科拉夫斯基说："第三个层次达到了一种封闭性和完备性。不需要在它之外再设定任何更进一步的层次。在现象学那里，这个层次——伴随着发生在这个层次上的特定的流——是一种绝对。正是

---

① 倪梁康选编：《胡塞尔选集》上，上海三联书店 1997 年版，第 556 页。

在这个领域里，可以抵达作为现象的各种事物的最初开端。它并不指向超出它自己之外的任何更加基本的事物。它是最终的语境、最终的视域和底线。"① 实际上，在这里，人们最容易提出的疑问就是：这个层次不同样也需要再引入另一个超出它自己之外的层次对它作出说明吗？胡塞尔对这个问题的回答是："构成内在时间的意识之流不仅仅存在，而且如此显著而又明晰地被塑造，以至于这个意识流的自我显现也必然地存在于其中，并且因此，这个意识流自身也必然地在这个流动中是可理解的。这个意识流的自我显现并不要求另外一个意识流；相反，它自在地将自身构成为一个现象。"②

B. 海德格尔的时间结构层次

传统形而上学一再把存在者当作存在本身而遗忘了存在，其因在于它认同物理学的时间而掩盖和遗忘了本源时间。海德格尔追问存在（或存在的意义），首先把此在与时间联系起来，力图从生存论上重新解释时间，由此他区分了时间与时间性。此在的存在整体性即操心：先行于自身的——已经在（一世界）中的——作为寓于（世内照面的存在者）的存在。而时间性则使整体性的操心结构进一步分成环节成为可能，或者说，操心结构的源始统一性在于时间性。"先行于自身"奠基在将来中，"已经在…中"本来就表示曾在，"寓于…而存在"在当前化之际成为可能。海德格尔对时间性的规定是："从将来回到自身来，决心就有所当前化地把自身带入处境。曾在源自将来，其情况是：曾在的（更好的说法是：曾在着的）将来从自身放出当前。我们把如此这般作为曾在着的有所当前化的将来而统一起来的现象称作时间性。"③ 这也就是说，时间性是过去、现在和将来的统一的整体现象，正是时间性的这种统一的整体性保证了此在存在的整体性。时间性根本不是存在者，时间性不存在，而是到时候。而时间就是时间性的到时或显现，已在、将来和当前是时间性到时或显现的三种样式。

① ［美］罗伯特·索科拉夫斯基：《现象学导论》，高秉江、张建华译，武汉大学出版社 2009 年版，第 129 页。
② ［丹］丹·扎哈维：《胡塞尔现象学》，李忠伟译，上海译文出版社 2007 年版，第 95 页。
③ ［德］海德格尔：《存在与时间》，陈嘉映、王庆节译，生活·读书·新知三联书店 1999 年版，第 372 页。

由此我们可以看到，在海德格尔这里，时间性是一个包含了将来、过去和现在诸环节的整体的统一现象，而时间性不论以哪一种样式到时，将来、已在和当前都一起到时。这种整体到时的时间被海德格尔称之为本源时间。由于此在有本真整体存在和非本真整体存在之分，这种本源时间也就分为本真整体存在的时间性和非本真整体存在的时间性。至此，我们可以看到，对海德格尔来说，存在着三种时间：本真整体存在的时间性、非本真整体存在的时间性、物理学时间。这三种时间体现出一种结构层次，并依次具有相应的衍生关系。

首先是本真整体存在的时间性。本真整体存在的时间性可简称本真时间性，或称源始的时间。"源始而本真的时间性"指的是以本真方式到时的时间性。将来、已在、当前这三种时间性的具体样式的本真到时方式分别展现为：先行、重演、当下。所谓"先行"，就是先行到死亡中。死亡不是任何可能上手的或现成在手的东西，而是此在生存的可能性，而且是此在最本己、无关联的可能性。先行到死亡中并不是要实现这种可能性，而是本真地领会死亡。先行地领会着死亡即让此在存在于这种可能性中。这意味着，此在本真的整体存在作为先行到死亡中也就是有所领会地持守着一种无所关联的可能性而存在。持守住死亡这种别具一格的可能性并在这种可能性中让自身来到自身，这就是将来的源始现象。已在来自将来，将来是已在的可能性前提，仅当此在是将来的存在，此在才能是已在的存在。所以，已在与将来具有统一性。因此，此在先行到死亡中同时就是返回或重演自身，自身就在这种重演中是其曾是。"只有当此在如'我是所曾在'那样存在，此在才能以回来的方式从将来来到自己本身。此在本真地从将来而是曾在。先行达乎最极端的最本己的可能性就是有所领会地回到最本己的曾在来。只有当此在是将来的，它才能本真地是曾在"①。"在先行中，此在复有把自己领向前去领入最本己的能在。我们把这种本真的曾经存在称为'重演'。"② 本真的当前即当下并不是转瞬即逝的时间点，

---

① ［德］海德格尔：《存在与时间》，陈嘉映、王庆节译，生活·读书·新知三联书店1999年版，第371页。

② 同上书，第386页。

它恰恰是一种持存：已在和将来与当下一起到时。只有将来在因而已在也在，当下才存在；只要当下在，已在和将来就一起在。已在和将来与当下一同在场。当前以当下到时而本真地展现为让此在在世界中存在，即让此在居身于来相遇的存在者中存在。

总之，"源始而本真的时间性是从本真的将来到时的，其情况是：源始的时间性曾在将来而最先唤醒当前。源始而本真的时间性的首要现象是将来。"① 本真时间性的到时把此在的本真整体性存在展现为：持守死亡且一直不得不持守死亡因而（作为自由存在）能够让……存在。

其次是非本真整体存在的时间性。非本真整体存在的时间性可简称非本真时间性，或称世界时间、周围世界时间。非本真时间性指的是以非本真方式到时的时间性，将来、已在、当前这三种时间性的具体样式的非本真到时方式分别展现为：期备、遗忘、当前化。与先行到死亡中的本真存在相反，此在的非本真存在则是逃避死亡沉沦在世。沉沦在世即是持身于世内存在者的种种关联中，并从这种关联中领会自己的可能性存在。与世内存在者的关联有赖于寻视操劳，寻视操劳奠基于此在的期备活动。期备就是此在从它所操劳之事来到自己，非本真的将来具有期备的性质。此在的将来以期备的方式到时必须以遗忘自身为前提，"只有此在在其最本己的被抛能在中遗忘了自己，这种非本真的自身筹划才是可能的"②。遗忘自身就是遗忘持守于死亡这种可能性且不得不一直持守这种可能性，而这也就意味着，以遗忘的方式到时展现为持身于关联中的可能性且不得不一直持身于关联中的可能性。期备总是有所遗忘的期备，当将来以期备方式到时，已在则一起以遗忘方式到时。期备包含着当前化，"只要非本真的领会是从可操劳之事来筹划能在，这就意味着它是从当前化方面到时的"③。因为此在以期备样式到时即是根据作为"什么"的存在者去筹划和展开自己的存在，而存在者只有在当前化中才作为"什么"出现。反过来，当前化也包含着期备。当前化就是让存在者作为什么来相遇照面，当前化之所

---

① ［德］海德格尔：《存在与时间》，陈嘉映、王庆节译，生活·读书·新知三联书店1999年版，第375页。

② 同上书，第386页。

③ 同上。

以能让存在者作为某种什么出现，却必须以对存在者有所期备为前提。如果说源始而本真的时间性的首要现象是将来，那么非本真的时间性的首要现象则是现在，"寻视着的知性操劳活动根据于时间性，而其样式是有所期备有所居持着的当前化"①。因此，时间性以非本真方式到时的整体表述就是：遗忘了自身而有所期备的当前化。非本真时间性的到时把此在的非本真整体性存在展现为：有所遗忘（死亡、自身）有所期备（作为"什么"的存在者）地（作为非自由存在）让……在关联中来相遇。世界时间具有可定期性、分段延伸性、公众化、意蕴等特征。

再次是物理学时间，又称流俗的传统时间，或称流俗的时间领会。物理学时间是计算的时间，所谓计算时间，也就是根据某种运动事物领会和确定时间。此在计算时间奠基于此在自身存在的时间性。在时间性以本真方式到时的情况下，存在者就只能作为什么也不是的自身而存在；在时间性以非本真的方式到时的情况下，存在者就作为某种什么来相遇。在后一种情况下，作为什么的存在者就获得了一种时间规定性，从而成为解释时间和计算时间的参照系。在非本真的时间中，这种参照系是生存世界的具体的参照系，是关联中的参照系。时间性借参照系把自己解释为"而后"是……时候、"当时"是……时候、"现在"是……时候。在这里，时间还是有内容的时间，还是生存世界的时间，而不是抽象的时间流。但随着参照系的抽象化，时间的生存内容和世界关联结构便被敉平，时间因而成为测量活动中的所计之数，成为物理学时间。物理学时间具有如下特征：首先，作为一种抽象化、概念化的时间，物理学时间是一种现成的自在存在者；其次，时间总是与运动联系在一起，并且与运动相互规定；第三，它是一种现在时间。时间的空间解释使时间性的现在、过去和将来三个环节的分割成为可能，最终，在场存在的只有现在。过去是刚刚逝去的现在，未来是即将来临的现在，"诸现在"构成了现在序列，成为一种线性的时间之流。

---

① ［德］海德格尔：《存在与时间》，陈嘉映、王庆节译，生活·读书·新知三联书店1999年版，第459页。

（2）空间结构

A. 胡塞尔的空间结构层次

时间分析在胡塞尔现象学中占据一个相当重要的地位，因为，时间性是构成任何对象的形式的可能性条件；如果忽略了意向行为和意向对象的时间维度，那么，胡塞尔的意向性理论就不完整。胡塞尔自己认为，内在时间意识不仅仅构成了现象学的题材，而且它占据了头等重要的地位。在一切本身被认为是存在的、被意识到的客观的和主观的东西的构成的 ABC 中，它处于 A 的地位。而与时间相对应的空间分析，在胡塞尔的研究中似乎要弱得多。尽管在其哲学研究的初期，胡塞尔就考虑过"空间哲学"、"空间体验现象学"或"空间现象学"，后来也曾以"事物与空间"为题作过讲座，甚至如 U. 克莱斯格斯所说，胡塞尔直至晚年都在细致地讨论空间构造问题，但是由于胡塞尔认为他的思考还没有成熟到可以作为文字加以公布的程度，所以，有关空间现象学的研究也就弱得多。

胡塞尔空间现象学的基本问题，不是研究什么是空间，而是我们如何有空间意识，客观空间如何在空间意识中被构造出来并被客体化。所以，他的空间现象学主要是空间意识现象学。在他那里，空间现象的描述与他对感知意识现象的分析紧密联系在一起。胡塞尔对感知分析的一个深刻的特征，是他对知觉性（时空性的）对象的有角度的给予性的反思。对象从来不在其总体性中，而总是在某个特定的侧面中被给予。这意味着，每个角度性的现象，都预设了经验着的主体自身在空间里被给予，这也就是说，身体是对空间性对象的知觉以及与其作用的可能性条件。这具体体现为，身体作为零点在每个知觉经验里都在场，作为一个对象都朝向的索引性的"这里"。空间就是围绕着这一中心，并且在与它的关系中展开自身。① 因此，在知觉意识中，空间首先展现为自我中心的空间，或更准确地称之为身体中心的空间。身体既可作为主体的身体又可作为对象的身体，作为主体的身体，它是前反思性地体验到的身体意识，它伴随并且作为每个空间性经验的条件，从而构成现象的空间；作为对象的身体，它只是属于其他对象中的一个对象，它的索引性被悬置，于是，以身体为中心

---

① ［丹］丹·扎哈维：《胡塞尔现象学》，李忠伟译，上海译文出版社 2007 年版，第 104 页。

的现象空间便转换为客观空间。客观空间正是一个作为超越自我中心空间
而被构成的空间，它的坐标不再被认为是取决于我的索引性的"这里"，
而是独立于我的定位和运动。无论客观空间还是以身体为中心的现象空间
都是超越的，都具有存在设定的特性，按照现象学回到事情本身的原则，
都应该对它们加以悬置。在排斥了所有这些超越的、外在于意识的实在之
后，剩下的就是内在的空间意识。由此可以看到，同时间结构一样，胡塞
尔的空间结构也包含三个层次：第一个层次是客观空间，客观空间是可以
度量的物理空间，这是自然科学的空间观；第二个层次是现象空间（身体
意识空间），这是生活世界的空间观。第三个层次是内在空间意识，这是
现象学哲学的空间观。

B. 海德格尔的空间结构层次

相比于时间、时间性，海德格尔对空间、空间性的论述，则是少而
略、不系统、散乱，而且前后期又存在着明显的变化。因此，要准确抓取
海德格尔对空间的细微的结构性阐释并非易事。但是，作为一位以追问存
在为己任的严肃的思想家，不可能在系统地论述时间和时间性的同时缺少
对空间和空间性的深刻思索。在仔细阅读涉及空间问题的《存在与时间》、
《艺术作品的起源》、《物的追问》、《筑·居·思》、《艺术与空间》、《时间
与存在》、《语言的本质》、《在通向语言的途中》等作品的基础上，笔者力
图理清海德格尔空间现象学的基本思路，并对其结构层次作出划分。

海德格尔思考空间问题的基本原则有二：第一，要从存在论上领会空
间问题，着眼于现象本身以及种种现象上的空间性，把空间存在的讨论领
到澄清一般存在的可能性的方向上来。第二，把空间性看作像时间性一样
构成此在的一种相应的基本规定性，因而可把空间性与时间性相提并论。
根据第一条原则，在《存在与时间》中，他区分了此在的空间性与单质的
自然空间；在《存在与时间》之后，他便从侧重于对此在日常生存论层面
的空间性研究过渡到了对人诗意地栖居的本真空间的研究。这显然是着眼
于空间现象本身并把这种研究引领到一般存在的可能性方向上来这一原则
的具体体现。根据第二条原则，在《存在与时间》中，他不仅一般地讨论
了此在的空间性，而且进一步讨论了此在日常在世的空间性与此在日常在
世的时间性的对应问题。在《存在与时间》之后，他将第二条原则加以深

化，提出"既然时间和存在只能作为本有的赠礼而从本有中加以思索，空间与本有的关系也就必定相应地来加以思索"①。这也就是说，若在源始意义上询问空间问题，则空间与时间对偶。由此，我们可以看到，最终对海德格尔来说，存在着三种空间：单质的自然空间、此在的空间性、源始的本真空间。

首先需论及此在的空间性。此在的空间是生存性空间，在世界之中存在是此在之有空间性的可能性条件，此在之"此"就是此在在世的展开状态，"此"本身就包含了空间之义："本质上由在世组建起来的那个存在者其本身向来就是它的'此'。按照熟知的词义，'此'可以解作'这里'与'那里'。一个'我这里'的'这里'总是从一个上到手头的'那里'来领会自身的；这个'那里'的意义则是有所去远、有所定向、有所操劳地向这个'那里'存在。此在的生存论空间性以这种方式规定着此在的'处所'；而这种空间性本身则基于在世。'那里'是世界之内来照面的东西的规定性。只有在'此'之中，也就是说，唯当作为'此'之在而展开了空间性的存在者存在，'这里'和'那里'才是可能的。这个存在者在它最本己的存在中秉有解除封闭状态的性质。'此'这个词意指着这种本质性的展开状态。通过这一展开状态，这种存在者（此在）就会同世界的在此一道，为它自己而在'此'。"②

在阐明了此在之'此'具有空间含义之后，需进一步追问的是，此在以何种方式是空间性的？从反面看，此在从不像一件实在的物或用具那样现成地存在在现成的空间中，也就是说，此在不是以"在之内"的方式存在在空间中；从正面看，此在是以"在之中"的方式存在在空间中；所以说，此在的空间性就是"在之中"的空间性。"在之中"的空间说的是此在在世界之中生存所占取并整理的空间。此在占取空间、整理空间的具体方式是去远和定向，而由此获取的空间其具体显现形态则是位置（Platz）和场所（Gegend）。所谓"去远"，就是作为具有生存论性质的去某物之远

---

① ［德］海德格尔：《面向思的事情》，陈小文、孙周兴译，商务印书馆1996年版，第24页。

② ［德］海德格尔：《存在与时间》，陈嘉映、王庆节译，生活·读书·新知三联书店1999年版，第154页。

而使之近，即带到近旁的活动。此在作为有所去远的"在之中"同时具有定向的性质。所谓"定向"，即"使位于……"的活动，此在始终随身携带着的上、下、左、右、前、后 这些方向都源自这种定向活动。定向包含了此在为自己定向、给某物定向，通过定向而揭示场所，或者说向着一定场所定向，被去远的东西就从这一方向而来接近，以便我们就其位置发现它。总括去远和定向两者，可以说寻视操劳活动就是制定着方向的去远活动。所谓"位置"，是世内上到手头的东西的空间规定性，它由方向与相去几许构成。具体地说，位置就是各个用具在用具联络整体中通过互为方向和相去几许而确定的各属其所的"那里"与"此"。每一各属其所都同上手事物的用具性质相适应，同以因缘方式隶属于用具整体的情况相适应。因此，位置不可解释为物的随便什么现成存在的"何处"或"地点"。所谓"场所"（Gegend），就是使用具在联络整体中各属其所并向之归属的"何所往"，是用具联络的位置整体性的"何所在"，是由关联（意指）整体借寻视活动先行揭示出来的环围和视界。场所的实质在于，它就是日常此在最切近的"周围世界"的空间规定性。但这个周围世界并不以实存的方式存在，而是表现为此在当下地与一个个上手事物寻视地照面，而随着事物的上手，周围世界的空间规定性——场所也一道展开。因此，位置与场所展现为部分与整体的动态关系，位置由场所决定，场所是委任各种位置的必要条件。海德格尔说："此在的操劳活动先行揭示着向来对它有决定性牵连的场所。这种场所的先行揭示是由因缘整体性参与规定的，而上手事物之来照面就是向着这个因缘整体性开放出来。"[①] 很明显，场所对位置来说具有先天性。总之，此在的空间是借在世揭示出来的、以此在为中心的、生存性的空间：它显现为位置和场所所构成的周围世界。

　　寻视操劳揭示了周围世界的空间性，所以周围世界的空间具有不触目的性质，但是，一当把这种空间专题化为对象来进行纯粹的观望，此在的空间便转化为单质的自然空间。"无所寻视仅止观望的空间揭示活动使周围世界的场所中立化为纯粹的维度。上手的用具由寻视制定了方向而有位

① ［德］海德格尔：《存在与时间》，陈嘉映、王庆节译，生活·读书·新知三联书店1999年版，第121页。

置整体性，而这种位置整体性以及诸位置都沦为随便什么物件的地点多重性。世内上手事物的空间性也随着这种东西一道失去了因缘性质。世界失去了特有的周围性质；周围世界变成了自然世界。'世界'作为上手用具的整体经历了空间化，成为只还摆在手头具有广袤的物的联络。上手事物的合世界性异世界化了，而只有以这种特具异世界化性质的方式揭示照面的存在者，单质的自然空间才显现出来。"① 由此可知，单质的自然空间是从空间与世界的各种关系中抽象出来的，经过这种抽象，位置和场所的因缘特性和个体性、周围世界的周围性都被剥夺了，此在生存的空间变成了一个科学的空间。因此，科学的空间便表现出如下特点：它是几何空间，均匀、无中心，纯延伸，位置的三维多重性，距离的度量。

在《存在与时间》中，此在的空间性指的是此在非本真存在的即日常沉沦在世的空间性。海德格尔说得很明确："此在之为空间性的，只因为它能作为操心而存在，而操心的意义是实际沉沦着的生存活动。"② 沉沦在世即是持身于世内存在者的种种关联中，与世内存在者的关联有赖于寻视操劳，而寻视操劳就是制定着方向的去远活动，此在以此种方式整理空间并获取空间。

从时间性的角度看，海德格尔也是把此在的空间性与非本真的时间性（周围世界时间）相对应，甚至认为此在特有的空间性必定奠基于"遗忘自身而有所期备的当前化"这种非本真的时间性到时："时间性本质上沉沦着，于是失落在当前化之中。唯当上手事物在场，当前化才会与之相遇，所以它也总是遇到空间关系。"③ 由此凸显的问题是：既然存在着此在非本真存在的空间性，那么就应相应存在着此在本真存在的空间性。但是，从此在本真存在的时间性看，无论此在还是存在者都是作为什么都不是的自身存在，因而是在无关联中来相遇照面，这也就意味着此在本真存在的空间为无。

《存在与时间》没有论及本真空间，这说明海德格尔此时的空间现象

---

① ［德］海德格尔：《存在与时间》，陈嘉映、王庆节译，生活·读书·新知三联书店 1999 年版，第 130 页。

② 同上书，第 417 页。

③ 同上书，第 419 页。

学思考尚未孕育成熟。《时间与存在》在深化对空间与时间作对等思考这一原则时表达了继续探索本真空间的一条思路：要想成功地做到这一点，我们首先得从已经充分思考过的位置（Ort）的本性中洞察空间的来源。由此，他在后期作品中提出了一系列旨在探索本真空间的相应概念：位置（Ort）、场地（Statte）、地方（Ortschaft）、地带（Gegend）。

作为 Ort 的位置与作为 Platz 的位置含义不同，Platz 是作为"什么"的上手事物的空间性体现，它由常人所勾连的因缘关联整体所规定；而 Ort 则是事物自身的空间规定性，作为 Ort 的位置则本身提供一个场地（Statte），在这个场地中有天、地、神、人四方嬉戏于其中，被聚集于这个位置的人不再作为日常的人，而是作为有死者的人、本真的此在。作为 Statte 的场地与作为 Gegend 的场所不同，作为 Gegend 的场所对应于作为 Platz 的位置，是用具联络的位置整体性的空间体现；而作为 Statte 的场地对应于作为 Ort 的位置，是 Ort 的位置整体性的空间体现，这种位置整体使一切事物释放到它们所空敞的地方之中去。与场地（Statte）含义相同的是地方（Ortschaft）和地带（Gegend），海德格尔把地方（Ortschaft）规定为"诸位置的共同游戏"，把地带（Gegend）规定为"自由的辽阔"，它让一切物涌现而入于其在本身中的居留。① 在这种本真空间的思考中，最关键的一点是，物与位置（Ort）的关系："物本身就是诸位置，而且并不仅仅归属于某一个位置。"② 当物（存在者）仅仅归属于某一个位置时，位置（Platz）是此在非本真空间性的体现；当物本身就是位置时，物与空间是共属一体的，所以它本身就能设置诸空间。这种为物本身设置的空间就是本真的空间，海德格尔称之为"自由之境"（ein Freies）、"本真之境"。

按照本真时间性的规定，本真空间应是"无"，现在的问题是，应该如何理解这个"无"？按照海德格尔，"无"不是什么也没有，而是对存在者的不。"'无'是使存在者作为存在者对人的此在启示出来所以可能的力量。……在存在者的存在中'无'之'不'就发生作用。"③ 这个"不"

---

① 孙周兴选编：《海德格尔选集》上，上海三联书店1996年版，第485页。
② 同上书，第486页。
③ 同上书，第146页。

是不是"什么"的"不",但它仍然"是",它作为"无"而"存在"。从现象学方法的角度看,"无"就是括去了一切经验的、自然的"存在者"之后的现象学的剩余者。把这层意思运用于本真空间,本真空间之"无",不是指没有空间,而是指不是什么的空间。这种空间是源始的空间本身,是使一切作为什么的空间可能的最终根据,这就是自由的空间。正因此,它才能聚集并容纳天、地、神、人四重整体共同游戏,让人在物中间栖居;它才能咫尺千里,在有限的空间里展现无限广阔的世界。所谓"一尘举,大地收,一花开,世界起。"

（3）审美对象的时间和空间结构

杜夫海纳认为审美对象是一个准主体,因而,体现在审美对象身上的时间和空间也具有主体性的结构层次。但杜夫海纳对时间和空间的论述是不细致的,他常常将时间和空间统而论之,或有时只谈时间,或有时只谈空间。这正说明在杜夫海纳的观念中,时空具有对应性。因此,在以下的论述中,如果只论及其中一方,那么相应地也就包含了同一层次的另一方。若将其论述作一统观,也可大致分出如下层次:第一个层次是客观的时间和空间,第二个层次是再现的时间和空间,第三个层次是表现的时间和空间。

客观的时间又被称为"历史时间"。"客观时间还只是外在于对象的、显示一个无对象、无标记、却易于辨认并迫切地呈现的世界内部这种时间性的手段"①。"客观时间恰恰是不再属于某个主体的一种时间,一种只是外在性的、没有中心的时间"②。这相当于胡塞尔的"超越的时间"（"客观时间"）和海德格尔的"物理学时间"。

再现的时间和空间,又被杜夫海纳表述为"体验的时间和空间"、"再现对象的时间和空间"。再现的时间是表述的或显示的时间,不是经历的时间。它是一种未经时间化的时间。"再现空间不再是线性透视的几何空间,而是距离从中波及和推动整个身体的现实空间。它也不是人们用目光

---

① ［法］杜夫海纳:《审美经验现象学》,韩树站译,文化艺术出版社 1996 年版,第 220 页。
② 同上书,第 278 页。

测量的空间，而是人们置身于其中有时甚至迷失在其中的空间"①。这相当于胡塞尔的"内在的时间"（"主观时间"）、身体中心的空间和海德格尔的非本真时间性、此在的空间性。

表现的时间和空间，又被杜夫海纳表述为"先客观的时间和空间"、"潜在的时间和空间"、"气氛的时间性"、"原始的时间和空间"、"作品就是的时间和空间"。表现的时间是真正的时间，因为它真正是能够与审美对象相结合的、欣赏者所经历和重新捕捉的时间。

"审美对象在自己的表现中清楚地显示了这样的时间和空间：纪念性建筑物具有与它的面积和高度不可同日而语的雄伟和高大。交响乐或小说具有节奏、劲头或节制，这一切，用节拍器只能得到一个贫乏的形象。我们要明白，在设法把握表现的时候，我们觉察到的是一个无对象存在的世界，它还只是世界的希望。我们从中找到的时间和空间完全不是一个已构成的世界的结构，而是为认识做准备的一个表现的特质。"②

"在文学作品中，同样有气氛的时间性。这种时间性来自叙述的特有风格，不受历史时间的制约。《麦克白》的节奏很快，而故事则是在许多年——根据年表是二十年——之内展开的。乔伊斯的《尤利西斯》的节奏极其缓慢，但故事却发生在二十四小时之内。气氛根据它是悲哀的或喜悦的，轻松的或沉重的，活泼的或令人窒息的，提示一个或长或短、或快或慢的时间过程"③。

"有一种悲哀或虚弱的时间性，亦即左右再现的时间和空间、为我们把握人物经历的时间和空间、从而把握为客观的时间和空间做准备的那种气氛的时间性。……表现的时间则是真正的时间，因为它真正是能够与审美对象相结合的、欣赏者所经历和重新捕捉的时间。气氛自己的时间化，世界特质唤醒的时间的希望，都是在欣赏者身上。事实上，欣赏者只是因为参与人物所经历的那种历史时间，才感受到这种时间性。但是，反过来说，他之所以参与历史时间只是因为他被气氛所包围并感受到自己的时间

---

① ［法］杜夫海纳：《审美经验现象学》，韩树站译，文化艺术出版社 1996 年版，第 554 页。
② 同上书，第 219 页。
③ 同上书，第 220 页。

过程"①。

"空间就是这样活跃起来变得空阔的。……审美对象也是这样具有一种特有的空间性。面对《萨莫色雷斯的胜利》，我们首先感到的是风和活泼轻快的气氛，我们处于'空气的最流通之处'，因为空间是起飞的地方、一个空中世界的维度。在《青年人与死神舞》中，巴比勒像落入陷阱的困兽一般在屋顶室内挣扎。这屋顶的空间是一个封闭的、令人窒息的空间，只有死神才能把它打开，同城市的景色连在一起，同埃菲尔铁塔照耀下的日常生活连在一起。同样，在马拉美的作品中，诗句在它的内容向我们陈述之前，以它那种神秘莫测和冷若冰霜的气氛传给我们的空虚感就加深了作为永久不在的场所的那个空间。"②

第二、三段引文主要谈艺术作品中气氛（记得我们曾把气氛规定为审美对象的世界的整体的整体）的时间性。按海德格尔的意思，"时间性"是时间的视域结构，时间是时间性的到时。"时间性到时，并使它自身的种种可能方式到时。这些方式使此在形形色色的存在样式成为可能"③。如此说来，气氛的时间性也就是"气氛"的时间视域的展开，气氛的时间化也就是审美对象的时间性的到时。因此之故，欣赏者才能感受时间的过程。第四段引文专谈空间的空间性，此处的"空间"是表现的空间，按前面对时间性的释义，"空间性"就是空间视域的特性，空间的空间化打开了空间视域从而使欣赏者的空间存在成为可能。"纪念性建筑物具有与它的面积和高度不可同日而语的雄伟和高大"显示的正是本真的自由空间。第一段引文总论表现的时间和空间，最后把两者定性为"为认识做准备的一个表现的特质"。这种表现的时间和空间，按杜夫海纳的看法，是潜在的时间和空间，因而它也就是"审美对象自己的时间和空间的本源"。单从时间来说，杜夫海纳的"表现的时间"就是胡塞尔的"内在时间意识"的美学版；从空间来说，杜夫海纳的"表现的空间"就是海德格尔的本真的自由空间。

bar

---

① ［法］杜夫海纳：《审美经验现象学》，韩树站译，文化艺术出版社 1996 年版，第 221 页。
② 同上书，第 220 页。
③ ［德］海德格尔：《存在与时间》，陈嘉映、王庆节译，生活·读书·新知三联书店 1999 年版，第 374 页。

3. 时间化与空间化

如前所论，世界这个"普全视域"的获得或构成，根本上在于时间视域和空间视域的不断获得和构成。时间视域和空间视域的构成就是时间化和空间化，如果从构成的含义上来理解意向性，那么所谓时间化和空间化也就是时间意向性和空间意向性。根据海德格尔后期对本真时间和本真空间的思考，原始意义上的时间与空间是共属的，因此，本真时间可被表述为"时—空"（Zeit‑Raum），而本真空间则可被表述为"空—时"。如此一来，时间的时间化在原始层面上就包含了时间的空间化，而空间的空间化在原始层面上同样包含了空间的时间化。从艺术的分类来看，有时间艺术、空间艺术和时空综合艺术。从表层看，时间艺术（如音乐）在时间中展开（时间时间化），空间艺术（如绘画）在空间中展开（空间空间化）；但从深层看，时间艺术包含着空间，空间艺术包含着时间，所以都各有自己的世界。这就意味着，时间艺术在展开的过程中时间空间化了，而空间艺术在展开的过程中空间时间化了。杜夫海纳因此强调审美对象中的时空连带关系："审美对象身上虽有时间和空间之分，却同时包含时间和空间：绘画并非与时间无关，音乐也并非与空间无关。"[①] 对时空的这种连带关系，杜夫海纳的思路是由主体推论到客体："在原始的时间性和空间性共同存在于主体的基础上，从现象学层次推移到思维层次，我们就可以理解像认识所揭示的和确立的那种时间和空间在客体中的连带关系。"[②] 在此基础上，进而确立审美对象作为准主体的地位："时间性和空间性在主体中的连带关系使我们懂得客体中的时间的空间化和空间的时间化。……这种时间和空间像是审美对象所承受的，它们使审美（对象）成为一个能带有它表现的一个世界的准主体。"[③] 由以上所论，可以看到，世界尤其是审美对象的世界的构成包含了如下四个方面：（1）时间的时间化：时间意识意向性与时间视域；（2）空间的空间化：空间意识意向性与空间视域；（3）时间的空间化：时间意识意向性与空间视域；（4）空间的时间化：空间意

---

① ［法］杜夫海纳：《审美经验现象学》，韩树站译，文化艺术出版社1996年版，第277页。
② 同上书，第281页。
③ 同上书，第283页。

识意向性与时间视域。

（1）时间的时间化

时间的时间化，对胡塞尔来说，最根本的是内在时间意识。"内在时间意识不但构造我们的意识生活的内在时间性，也构造世间事件的客观时间性。对于所有其他形式的意向性构造具有的时间性来说，内在时间意识都是核心。"① 整体地看，内在时间意识具有双重意向性，一是纵向意向性，一是横向意向性。内在时间意识作为直接体验的时间性整体是"活的当下"，活的当下由三个要素组成：原印象、滞留和前摄。其中"原印象"处于中心并朝前后两个方向伸展，朝向过去的是滞留，朝向将来的是前摄。原印象、滞留、前摄三者之间相互联系相互规定，原印象并不仅由现在加以规定，它是在滞留基础上出现的指向将来的现在，所以指向过去的滞留与指向将来的前摄对现在具有规定性；滞留虽离开现在指向过去，但它不是一个空的在前，它仍然与现在相联系，是一个具有现在意义的过去或者说一个具有过去意义的现在；前摄虽指向将来，但因它与现在紧相连接，它已经具有了一种特殊的在场性。"滞留"和"前摄"围绕"原印象"一前一后组成时间边缘域，从而构成"活的当下"的时间视域。所谓纵向意向性，就是内在时间意识通过原印象、滞留和前摄这一整体时间视域的展开而建立它自己的连续的同一性。所谓横向意向性，则是内在时间意识以"活的当下"的时间视域为基础来使它的对象随着时间而被给予。具体地说，就是在主观时间层次上展开内在时间视域并让内在时间性对象被给予，并进一步在客观时间的层次上展开世界时间视域并让世间的时间性对象被给予。

海德格尔的"时间性"概念其含义就是指一个包含了将来、过去和现在诸环节的整体的统一现象，这实际上是立足于此在生存而对胡塞尔时间视域（Zeithorizont）含义的新表述。"时间性的本质即是在诸种绽出的统一中到时"，其实质意义指的是时间视域的生成或显现，也就是时间的时间化。将来、曾在、当前等时间性环节的"向自身"、"回到"、"让照面"

---

① ［美］罗伯特·索科拉夫斯基：《现象学导论》，高秉江、张建华译，武汉大学出版社2009年版，第131页。

等现象被称作时间性的绽出。时间性的绽出就是到时，所谓到时就是到其时机。作为时间性的到时具有意向性结构，时间性以不同的意向性结构到时，就展现为不同的时间样式，从而也就具有不同的时间视域。"时间性之绽出（将来、曾在、当下）并非单纯地出离到……，并非仿佛出离至虚无；毋宁说，这些绽出作为'出离到……'，基于其不同的绽出特性，拥有一个由出离样态出发，亦即由将来、曾在及当下这些样态出发得到预先确定，并属于绽出自身的境域。每一绽出作为'出离到……'拥有一个既在其自己之中，同时又属于它对'出离之何所至'这个形式结构的预先确定。我们把这个'绽出之何所至'标为绽出之境域，或者更确切地说，绽出之境域性图型。"①

从本真的将来（先行）到时，以此为核心，本真的曾在（重演）和本真的当前（当下）也一起到时；在这本真的将来、曾在和当前的三重且相互到达中，原始而本真的时间视域得以构成：曾在将来而最先唤醒当前；与本真时间视域相应，此在本真生存的时间性意义则展现为：先行于自身持守着死亡这种可能性且一直持守着这种可能性而让……存在。

从非本真的当前（当前化）到时，以此为核心，非本真的将来（期备）和非本真的曾在（遗忘）也一起到时，在这非本真的当前、将来和曾在的三重且相互到达中，非本真的周围世界时间视域得以构成：有所期备有所居持着的当前化；与此相应，此在日常生存的时间性意义则展现为：有所遗忘（死亡、自身）有所期备（作为"什么"的存在者）地（作为非自由存在）让……在关联中来相遇。

物理学时间由于割裂了现在、过去和将来三个环节，最终，在场存在的只有瞬间的现在，"诸现在"构成了机械的序列，所以物理学时间没有时间视域。

在海德格尔这里，也同样存在着时间意识的双重意向性，时间意识运用纵向意向性在本真和非本真两个层面上分别构成了本真时间视域和非本真时间视域，运用横向意向性由本真时间性依次衍生出非本真的时间性和物理学时间。

---

① ［德］海德格尔：《现象学之基本问题》，丁耘译，上海译文出版社 2008 年版，第 413 页。

　　杜夫海纳区分了不同层次的时间，也使用过"时间性"的概念，但他没有明确地论证时间的时间化这一命题。笔者在此结合他的相关论述，按自己的理解对他时间的时间化思想做一简要勾勒。杜夫海纳认为原始时间（即表现的时间、作品所是的时间）是自我与自身的关系，是走出自我又返回自我的一种纯粹运动，由此他把时间性规定为主体的本质。时间性艺术的典型是音乐作品。什么是音乐呢？"音乐首先是时间过程和运动，是节奏和旋律。"① 时间过程是运动的体现，或者反过来说，运动生成了时间过程。从意向性角度看，时间过程也就是时间视域。在音乐中，旋律就是作为时间过程的作品本身，但旋律不是现成地存在着的，而是在运动中生成的，所以它才是时间过程。旋律就是以这样的表现力为音乐审美对象展开了一个最根本的、最内在的时间视域。然后是节奏，"节奏表示使作品充满活力的那个运动本身"，"它好似作品的生命的呼吸"，"好似作品内部发展的秘密规律"②。但是在音乐作品中有两类节奏，一是有机节奏，一是外部节奏。有机节奏作为旋律的属性，它表示作品特有的时间过程，它测量的不是音乐对象所存在的一个时间，而是对象所是的一个时间。这说明有机节奏所展现的时间视域外在于旋律而又通向旋律构成的时间过程。外部节奏是音乐作品可以客观化的节奏模式，节奏模式具有客观时间的性质，因此，它只能以一种数字程序测量外在于旋律的客观的时间。最后是和声，和声就是使音乐对象成为真正对象并能作为真正对象被人把握的东西，和声把音确定为音，把作品确定为音的总和。和声作为从质的方面对音（包括旋律和节奏）的确定，它与时间保持着一种间接的关系。总之，旋律、节奏、和声作为音乐作品的结构范畴在不同的层次上构成了音乐审美对象的时间视域。

　　（2）空间的空间化

　　海德格尔说："关于时间可以说：时间到时。关于空间可以说：空间空间化。"③ 海德格尔论空间的空间化表现在两个层面上，一是此在的空间

---

① ［法］杜夫海纳：《审美经验现象学》，韩树站译，文化艺术出版社 1996 年版，第 291 页。
② 同上书，第 293 页。
③ 孙周兴选编：《海德格尔选集》下，上海三联书店 1996 年版，第 1117 页。

性层面上的空间化，一是本真空间层面上的空间化。

此在在世界中存在是一种生存活动，所以它首先要为自己安顿一个位置，此之谓占取空间；然后它要让世内存在者来照面，这就需要为存在者指定位置，并根据需要改变这种位置，此之谓给予空间、设置空间、整理空间。此在空间化活动的基本方式是"去远"和"定向"，由此获取的周围世界的空间表现形态就是"位置"（Platz）和"场所"（Gegend）。这就是此在的空间性层面上的空间化。

本真空间层面上的空间化，不以沉沦在世的此在为中心，它不是要让世内存在者来照面才以"去周围世界上到手头的东西之远而使它进入由寻视先行揭示的场所"的方式为其占据位置（Platz）。在海德格尔看来，物本身就是诸位置，而且并不仅仅归属于某一个位置，所以，本真空间层面上的空间化，就其本己来看"乃是开放诸位置（Orten）"，或者说"空间化乃诸位置（Orten）之开放"。

本真空间的空间化当然也是"设置空间"，但不同于此在空间性层面上的作为"生存论环节"的此在为来照面的世内存在者指定一个所属的位置那样"设置空间"，而是"位置在双重意义上为四重整体设置空间"。一是位置允纳四重整体，一是位置安置四重整体。而且这两者，"即作为允纳的设置空间和作为安置的设置空间，乃是共属一体的"①。在此，需对海德格尔表述中的几个概念的含义略作阐释。作为事物自身空间规定性的"位置"（Ort）是四重整体的庇护之所，同时这种位置上的这种物乃是住所，所以它能为人的逗留提供住所。"四重整体"（das Geviert）乃是天、地、神、人四方相互共属的纯一性。"允纳"即允许或者让敞开之境运作起来并容纳在场之物的显现。"安置"即向物提供可能性，使物得以依其各自的何所向并从这种何所向而来相互归属。"允纳"与"安置"的共属一体其实质含义就是海德格尔所谓的"开放"和"聚集"。开放即开启地方（Ortschaft）或地带（Gegend），这是海德格尔"涌现"（Aufgehen）和"解蔽"（Aletheia）在空间方面的含义。"聚集"就是物之物化，因为在海德格尔看来，真正的事物不是一个单纯的"什么"，而是正在生成着的事

---

① 孙周兴选编：《海德格尔选集》下，上海三联书店 1996 年版，第 1201 页。

情。事物的本质在于自身的存在，在于"是……"（事物是事物），这就是物之物化，也就是物的世界化。作为不是什么的"物"，作为不是什么的"位置"，从根本上来讲，就是一"无"，所以它能聚集天、地、神、人于一体，此之谓"允纳"、"安置"四重整体。

相对于此在空间性层面上"去远"、"定向"的空间化方式，本真空间的空间化方式则是"切近"、"近"或"近化"。这种"近"是比日常"去其远使之近"更"近"的去远。"什么是切近呢？……物物化。物化之际，物居留大地和天空、诸神和终有一死者；居留之际，物使在它们的远中的四方相互趋近，这一带近即是近化。近化乃切近之本质。切近近化远，并且是作为远来近化。切近保持远，保持远之际，切近在其近化中成其本质。"① 这里的近和远，不是物理空间意义上的计量概念和尺度，而是指天、地、神、人的相互面对、彼此通达。"在运作着的'相互面对'中，一切东西都是彼此敞开的，都是在其自行遮蔽中敞开的；于是一方向另一方展开自身，一方把自身托与另一方，从而一切都保持其本身；一方胜过另一方而为后者的照管者、守护者，作为掩蔽者守护另一方。"② 切近为相互面对、彼此通达开辟道路，这种开辟道路就是作为近的切近。海德格尔的这些话说得甚为纠结，但其要表达的基本意思应该是，在什么也不是的"无"中，作为"是……"的物（按此理解，一切皆物）以其作为什么也不是的"位置"，为四重整体提供一个场所，这个场所一向设置出一个空间。在这个自由的空间（辽远之境）里，天、地、神、人各成其自身并保持自身，同时相互面对、相互敞开、彼此通达，以至共属一纯一性整体，这就是被海德格尔所称的"天、地、神、人之纯一性的居有着的映射游戏"所构成的世界。所以说，世界的世界化、物之物化就是切近。而科学意义上的空间和时间是对切近的拒绝，它不但不能带来切近，也不能测量切近。《存在与时间》中所论把现成物体摆在一起的"比肩并列"，即使间隙上等于零，也不能相互"触着"，这就是"在之内"的空间对切近的拒绝，因为现成事物之间并不能够来照面。而艺术作品中的事物则相反，

---

① 孙周兴选编：《海德格尔选集》下，上海三联书店1996年版，第1178页。
② 同上书，第1115页。

"春花秋月何时了，往事知多少。小楼昨夜又东风，故国不堪回首月明中。"词中"春花"、"秋月"、"昨夜小楼"、"故国明月"等诸种事物之间，从科学角度看，彼此距离甚远。但在艺术的空间里却彼此照面、相互敞开、相互蕴含，共同营造一艺术意境，此之谓切近、近化远。

《审美经验现象学》中有专论空间艺术的"绘画作品"一章，但杜夫海纳未能就空间的空间化展开论述，倒是在论艺术家如何组织时间和空间来调派感性时的一段文字触及了这个问题，他说："空间中的纪念性建筑物属于空间。也就是说，它不是受人测量，而是它在测量。它用自己的圆柱的气势或拱顶的高大来开创高度，用高高低低的层次来挖掘深度，用外墙的雄伟或大门的宽敞来拓展宽度。"[①] 建筑物以其位置（其中"圆柱"、"拱顶"、"高高低低的层次"、"外墙"、"大门"都是与位置共属一体的）开启了一个具有高度、深度和宽度的审美空间。这个空间是不允许也不能进行计数测量的，它的功能在于引领人、召唤人栖居其中并感受、体验它的气势、雄伟和宽敞。

（3）时间的空间化

时间的空间化之根据在于本真时间，因为原始意义上的时间与空间是共属一体的。在《存在与时间》中，海德格尔立足于此在探讨时间，因为此在的本真状态是向死存在，所以他把将来规定为本真时间性的首要环节。在后期的《时间与存在》中，他立足于存在本身来探讨时间的本性，因为他认为存在的含义就是在场、让在场，是在场状态，而当前说的是在场状态，所以他认为本真时间的关键环节是"作为在场状态上的当前"。在场状态意义上的当前与现在意义上的当前是完全不同的。所谓在场意义上的当前，不仅关涉现在意义上的当前本身，而且也关涉尚未当前的将来和不再当前的曾在。它在将来、曾在和当前中产生出它们当下所有的在场。它使它们澄明着分开，并因此把它们相互保持在切近处。依此规定，海德格尔把本真的时间规定为："从当前、过去和将来而来的、统一着其三重澄明着到达的在场的切近。"[②] 由此可以看到，本真的时间是四维的，

---

① ［法］杜夫海纳：《审美经验现象学》，韩树站译，文化艺术出版社1996年版，第265页。
② ［德］海德格尔：《面向思的事情》，陈小文、孙周兴译，商务印书馆1996年版，第17页。

即当前、过去、将来以及规定着这一切的到达。"这种澄明着的将来、曾在和当前的相互达到本身就是前空间的"①。前空间的就是先于空间的地方（Ortschaft）。所以，本真的时间被海德格尔称之为"时—空"（Zeit - Raum）。

时间性三维的绽出正是绽向作为位置整体性的地方，作为先于空间的地方它能够安置空间、给出空间，这就是时间的空间化。

杜夫海纳认为审美对象时间的空间化是通过它用以组成自己的时间过程的可测量的时间参与空间来实现的，这可分成两个方面，一个方面是审美对象本身的结构范畴和声、节奏和旋律所体现的空间，另一方面是人体所体验的空间。在音乐中，旋律就是时间过程，但旋律模式能把时间过程分成节拍，因而它引进了空间因素。"模式只有在充满一个空间时才能赋予旋律的时间过程以自己的充实性。旋律就是这样充满音乐厅，渗透我们全身。"② 音乐中的节奏所测量的就是旋律的时间过程，因而在其时间过程中牵涉到时间的空间化。尤其是节奏模式，因为它是建立在一种空间化的材料的无限可分性基础之上的一个数字程序，所以它把时间空间化了。和声作为对旋律和节奏的质的确定，它构成了音乐对象的音响环境，和声结构以此揭示出音乐与空间的关系。"正如德施劳泽所说，一部音乐作品的和声就是这部作品和这部作品在其中完成的环境之间的关系，而和声分析就是把过程转移到活动范围，把所变的东西转移到所是的东西，把时间过程转移到空间。"③ 另一方面，音乐旋律、节奏与和声运动的展开，总有人体的参与，各种模式首先是作为对身体的刺激和对想象的暗示而被体验的，因此人体体验空间并勾画出一个空间。

（4）空间的时间化

空间的时间化之根据在于本真空间，因为本真空间也是与时间共属一体的。海德格尔论述空间的时间化是与时间的空间化相提并论的，因为这本是一体之两面。这一体，海德格尔名之曰"同时者"，也即"时间—空

---

① ［德］海德格尔：《面向思的事情》，陈小文、孙周兴译，商务印书馆1996年版，第15页。
② ［法］杜夫海纳：《审美经验现象学》，韩树站译，文化艺术出版社1996年版，第308页。
③ 同上书，第292页。

间"（Zeit – Raum）。如果说时间的空间化指的是时间性三维的绽出共同绽向作为位置整体性的地方，那么空间的时间化则是作为诸位置整体性的地方接纳时间性三维的到达。在时间空间化的情况下，时间本身在其本质整体中并不运动，时间在寂静中宁息；在空间时间化的情况下，空间本身在其质整体中并不运动，它在寂静中宁息。海德格尔称此为"寂静之游戏"。时间的空间化、空间的时间化合而称之就是"时间—游戏—空间"或"空间—游戏—时间"。在这种时空游戏中，时间和空间得以聚集（生成），天、地、神、人四个世界地带得以聚集（相互面对），由此，一个整体的、自由的意象世界诞生了。

杜夫海纳论时间的空间化以音乐作品为例，而论空间的时间化则以绘画作品为例。杜夫海纳认为，在空间艺术中，时间显示自己的形式是运动，或者说，空间通过运动显示时间。什么是绘画作品的运动？杜夫海纳区分了两种运动，一是再现对象的运动，一是绘画对象的运动。再现对象的运动是对现实对象运动的模仿，因此它是一种中断的、由动到静的运动。绘画对象的运动不是虚构或模拟的运动，而是真实的、尽管是静止不动的但却是趋于展开的、由静到动的运动。在这种真正的运动中，作品的组成成分走向意义、走向审美对象的统一和完成。两种运动所显示出的不同效果在下面的对比中可以看得很清楚："一张赛跑图或暴风骤雨图可以是死气沉沉的、无声无息的。但梵高画的橄榄树用它那盘曲的树根死命地抓住泥土，比藉里柯画的马更加生动得多。"①

运动是一种时间性的活动，但它有轨道，并留下轨迹，轨迹表示时间。杜夫海纳曾说音乐作品的结构范畴——和声、节奏与旋律——可以在一切艺术中看到。绘画作品的和声、节奏和旋律首先是空间结构的显示，但由于在这空间中色彩、线条、光线会构成轨迹，所以它能孕育一种它们在不动中完成的运动。绘画空间就是以此来实现时间化的。绘画的和声指的是色彩多样性的协调、和谐与统一，而光是和声组织的产物。"通过颜色，光无所不在。连黑暗中也有光。不再有那种好像来自外面的、投射在再现对象上的、这里有那里没有的光线了，有的是一种光。……它是作品

---

① ［法］杜夫海纳：《审美经验现象学》，韩树站译，文化艺术出版社1996年版，第316页。

的感性先验，因而作品能成为一种运动的场所。"① 绘画作品对各组成部分的布局会形成一定的类似于音乐的节奏或节奏模式，譬如直线与曲线互换速度，色彩本身依其是冷色还是暖色、是纯色还是混色按不同的节奏而增减等。"这样，节奏变成了内在的东西，更深深地与感性的结构相结合，审美对象也具有了一种简单可以说是潜在的时间性"②。绘画的旋律指的是审美对象产生的整体效果，在比喻的意义上可以说它是"画的音乐"，是"纪念性建筑物的歌声"。旋律是空间艺术审美对象的表现，它是作品表现的世界的时间气氛。

---

① ［法］杜夫海纳：《审美经验现象学》，韩树站译，文化艺术出版社 1996 年版，第 329 页。
② 同上书，第 347 页。

第三章

审美对象的存在特性

第一节　真实性

审美对象的真实性问题，更为本质地说是一个真理问题。在人与世界不同层次的关系中，真理具有不同的含义。在主客关系层次，真理表现为两者在认识上的符合；在前主客关系层次，真理表现为此在生存的展开；在超主客关系层次，真理表现为存在的自由。

站在一般哲学的立场谈论真实性，总是把各种特殊的真实列举出来，如生活的真实、科学的真实、艺术的真实；或者从主体的角度列举出巫术体验、现实体验、审美体验。然后描述各种真实和体验的含义，并在对比中寻找各自真实或体验的特殊规定性。如果站在现象学的立场，则应把真实与意向性、还原和事情本身联系起来考察。就真实与意向性关系而言，总体地说，真实是意向性中的真实，或者说，真实是意向的真实；具体地说，主客关系层次上的真实是纯粹意识意向性的真实；前主客关系层次上的真实是生存意向性的真实；超主客关系层次上的真实是自由意向性的真实。就真实与现象学还原关系而言，在审美活动发生之前和之中，主客关系、前主客关系、超主客关系各自层次上的真实依次呈现为奠基关系，审美活动的发生就是这样被追溯到了人与世界关系的根源处，事情本身——自由意识和其相关项审美对象就这样显现出来；在审美活动发生之中和之后，自由意识及其相关项审美对象作为事情本身，以其特有的构成因素——存在性的情感特质重新建构了现实世界，从而把现实世界提升为本体的世界——存在的世界。因此，这里的真实就不是具体的真实和特殊的真实，而是"真实性"——真实的本性。杜夫海纳说："在人类经历的各条道路的起点上，都可能找出审美经验（笔者注：审美经验具有意向性结构：审美意识——审美对象）：他开辟通向科学和行动的途径。原因是：它处于根源部位上，处于人类在与万物混杂中感受到自己与世界的亲密关系的这一点上；自然向人类显出真身，人类可以阅读自然献给他的这些伟大图像。"① 处在根源位置的审美经验及其审美对象，根据胡塞尔的观点，它的存在具有明见性。因此，审美对象的真实性也具有相应的明见性。

杜夫海纳对审美对象的真实性的论述，主要集中在《审美经验现象学》的第四编"审美经验批判"。在这一编的第三章"审美对象的真实性"的总论中，他提出了艺术真实性的两个命题：第一，审美对象的意义超越在审美对象中表现自己的那个人的主体意识；第二，审美对象的意义最终作为我们进行判断和决策的场所的那个现实世界。在这一章的第一节，他指出了审美对象真实性的三种意义：其一，作品就其自身而言是真实的；其二，就艺术家而言是真实的；其三，审美对象对现实而言是真实的。这一章第二节的题目是："作为由审美阐明的现实"，主要论述审美世界与现实世界的关系，以此证明审美对象的真实性。在这一编的第四章"审美经验的本体论意义"，他又提出了审美真实性的两种证明：人类学的证明和形而上学的前景。在这一简要的概述中，我们注意到，杜夫海纳论述审美对象真实性的思路存在着重复、游移和不清晰，这实际上恰恰反映了这个问题的复杂性和回答这个问题的困难程度。面对回答审美对象真实性的巨大困难，在这本皇皇巨著的最后，杜夫海纳发出了这样的感叹："也许，绝对的知识在于认识到只是没有绝对，但人有一种趋向绝对的意志——一种只有在对审美对象深切的关注中被证明的意志（艺术家和欣赏者以他的方式对审美的关注正是这一愿望的明证），或许，最后的定论就是没有定论。"② 在此，笔者根据审美对象的存在方式和存在形态，结合杜夫海纳关于审美对象的先验方面和艺术本体论的思想，勾勒出审美对象真实性的论证思路：经验的证明、先验的证明、人类学的证明、本体论的证明。

---

① ［法］杜夫海纳：《美学与哲学》，孙非译，中国社会科学出版社1985年版，第8页。
② ［法］杜夫海纳：《审美经验现象学》，韩树站译，文化艺术出版社1996年版，第599页。

一、经验的证明

从存在方式看，审美对象首先是一个"自在的存在"；从存在形态看，审美对象的世界有一个表层结构——再现的世界。在杜夫海纳看来，审美对象作为"自在的存在"指的是没有被感知的作为"物"的艺术作品；"再现的世界"指的是"作品的实体本身"，审美对象的"躯体"。"再现"一词已经指明了审美对象与现实世界的关联。从客观方面看，审美对象的"再现的世界"来源于现实生活，是现实生活的折射；从主观方面看，它是指艺术家现实思想情感的表现。"自在的存在"和"再现的世界"都属于审美对象的经验的层面。

1. 形式的真实

一部作品的完成，意味着形式的定型，这时，作品作为一个自在之物、一个普通对象存在于世界，例如，博物馆中的艺术品、图书馆里的文艺书籍、公园里的雕塑，如此等等。作为物、作为普通对象，作品具有形式上的完满性。完满意味着，它独立自足，不允许对其进行删除或修改，"只要管弦乐谱上多加一个音，画布上多添一笔，均衡就会打乱，形式就会遭到破坏"[1]。

尽管作品可以作为一个普通对象而存在，但它被创造出来是有所期待的，因而它的形式要求与欣赏者的感性、身体相呼应。作为等待知觉的对象，作品具有形式上的必然性。必然性意味着："它充分满足知觉的要求，每时每刻或者它的每一部分在回答它在我们的感性中所唤起的期望。"[2] 在此，作品向知觉显示了自己感性的严密性。

当然，这里所讲的形式还不是感性中的形式或审美知觉中的形式，而是作为"物"的形式，作为物的形式，它等待着在审美知觉中实现自己。正是这个还未实现自己的形式，保证了作品本身的真实性。"审美对象的

---

[1] ［法］杜夫海纳：《审美经验现象学》，韩树站译，文化艺术出版社 1996 年版，第 542 页。
[2] 同上书，第 543 页。

未经表演或未被审美地感知的作品的形式已经存在，因而才有它的真实性。"① 这就是杜夫海纳所谓"作品就其本身而言是真实的"的含义所在。

2. 主体的真实

作品的真实不仅有来自自身形式的真实，而且还有来自作品与艺术家关系的真实，这就是主体的真实。严格地讲，主体的真实不是指独立于审美对象之外的主体自身的真实，而是指投射在或内含于审美对象之中的主体的真实。这可从以下三个方面显示出来：主体的需要、主体的存在、主体的升华。

首先是主体的需要。需要是艺术家进行审美创造的原动力，按照马斯洛的看法，人的需要犹如一座金字塔由低到高显示出诸多层次：生理需要、安全需要、归属与爱的需要、尊重的需要、认识需要、审美需要以及自我实现的需要。按照我们所划分的人与世界关系的三个层次，人的需要可以更简明地划分出三种大的类型：生存的需要、认识的需要、自由的需要。马斯洛的生理需要、安全需要、归属与爱的需要、尊重的需要可归为生存的需要，审美需要和自我实现的需要可归为自由的需要，实际上，审美需要是自我实现的需要的一个特定方式和道路，两者属于同一层次：自由的需要。人为什么会产生自由的需要或审美的需要？因为现实世界和现实的人自身是不完善的。现实世界的不完善，纲领性地体现为神的隐遁、人与自然、人与社会、人与他人、人与自我的对立和冲突；现实的人自身的不完善则体现为神性的丧失、片面的生存、沉沦与无家可归。因此，自我完善的需要产生了，审美作为超越性的创造正是这种自由需要的最完满的体现。在审美对象的世界里，此岸变成了彼岸，人成为神、成为全面发展的自由的人。杜夫海纳认为作品就是创作者所需要的作品："他感觉到他自己就在作品之中，作品就是他所要创作的东西，也是他能期待于自己的东西。这对他来说，就等于满足一种技巧要求和一种精神要求，实现自己的作品和表述自己。"②

---

① ［法］杜夫海纳：《审美经验现象学》，韩树站译，文化艺术出版社 1996 年版，第 261 页。
② 同上书，第 543 页。

其次是主体的生存。艺术家的生存就是他的创造活动，反过来也可以说，当艺术家不再进行审美创造的时候，他就不是作为艺术家在生存，甚至他感到，这样的生存是空虚的、无意义的。在世界艺术史上，不乏因丧失了创造能力而自杀的艺术家。对艺术家而言，"创作和生存是一回事。按照马克思的说法，人在创造历史时创造自己。同样，艺术家在创造作品时也创造自己。所以，作品不仅表现形式上的必然性，而且表现内部的必然性，即根据自己之所是进行创作的艺术家内心的必然性"①。艺术家之所是同他之所为和他所为之方式是不可分辨的，也就是说是完全一致的。艺术家之"所是"，就是他的现实生存；艺术家之"所为"，就是他的创造活动；艺术家"所为之方式"，就是表现为作品形式方面的技巧和手法。"所是"表现了艺术家的现实个性，"所为"和"所为之方式"体现的是作品的艺术个性即风格。现实个性与艺术个性在艺术家的创造活动中达到高度统一，即使艺术家因种种内在或外在的原因改变了自己的表现手法、甚至风格，但只要艺术家在作品中以自己当时的面目表现自己，作品就是真实的。

再次是主体的升华。创造的主体不是现实的主体，而是审美的主体。审美主体处理与现实的关系，不是忠实，而是超越。主体的真实性就体现在杜夫海纳提出的艺术真实性的第一个命题中："审美对象的意义超越在审美对象中表现自己的那个人的主体意识。"这时，艺术家仿佛就是人类的代表。这个由个人到人类的主体的升华，表现在情感的表达上，就不是如表现主义美学家科林伍德所说的"暴露情感"，而是如他所说的"情感的表现"。杜夫海纳对"表现"的界定是："至于表现自己，也不是叙述自己，让人们看到自己身上的最花花绿绿的东西，如心情的动荡不安和热情的奔放，因为说到底这些都是假面具。相反，表现自己是通过压制着对这些东西的泄露，使秘密、最隐蔽的东西得以显示。"② 身上花花绿绿的东西是现实的个人的情感，而秘密的东西则是人类的情感。按符号美学家苏珊·朗格的观点，纯粹的自我表现不需要艺术形式，日常生活中的号啕大

① ［法］杜夫海纳：《审美经验现象学》，韩树站译，文化艺术出版社1996年版，第543页。
② 同上书，第545页。

哭、捶胸顿足、恣意笑谑、浑身颤抖、不知所措等种种自我表现不是艺术，艺术所表现的是一种人类的普遍情感或情感概念。主体的升华表现在审美对象世界的创造上，则是"他们给我们打开了一个独一无二的、无可替代的世界"，尽管艺术家从来不讲自己，但他们仍然给我们揭示了某种人性的东西，因为，他们握有这个世界的钥匙。这个独特的世界，既是人类的又是个人的，"他们就在这里，在他们的作品通往的那个世界里。而且他们在那里非常安然自得，以致这个世界就是他们自己"①。

3. 内容的真实

形式的真实，指的是作品本身存在的真实；主体的真实，指的是在作品与主体的关系中所显示的真实；而内容的真实，则是指从审美对象的世界与现实世界的关系来看的真实。杜夫海纳由此提出两个相关的问题：其一，审美对象的世界是否表现现实世界？其二，审美对象的世界是否是现实世界所要求的？

对第一个问题的回答，把我们引回到审美再现的问题。但这里的"再现"不是就再现而说的再现，而是就表现而说的再现。因为审美对象的世界是由再现的世界和表现的世界构成的共同世界，两个世界之间的关系表现为：再现是手段，表现是目的；表现引起再现，表现需要再现，表现以再现为表现。所以说，再现作为表现的手段，同时又是表现的结果。

作为表现的再现，艺术当然要再现现实，但这个"再现"既不是如自然科学那样的对现实进行解释，也不是如意识形态那样的对现实抱着倾向性进行观念的宣传，而是要对现实进行形象化的描绘。诚如杜夫海纳所言："我们不要求一部物理著作描绘风暴，而是要求它解释风暴。但是我们却要求画家、作家甚至音乐家描绘风暴。"② 当艺术家放弃了让艺术承担自然科学的解释功能和意识形态的教育和道德功能的时候，艺术通过"描绘"便能够真实地表现自己和真实地再现现实。恩格斯曾经针对巴尔扎克违反自己的阶级同情和政治偏见而把他心爱的贵族灭亡的必然性所做的出

---

① ［法］杜夫海纳：《审美经验现象学》，韩树站译，文化艺术出版社1996年版，第546页。
② 同上书，第548页。

色的描绘称之为"现实主义的最伟大的胜利"。杜夫海纳也注意到了巴尔扎克身上产生的这种现象并作了几乎相同的评价:"他的创作力量超过了观察的意识。他的偏见有时候使他糊涂到看不见圣西门等人在同一时刻看到的东西。而最后他创造了一个几乎是神奇的世界,在这个世界里,他更多的是表现自己而不是反映他的时代。"①

如果说再现是对现实的艺术的描绘,那么,这种描绘并不是模仿现实而是对现实基于艺术家以自己为尺度的真实性的发现和想象。如果说再现就是模仿,那么,首先就现实世界来说,"就必须以现实已经存在并被认为是再现的原型为前提:世界存在在那里,不由我们的目光和行动来创造,它已经整个创造出来,造物主就是它的保证。因此,在认识中没有不明确的东西,一切都是各在各位,绝对明确,万物依照形式的等级各各有别,并服从自然的规律,善与恶也泾渭分明。头脑和心都问心无愧,艺术也碰不到什么问题"②。杜夫海纳把这样的世界称之为"有条不紊的、没有神秘可言的现实"、"正式的和有效的世界"、"概念化的现实"。其次,就主体或欣赏者而言,与这个正式和有效的世界相应的则是一个同样有效的、能认出它来并能在它之中认出自己的欣赏者。这是一个受到特殊待遇的、至高无上的欣赏者,他判断,但不移动位置;他不介入、不参与,只是静观。从杜夫海纳的描述看,这样的世界是一个概念化了的纯客观世界,这样的主体是一个将自己排除在世界之外的纯粹"我思"。

艺术要再现的显然不是这个客观世界,而是活生生的、神奇的、令人惊讶的、不能预料的、甚至使人困惑的世界,即生活世界。而主体则是置身这个世界之中,带着情欲、困惑、愿望、希望去发现并建立这个世界的具体的人。用胡塞尔的术语说就是,世界是一个具体主体的相关项。因此,在再现这个现实世界的艺术里,欣赏者会体验到:"在弗朗兹·哈尔斯的一幅肖像画中,那只伸出在虚设的框框之外的手要来抓住我们;在卡拉瓦乔、乔治·德·拉图尔或伦勃朗的画中,这种在深处而不是在横断面上展开的情节,我们也被带了进去:我们和《埃摩斯的朝圣者》在荷兰室

---

① [法]杜夫海纳:《审美经验现象学》,韩树站译,文化艺术出版社1996年版,第548页。
② 同上书,第551页。

内门后或帷幕后面同桌共餐。"①

与生活世界相比，审美对象再现的世界无法与之互争长短。杜夫海纳说，如果说再现带来了一个世界，这个世界也不过是现实世界的一个映像，而且是一个不可避免地、有意地残缺的映像。赫布女士则明确指出，与现实世界比较起来，再现的世界总带有一个"减去"或"不如"："如果说画的一筐李子只是社会对象减去它的容量、美味和实际利益，那么它的存在还不如一筐李子。如果说模拟音乐只是它的有声原型减去它的空间效果和实际效果，那么它的存在还不如自然的声音或技术的声音。如果说演出的戏剧只是实际生活的戏剧减去它对它所感染的那些人的迫切性，那么它的存在还不如现实生活的戏剧。"② 其实，在杜夫海纳看来，审美对象的世界与现实世界相比，不是一个"减去"或"不如"的问题，而是更进一步，只有放弃模仿现实的现实性，艺术才能成为自身；只有在再现对象自身不是在使我们想到一个外部世界，在这个世界提出一种行动时装作是现实的东西时，审美对象才能成为一个完美的整体。

那么到底应该如何理解审美对象的世界对现实世界的所谓"再现"？再现不是照搬现实，因为在日常知觉和审美知觉之间不可画等号，在现实和再现物之间也不可画等号，艺术的真实性不能体现这种等价关系。再现真实的含义是表述现实，在表述中揭示现实。"艺术表述的不是现实的现实性，而是它所表现的现实的一种意义。"③ 这就回答了一开始提出的第一个问题，审美对象的世界能够表现现实世界，但它所表现的是揭示现实世界的意义。把这个意思反过来表述，则就回答了一开始提出的第二个问题，现实世界所要求于审美对象的世界的是借以出现情感方面的意义。

二、先验的证明

1. 先验的概念

对杜夫海纳来说，先验的含义有三：第一，先验是与经验相对的东

---

① ［法］杜夫海纳：《审美经验现象学》，韩树站译，文化艺术出版社 1996 年版，第 554 页。
② 同上书，第 555 页。
③ 同上书，第 556 页。

西，但先验并非在时间上先于经验，而是在逻辑上先于经验，它是经验乃至经验对象之所以可能的条件。这层意义来自于康德："我把一切与其说是关注于对象，不如说是一般地关注于我们有关对象的、就其应当为先天可能的而言的认识方式的知识，称之为先验的。"① "先验……这个词并不意味着超过一切经验的什么东西，而是指虽然是先于经验的（先天的）然而却仅仅是为了使经验知识成为可能的东西说的。"② 杜夫海纳曾明确揭示自己先验思想与康德的关联："先验首先是一种认识的特性，这种认识在逻辑上而非在心理上先于经验；它可以从一些必然性和普遍性的逻辑特征中作为认识被认出。因此，先验的认识就是先验。"③ 但在这里，杜夫海纳与康德存在着一个区别，这就是"经验"概念的差别。康德的"经验"是指具有普遍必然性的知识："经验性的知识就是经验。"④ 而杜夫海纳的"经验"则指经验论意义上的体验、思维、感觉等经验，以及这种意义上的经验对象。

第二，先验不仅是经验和经验对象可能性的条件，而且是经验和经验对象的构成因素。杜夫海纳说："凡是使对象成为对象——不是使对象自身成为对象，而只是使它属于经验范围，使主体得以与它进行联系——的东西都是构成因素。"⑤ 先验既是对象的构成因素（"先验是对象中把对象构成对象的因素"），又是主体的构成因素（"先验是主体向对象开放并预先决定其感知的某种能力，亦即把主体构成主体的能力"）。在这里，杜夫海纳与康德存在着区别，康德认为，先验之所以先于经验，是因为它属于主体，它是认识的一个结构。他说："使物质空间成为可能的是存在于我们思想中的空间。它不是万物自身的属性，只是我的感性再现的一种形式。"⑥ 杜夫海纳则认为，先验既表征主体（"存在的先验"）又表征客体（"宇宙论的先验"），同时还说明这二者之间的相互关系。

---

① ［德］康德：《纯粹理性批判》，邓晓芒译，人民出版社 2004 年版，第 19 页。
② ［德］康德：《未来形而上学导论》，庞景仁译，商务印书馆 1978 年版，第 172 页。
③ ［法］杜夫海纳：《审美经验现象学》，韩树站译，文化艺术出版社 1996 年版，第 481 页。
④ 同①，第 110 页。
⑤ 同③，第 482 页。
⑥ ［德］康德：《未来形而上学导论》，转引自杜夫海纳：《审美经验现象学》，韩树站译，文化艺术出版社 1996 年版，第 482 页。

　　第三，先验可以成为一种认识的对象，这种认识本身也是先验。杜夫海纳把这种以先验为认识对象的认识本身称之为"情感范畴"。情感范畴的实质是作为先验的情感特质对自身的认识，或者说，是情感特质自身对自身关系的认识论转化。杜夫海纳说："情感特质确实还有一个方面，……这些特质不但构成我们所是的先验，而且构成我们所认识的先验。更加概括地说，什么是肉体先验、智力先验或情感先验，这一点我们总是早已知道的，并依靠这种早于任何学问的学问而生活。我们在所有经验以前认识这些先验。"① 把情感范畴规定为认识的先验，仿佛又回到了康德的知性先验，但与康德不同的是，情感范畴不是诉诸知而是诉诸感觉，"情感范畴存在于感觉之中。这些范畴构成的只是有感觉能力的深层的我的装备的一部分。感觉使这种知复活；这种知使感觉具有智力"②。因此之故，杜夫海纳把情感范畴又称之为"先知"、"原知"。

　　这里的问题在于，我们怎样知道这个"先知"或"原知"？这个问题的实质是：如何证明情感范畴的先验性？杜夫海纳提出了两项证明：一是先知直接内在于感觉；二是它并非出于一种经验的概括。关于第一项证明，他说："知不是在感之后。知不是对感的一种思考，不是感借以从某种盲目状态向某种知性状态，从参与走向理解的那种思考。感觉时立刻是有智性的。"③ 他举例说："我们之所以能够感觉拉辛的悲、贝多芬的哀婉或巴赫的开朗，那是因为在任何感觉之前，我们对悲、哀婉或开朗已有所认识，也就是说，对今后我们应该称之为情感范畴的东西有所认识。"④ 这两段引文总的意思是在说，在对具体的情感特质譬如拉辛的悲、巴赫的明朗有所感觉之前，我们已经先天地对这种"感"有所认识。至于这个先于"感觉"的认识从哪里来，杜夫海纳没有作出说明。关于第二项证明，他认为情感范畴是一般性的，但它不是一种概括的结果，这个一般不是一种抽象。他称这个一般为"与人性有关的一般"，以此区别于"与事物有关的一般"。他说："与事物有关的一般是从模仿我们对事物可能产生的影响

---

① ［法］杜夫海纳：《审美经验现象学》，韩树站译，文化艺术出版社 1996 年版，第 503 页。
② 同上书，第 510 页。
③ 同上。
④ 同上书，第 504 页。

开始的，因为事物确实受我们的影响。与人性有关的一般总包含着某种有关人类整体的观念，以及任何人与我们都有亲属关系的这种感觉。如果这种一般是先验，就是说，如果人的这个观念由于是在我身上的、我的人性的保证，在任何模式构成之前就已出现，那么情况就更是如此。"① 与事物有关的一般是经验概括的结果，与人性有关的一般则是经验可能性的条件。因此，莫扎特的欢乐与一般欢乐的关系就不同于种与属的外部关系，而是完全等同于在人自身内部所体现的人与人类的内在关系。"这种关系，对于思考它的人来说，就是在人身上发现人性。"②

在此，引用叶秀山对杜夫海纳"情感范畴"评价，以加深我们对这个晦涩问题的理解。"杜弗朗在论述审美范畴时，明确地把胡塞尔的这种早于各门具体科学之知识与康德的先天范畴论联系起来，具体运用于情感的问题上，认为在具体的情感可以分别出来之前，对于情感必有一个先天的、普遍的观念——范畴，因而这种'前科学'之知识也有必然性和普遍性，即不仅有'纯粹科学'（纯粹知识），也有'纯粹美学'（纯粹审美）。在这里，杜弗朗承认，他所运用的是比康德本人还要彻底的康德原则。"③

康德的先验概念有感性先验、知性先验和理性先验之分，先验感性的纯直观形式是空间和时间；知性先验就是纯粹知性概念，这就是体现在判断的量、质、关系、样式四个方面的十二范畴；先验理性就是体现理性思维的最高概念：灵魂、世界和上帝。康德先验概念虽有如上之分，但其立足点是认识，感性先验、知性先验和理性先验所标志的是人类认识能力由感性而到知性、再由知性而到理性的不同阶段和层次。所以，我们说，康德的先验是认识先验。杜夫海纳则在康德的基础上扩大了先验的范围，提出了与人的不同活动层次相应的三种先验：肉体先验、认识先验、情感先验。在呈现阶段，主体通过梅洛-庞蒂所说的肉体先验勾画出肉体自身所体验的世界的结构。在再现阶段，主体通过知性先验来认识客观世界的结构。在感觉阶段，主体通过情感先验打开我感觉到的一个世界。"在每个

---

① ［法］杜夫海纳：《审美经验现象学》，韩树站译，文化艺术出版社1996年版，第512页。
② 同上。
③ 叶秀山：《思史诗》，人民出版社1988年版，第339页。

阶段，主体都呈现出一个新面貌：在呈现阶段，他是肉体；在再现阶段，他是非属人的主体；在感觉阶段，他是深层的我。主体就是这样先后承受着与体验的世界、再现的世界和感觉的世界的关系。"①

在分析杜夫海纳分层理论时，笔者曾指出，这三个阶段实质上分别对应于人与世界的三个层次的关系。"呈现阶段"属于前主客关系层次，"肉体"即身体主体，"体验的世界"即生活世界；"再现阶段"属于主客关系层次，"非属人的主体"即意识主体，"再现的世界"即科学世界；"感觉阶段"属于超主客关系层次，"深层的我"即自由主体，"感觉的世界"即意象世界。

杜夫海纳对各种先验的命名是不统一的，"肉体先验"，又称"生命先验"、"呈现的先验"；"认识先验"，又称"再现的先验"、"智力先验"、"思维先验"，其意与康德的先验概念相同；"情感先验"，又称"存在先验"，又称审美对象中的情感先验为"宇宙论的先验"，又称主体中的先验为"存在先验"。在此，为避免混乱，同时也是为了便于理解，笔者根据各类先验所处的层次，把"肉体先验"、"呈现的先验"称之"生存先验"；把"再现的先验"、"智力先验"称为"认识先验"；把"情感先验"称为"存在先验"。

2. 情感先验与审美对象

（1）情感：主体的存在方式

杜夫海纳把情感看作是既存在于主体中又存在于客体中的并显示为主体和客体性质的一种东西，他称之为"情感性质"。他说："情感存在于作品本身，也存在于对情感产生回响的欣赏者；情感存在于客体，也存在于主体，而欣赏者感受它是因为情感特质也属于客体。"②"情感特质同时是作品和主体的构成因素。"③ 他把体现在审美对象方面的情感特质称之为"宇宙论现象"，把体现在主体方面的情感性质称之为"存在现象"。在这

① ［法］杜夫海纳：《审美经验现象学》，韩树站译，文化艺术出版社1996年版，第484页。
② 同上书，第495页。
③ 同上书，第490页。

两者之间，他进行相互规定："我们简直可以说情感性不完全在我身上而是在对象身上。感觉就是感到一种情感，这种情感不是作为我的存在状态而是作为对象的属性来感受的。情感在我身上只是对对象身上的某种情感结构的反应。反过来说，这种结构证明对象是为一个主体而存在的，它不能归结为任何人存在的那种客观现实。因为在对象身上有某种东西只有当主体向对象开放时通过一种交感才能被认识。"① 在这种论述里，存在着明显的循环规定。当然，在后面我们会看到，杜夫海纳用先于主体和客体的存在本体来解决这种循环。但是，就论证的理路来说，逻辑起点不清，造成了与先验概念第一个含义的矛盾，也造成了与他所问问题之间的矛盾，这个问题是：如果情感指的是主体的某种存在方式，那它如何能修饰一个对象，直至成为该对象的一个先验？

按照先验概念第一个含义和杜夫海纳所问问题的指引，我们首先把情感界定为主体的一种存在方式。古典哲学和心理学把人的心理机能或意识结构划分为三个部分：知（认识）、意（意志）、情（情感），它们与真（科学）、善（伦理）、美（艺术）三个领域相对应。从存在论的角度看，这已经把情感看作是人的一种存在方式了，不足之处在于并列地等层次地理解"知"、"意"、"情"三者。海德格尔的存在哲学，认为人（此在）是在世界中生存，作为现身情态的情绪是此在的原始展开方式。因此，情绪比认识和意志更为根本，或者说，认识和意志只是在情绪的基础上才是可能的。李泽厚在海德格尔此在生存论的基础上对知、意、情三者的关系作了更为具体的阐发："情感乃交感而生，是 bing – in – the – world（活在世上）。人本来就活在其情感—欲望中，佛家希望'不住心'，甚或要灭掉'七情六欲'但喜怒哀惧爱恶欲，以及嫉妒、恼恨、骄贪、耻愤、同情、平静、感激……却正是人们日常生活中的非常实在且常在的情结、激情、心境。即使那无喜无悲、无怨无爱，不也是一种情境、心绪？它是生物—生理的，却历史地渗透了各各不同的具体人际内容。社会性与生理性这种种不同比重、不同结构、不同组合使情感心理学经常为理智、观念、思想所说不清、道不明、讲不准。它就是人的具体生存，是'烦''畏'的具

---

① ［法］杜夫海纳：《审美经验现象学》，韩树站译，文化艺术出版社1996年版，第481页。

体形式，即'精细节目'之所呈现。在认识论，理智常常要求排开所有这些情绪—情感性的心理，以达到'认知'事物；在伦理学，理智要求主宰、控制这些情绪—情感性的心理，以履行其义务和责任的行为活动。只有在审美中，理性无拘无束，感性也无拘无束，二者随意交融，不断积累。从而不断丰富人的心灵——情（情感、情况）。"① 梅洛－庞蒂秉承胡塞尔的意向性思想，并进而发挥为身体意向性或情感意向性，说身体主体在一定意义上也就是在说情感主体。总之，古典哲学已经把情感看作人的存在方式之一，而海德格尔和梅洛－庞蒂的存在现象学则进一步把情感规定为人的本源性的存在方式。其实，杜夫海纳在论情感范畴时也把它说成是主体的存在方式："说先验是潜在的，就等于说先验属于主体意识，成为主体意识支配的一种能力。……有关这些先验的隐蔽知识也是一种存在先验。……先验只是知识的一个特征，这是因为它首先是一个主体的存在方式。"②

（2）情感特质作为主体先验是审美对象可能性的条件（先验的第一个规定）

当我们把情感规定为主体的存在方式之后，我们应该明确的是：首先，这个主体是经过现象学还原之后的主体，杜夫海纳称之为"具体主体"。在这里，经过了两个还原过程。首先是由意识主体还原到生存主体："他不再是康德的非属人的，带有一些本身也是非属人的，因而属于理性认识范围内的先验的主体，而是一个具体的人。这个人不再与客观经验的非属人的世界有关，而是与他特有的、其他人只有与他思想沟通时才能进入的一个世界有关。"③ 在理性的层次上，主体是以排斥情感甚至无情感为其存在方式的。还原到生活世界后，主体以李泽厚所描述的"七情六欲"、日常生活中的情结、激情、心境等情绪—情感方式存在。按海德格尔的看法，这是沉沦着的生存状态。其次是由生存主体还原到自由主体，杜夫海纳没有对此作出进一步描述，这是他理论表述的局限性，但他的整体思想

---

① 李泽厚：《历史本体论》，生活·读书·新知三联书店2006年版，第106页。
② ［法］杜夫海纳：《审美经验现象学》，韩树站译，文化艺术出版社1996年版，第534页。
③ 同上书，第487页。

存在着这个还原过程。在这个层次上，主体的情感是还原之后的先验情感，是"情感先验"。"先验表示一个主体在万物面前所处的绝对地位，以及主体瞄准、体验与改造万物的方式和主体联系万物以创造自己的世界的方式。……先验就是一个具体主体借以构成自己的、萨特的精神分析应该找出的那种不可还原的东西。所不同的是，我们所谓的先验不表示一种绝对自由的行为，一种完整偶然的自我选择，而是表现一个具体主体的性质"①。

其次，作为具体主体性质的"情感先验"是主体在世界之中的情感，它具有情感意向性，它出离自身指向事物、指向世界。"被自己的情感特质界定的主体实际上总与一个世界有关，就如同被统觉的综合统一界定的先验主体与作为一种可能的经验对象的一个自然有关一样"②。这听起来似乎是移情理论，但我们要注意，移情理论作为心理学现象只是在自然态度的世界里有效，在现象学世界里，它已被悬置。主体的情感先验以其特有的意向性与世界构成的是一种先验关系。"这种先验关系是一种独特本质借以肯定自己、显示自己的根本行为，是所有特殊行为的源泉，是一种内在性——它为了存在走向和扩散到它自身之外的东西——的必然外化。在这种先验关系中包含的不是一个需要认识的世界，一个能成为一种普遍有效的经验的对象的世界，而是主体表现的一个世界。因这种先验而成为可能的经验是一种应该称为'存在'的经验。它的对象组成一个唯有感觉能达到的世界，即一个来自一个主体、由主体延伸和阐明的世界。这个世界不是主体认识的世界，而是主体在其中被认出并成为他自己的世界。这个世界与主体的联系如此紧密，以至作为它的基础的情感先验就是主体：莫扎特就是明朗，贝多芬就是悲怆激烈。"③

现在，我们可以来回答杜夫海纳在"审美经验批判"一开始提出的第一个问题了。他的问题是：如果情感指的是主体的某种存在方式，那它如何能修饰一个对象，直至成为该对象的一个先验呢？答案是：主体情感先

---

① ［法］杜夫海纳：《审美经验现象学》，韩树站译，文化艺术出版社1996年版，第487页。
② 同上。
③ 同上书，第488页。

验的外化，为一个世界、一个对象能被感觉提供了条件；或者说，主体的先验情感是审美经验和审美对象之所以可能的条件。叶秀山就是这样来解释杜夫海纳的情感先验的："为了回答审美经验如何可能的问题，杜弗朗区分了三种类型的先天性，因为没有先天必然的形式规则是不可能形成统一的'经验'的。杜弗朗说，有存在性的先天性，有思想性的先天性，也有情感性的先天性。存在性的先天性使人的实际生活成为可能，思想性的先天性使人的知识成为可能，情感性的先天性则使人的深层交往成为可能。"① 在此，主体的情感显示了先验概念的第一种含义。

（3）情感特质作为审美对象的构成因素（先验的第二个规定）

当主体把情感先验运用于审美经验时，主体在审美对象身上感觉到了属于对象的情感特质。因此，杜夫海纳依据先验概念的第二个含义把情感特质确定为审美对象的构成因素。对此所作表述多有不同，但意思是一样的。"我们可以说情感特质构成审美对象，因为先验作为构成对象的东西连结于这一对象"。"起先验作用的东西，就是感觉在对象上感到的东西，即处在对象世界的根源的某种情感特质"②。

在把情感特质确定为审美对象的构成因素的基础上，杜夫海纳继续深化对这个问题的思考，他把情感特质和审美对象的世界以及表现联系起来，首先提出的一个问题是：对象含有情感特质，但并非任何情感特质都构成一种先验，譬如，一个富有吸引力的女子、一棵雄伟壮观的橡树都不是先验。那么在什么条件下，这个女子的吸引力、这棵橡树的雄伟壮观成为先验的呢？他回答说：在审美化时。"因为一个被艺术确定和固定在自身的对象只有在审美世界中才能根据一种情感特质来构成。只有在这个世界里丁托雷斯画中的苏珊永远富有吸引力，鲁伊斯达尔画中的橡树才永远雄伟壮观"③。这里的区别在于，普通对象的情感属性是偶然的，它既无表现力，又不能打开一个属于自己的世界；而审美对象的情感属性具有必然性，它表现，并能打开一个独特的世界。

---

① 叶秀山：《思史诗》，人民出版社 1988 年版，第 337 页。
② ［法］杜夫海纳：《审美经验现象学》，韩树站译，文化艺术出版社 1996 年版，第 478 页。
③ 同上书，第 479 页。

其次，他把审美对象提升为主体："用情感修饰的对象在一定范围内自身就是主体，而不再单纯是对象或一种非属人意识的关联物。各种情感特质都意味着某种自身与自身的关系，即把自己构成整体——我们倒愿意说是自己感动自己——而不是从外部被泛泛确定的一种方式。因此，每个审美对象的特殊气氛化成的情感特质都用拟人手法来表示：博希的可怕、莫扎特的欢乐、麦克白的悲惨和福克纳的嘲讽。"① 我们曾经从两个方面论证过审美对象是一个准主体，从存在方式看，它不仅是一个"自在的存在"，而且是一个"自为的存在"，"自为"意味着它具有主体性意识，这个意识就是情感特质以及情感特质经自我认识转化而成的情感范畴；从存在形态看，审美对象不仅有一个再现的世界，而且有一个表现的世界，情感特质就是这个表现世界的灵魂。在此，表现意味着把情感特质作为整体的和没有分割的情感特质来揭示的东西。关于表现的世界与再现的世界之间的关系，我们曾说，再现的世界是表现的世界的躯体，表现的世界是再现的世界的灵魂。我们曾说表现具有四种功能：表现确立一个独特世界的统一性；表现以审美对象所纳入的和它所排斥的东西为表现；表现使世界具有开放性；表现显示了审美对象的世界的时间和空间。到此为止，我们可以说表现的功能最终可以归结为审美对象灵魂的情感特质。总之，情感特质激起作品，用作品来表明自己，正是这样情感特质才是构成因素；情感特质通过表现打开一个世界，并安排这个世界，所以，情感特质对审美对象自身来说是一种先验。

如果说，情感特质是主体的一种存在方式，那么也可以说，情感特质同样也是对象的一种存在方式。叶秀山就是以此把情感特质看作是对象中的主体特性的："'客体'中表现的'类主体性'，使主体的特性借助'客体'的属性表现出来，作为一种特殊的属性（如巴赫音乐的'纯净'）提供出来，感染欣赏者，这种特殊的'审美属性'，杜弗朗叫做'情感的性质'。'情感的性质'是对象中的主体特性，是客体属性中的价值。"②

① ［法］杜夫海纳：《审美经验现象学》，韩树站译，文化艺术出版社1996年版，第481页。
② 叶秀山：《思史诗》，人民出版社1988年版，第337页。

3. 表现中的真实性

情感特质作为先验的构成因素先天地保证了审美对象的真实性，而杜夫海纳也已指出，相对于再现这个后验，表现属于先验。审美对象中的情感特质具有表现性，而审美对象的表现就是表现情感特质，二者对于审美对象而言是互属的。所以表现中的真实性就是指情感特质的真实性。这个结论在论述情感先验时就已得到阐明，在这一部分一开始杜夫海纳就表明了他的总的观点：审美对象的世界就是一种情感范畴的世界，并且仅仅通过情感范畴又是现实对象的世界。然后他结合音乐艺术、语言艺术和造型艺术对这个道理作了具体阐发。

（1）音乐艺术

音乐不直接瞄准现实，音乐不再现现实。无论是模拟现实声音的音乐、音乐剧还是配有歌词的音乐，都是如此，更不用说纯音乐。模拟现实声音的音乐，表面看来是再现，但乐音是从它在音响体系中的功能而不是从它与现实的现象中获得自己的效能的。配有歌词的音乐有两种情况，在歌词具有理性的意义并表示现实的情况下，其歌词在音乐中是无足轻重的，音乐不是歌词的说明，歌词也不是音乐的说明。如果作品成为一个独立的音响体系，歌词就应该完全被音乐化。在歌词超越现实具有诗歌意义的情况下，歌词通过自身的表现有了价值，而这种表现与音乐的表现是一致的。

音乐的真实性在于表现。杜夫海纳说："这种表现完全内在于感性，是精神意义的反面，不是它的穷亲戚。与现实的关系就产生在这种表现之中，与任何模仿性的再现无关。因为如此表现的情感特质是一个世界的物质。因此，当我们说某个赋格曲表现的欢乐向我们打开巴赫的世界时，'世界'这个词就表示与现实的一种关系。这个世界没有任何形象，没有任何概念，然而它是真实的。"① "当某种表现把我引入一个世界，在这个世界里，我将在一个儿童天真的游戏、一位女舞蹈员或妙龄女郎的千姿百态或一个幸运地、在不受法律制裁的情况下克制住情欲的男子的笑脸面前重新见到巴赫的世界。这时，我就知道巴赫的世界是真实的，因为现实确

————————

① ［法］杜夫海纳：《审美经验现象学》，韩树站译，文化艺术出版社1996年版，第558页。

认了它。可是我不必预先有这些体验就已经知道这一点。我知道'是这样'。"① 这种真实性是由审美的直观、直觉当下得到的，当下即是，无须分析和论证，更无须核实。因为在人这里就先验地存在着这个"欢乐"的情感特质，它与现实中的对象无关。当欣赏者与音乐作品相遇时，作品向人显示而人则感觉这种情感特质。感觉与对象（情感特质）同是一个世界之本，作品所提供的东西不是作为存在于世界的对象的那种对象，而是作为一个世界之本的对象。譬如，听德彪西的《大海》交响曲，不是静观现实的大海风景，而是感受大海的那些真正是"海"的东西：它的情感本质。

（2）语言艺术

与表现性的音乐艺术相反，语言艺术明显具有再现性特征。从语言的角度看，文学所运用的语言是现实语言，因此词义与现实有关。从文学所描写的对象来看，无论是对人物心理的描写还是对环境的描写，都要追求细节的相似和真实，这在现实主义作品中体现得尤为明显。但在杜夫海纳看来，这并不能说明语言艺术的真实性在于再现。这是因为，对艺术家而言，现实仅仅是激起或保持创作灵感的手段，而不是艺术重建历史的目的。他举例说："德彪西在创作《大海》时很可能受到一次旅行的启示；维克多·雨果的《巴黎圣母院》很可能是从熟读历史中得到启示；巴尔扎克的《人间喜剧》也很可能是从法国王朝复辟时期的世界景象得到启示。"② 他由此得出结论：再现从属于表现，再现协助重现某种情感特质。作品的真实性不在于它叙述的内容，而在于它叙述的方式。

艺术家所追求的首先是要表现自己，表现就是通过情感构成一个属于自己的世界而不是摹仿外部的现实世界。《追忆似水年华》给我的不是一张人物表或一本心理学教科书，而是照亮现实的某些方面的一道光。司汤达的《红与黑》向读者提供的不是现实世界中的真人真事，而是创造一个司汤达的世界，并叫人在这种气氛的启发下读懂人的野心与爱情。语言艺术作品正是借助于表现世界的真实才能发现再现世界的真实。杜夫海纳

① ［法］杜夫海纳：《审美经验现象学》，韩树站译，文化艺术出版社1996年版，第559页。
② 同上书，第563页。

说："文学作品同寓言一样，它的真实性是在于它的间接意义，不在于它再现的东西的直接意义。再现的职能与其说是模仿现实，不如说是为了那个使人能把握现实的表现服务。"①

（3）造型艺术

同音乐艺术和语言艺术一样，绘画艺术的真实性不在于它再现的东西："耶稣受难像的真实性不在于它显示的解剖学，荷兰室内画的真实性不在于它提供的有关当时的服装和家具的资料，风景画的真实性也不在于地理情况。"② 绘画的真实性在于它们展现的世界，再现是组织感性并使之具有表现力的一种手段。

总之，杜夫海纳在这里立足于先验的层面，通过对再现和表现在各类艺术中关系的辩驳，再次强调了主体意识、情感表现对于审美对象真实性的决定性作用。

4. 现实世界与情感先验

审美对象的世界同现实世界的关系，在经验的层面上，是借助于论证内容中的真实性而得到展开的；在先验的层面上，杜夫海纳则借助于"情感先验"这一概念再次提出了这一问题：

> 如果情感特质对审美对象的世界而言是先验，那么它对现实世界而言也是先验吗？这两个世界的关系是什么呢？③

> 宇宙论现象和存在现象的同一性是否扩大到现实世界？这并非因为现实世界可以审美化，而是因为审美对象可以为现实世界作证。④

> 由审美对象显示出来的并构成该对象的情感先验对现实来说是否像呈现的先验和再现的先验在其他层次那样，也是构成因素呢？⑤

---

① ［法］杜夫海纳：《审美经验现象学》，韩树站译，文化艺术出版社1996年版，第567页。
② 同上书，第568页。
③ 同上书，第479页。
④ 同上书，第540页。
⑤ 同上书，第541页。

在这里，关键的问题是情感特质能否从审美世界的先验转化为、扩大到或本就是现实世界的先验并构成现实世界。为了回答这一问题，让我们回到杜夫海纳的三个世界理论。

（1）三个世界

杜夫海纳的三个世界是：现实世界、客观世界、审美世界。

A. 客观世界

客观世界是纯粹意识的相关项。纯粹意识（我思）是一个非属人的我思主体，它排除了现实世界的主观性，强化了自身的主体性，它以知性为先验去展开一个客观世界，如杜夫海纳所说"客观世界只有通过再现先验才变成世界"①。再现先验就是知性先验。知性以其纯直观的感性时空形式、纯粹知性范畴和理性理念对这个世界进行形式上的统一，达到了知性的统一性，所以客观世界显示为一个整体。由于知性无止境的追求，客观世界被不断重建，以此成为一个向一切境域开放的整体。在这个整体中，一切事物——可以辨认的和认识掌握的对象——随着知识对它们的发现和建立都可以占有一个席位。它是无限的，这是因为有限物在不断地增多，也因为别的事物永无止境地出现。由于客观世界是对现实世界的一种投射，杜夫海纳认为归根到底并没有一个现成的客观世界，进而这个世界也没有一个内在的统一性的本质。它有的只是按不同等级所划分的各不相同的世界，"这些世界很可能首先就是科学家的世界：对档案专家来说，中世纪的一个修道院的某种历史比当代某个事件更为亲近；对原子物理学家来说，原子比实验室周围的树木更为亲近。因为科学的世界本身首先就是科学家的世界。因此，除非作为一种局限和作为一种无限的任务，客观世界绝对不能就其本身来构想。"②

B. 现实世界

现实世界是身体意识的相关项。身体意识是一个活的身体所具有的生命意识，它以感性为先验展开一个现实世界，杜夫海纳说："现实本身也

①　［法］杜夫海纳：《审美经验现象学》，韩树站译，文化艺术出版社1996年版，第570页。
②　同上书，第571页。

永远只能根据呈现的先验才呈现。"① 呈现的先验就是感性先验。感性身体以其特有的时间和空间对已经存在在那里的现实进行组织，从而形成普全的世界视域，这是现实世界。所以，现实世界是前客观的、模糊的、充盈的。杜夫海纳说："现实就是前客观。它表现在事实的突然性、定在的强制性、自在的模糊性之中：我遇到和受到的这种呈现就是现实的现实性。"② 杜夫海纳把现实世界的这种"充溢性"规定为"给定物的一种无穷储备"、"是意义的一种无穷材料"，但它本身没有意义，由此，杜夫海纳认为"作为这样的现实还不具有世界的模样。它具有的这种充满性还不是世界的一种特征，我们不能在它身上罗列或统一一些独特世界"③。那么，在什么情况下，世界才是一个世界？或者说，世界才具有统一性？杜夫海纳说这需要意义的出现。"只有对那些在现实中发现和从现实中选出某种意义（哪怕是无意义）的人来说才有一个世界。因为世界的统一性并非来自现实的统一性，而是来自观看现实的那个目光的统一性。"④ 这就需要我们转向审美世界了。

  C. 审美世界

  审美世界是自由意识的相关项。自由意识以其纯粹感性先验展开一个审美的世界，杜夫海纳说："审美世界只有通过情感先验才能变成世界。"⑤情感先验就是纯粹感性先验。审美世界是一个主观的、独特的、多样性的、不限定的世界。说主观的，是因为审美世界的根源在于创作者或欣赏者的主观意识；说独特的，是因为它是个性化了的风格世界，是只能用它的作者的姓名去命名的世界，如莫扎特的世界、塞尚的世界；说多样性，是因为有多少审美对象就有多少世界，有多少作者就有多少世界；说不限定的，是因为它也是一个无限开放的整体，是由再现对象表明而不确定的一种世界气氛。客观世界因其无限性、现实世界因其充溢性而导致不能达到真实的统一，审美世界因其情感先验而达到了真正的统一。杜夫海纳

---

① ［法］杜夫海纳：《审美经验现象学》，韩树站译，文化艺术出版社 1996 年版，第 572 页。
② 同上书，第 571 页。
③ 同上书，第 572 页。
④ 同上。
⑤ 同上书，第 570 页。

说："审美对象的世界虽然在外延上是不限定的，却受赋予它以生命力的情感先验的限定。在这个世界里，'绝对物'不是一系列条件的无法理解的整体，而是一种独特感觉的、或许无法限定但可以感到的统一性。"①

（2）审美与现实

客观世界根源于现实世界，它是沿着知性方向对现实世界的投射，因此之故，客观世界也能够返回现实世界，从先验哲学的角度看，知性先验（再现的先验）能够回到感性先验（呈现的先验）。但审美世界却并不与客观世界发生直接关联，杜夫海纳把这种现象说成是"审美经验排除对客观世界的任何参照"、"无需照搬已经给予的客观世界"。他认为原因在于"客观世界只有通过再现先验才变成世界，如同审美世界只有通过情感先验才变成世界一样。这种平行现象使这两个世界无法汇合在一起"②。这种解释是不准确的，两个世界的平行现象不是同一层次的平行，而是不同层次的平行。不同层次的平行造成的结果是两者之间隔着现实世界，或者说在情感先验和再现的先验之间隔着呈现的先验，因此无法汇合在一起。所以说"与各种情感先验相配合的诸世界在客观世界中没有共同点，与各种生命先验相配合的诸世界在客观世界中也没有共同点"③。

严格地讲，并没有客观世界、现实世界和审美世界之分，有的只是世界自身与自身的关系。审美世界与现实世界的关系包含了世界自身关系的全部复杂性。从经验的角度看，审美世界根源于现实世界，审美从现实出发，它沿着感性方向对现实进行再现；从先验的角度看，现实世界根源于审美世界，情感先验从审美世界出发，沿着纯粹感性的方向对现实进行表现。这时情感先验由审美对象的世界的先验扩大到、转化为现实世界的先验，或者说，审美对象的世界的先验是现实世界审美化（实现统一性）的前提条件。从本体论的角度看，情感先验本就是审美世界和现实世界共同的构成因素，是同一个先验。只有这样，我们才能理解，为什么在现实的土地上开出了审美的花朵？为什么现实世界也像审美世界一样令人感到惊

---

① ［法］杜夫海纳：《审美经验现象学》，韩树站译，文化艺术出版社1996年版，第570页。
② 同上。
③ 同上书，第573页。

奇和新鲜？为什么说生命是一件令人激动的事情？为什么说自然是美的？带着这些问题，让我们来谈一谈审美与现实的具体关系。

首先，现实需要审美阐明。现实既需要理性的阐明又需要感性的阐明，理性的阐明由科学来做，构成客观世界；感性的阐明由审美来做，生成艺术的世界。问题是现实为什么需要审美阐明？在前文描述现实世界时，已经涉及了这个问题。杜夫海纳的观点是，现实具有现实性，但现实性产生不了真实性，真实性需要情感先验所提供的目光对现实进行统一才能产生出来。他说在现实中有很多世界，如城市或乡村的世界、春天或冬天的世界、健康或疾病的世界、和平或战争的世界、自由或牢狱的世界，如此等等；人们也可以在这些世界中穿越或变换，但这些世界都是历史和自然的偶然性的表现，它缺乏一个完美的、富有意义的对象作保证。他问道："这里有一个世界吗？有的是我们的激情，对往事的回忆和对现实的依顺。"① 当然，理性也可以为现实提供一种统一性，但那仅仅是观念的统一，是一种以损害现实丰富性为前提的统一。审美提供的统一是一种比现实更具丰富性的统一，是真正的统一。在这里，"我们感到的是与现实的协调一致，仿佛现实想在我们身上找到自己的全部广度和全部共鸣，得到它本身或许不具备的深度"②。这表明，现实需要我们，它要求我们做它的诗人。

其次，审美能够阐明现实。审美阐明现实的实质是赋予现实以情感意义。一方面，情感先验是审美对象的世界的主观意识，它不仅赋予审美对象以意义，而且让审美对象接过现实，赋予现实以意义。"一旦我们给现实定性，哪怕是为了说出它的非人性的、可怕和卑劣的东西，哪怕是由于感到它的可怜和可憎，我们就超出赤裸裸的现实在阐明现实：最没有人性的现实也只是对一个主体来说才没有人性。"③ 这在审美范畴那里得到了突出的表现，优美、崇高、喜剧等范畴从肯定性的方面，丑陋、荒诞、悲剧等范畴从否定性的方面，分别对现实进行意义的揭示。另一方面，审美世

---

① ［法］杜夫海纳：《审美经验现象学》，韩树站译，文化艺术出版社1996年版，第576页。
② 同上。
③ 同上书，第572页。

界作为可能性预示并召唤现实世界的出现，以此赋予现实以意义。从这个意义上说，审美世界是现实世界的光，审美对象说要有光，于是现实世界便有了光。"现实是作为可能事物的场地被体验的，而且它还是通过这些纯粹的可能事物即先验而出现的。人们只有以可能事物为武器才能走向现实。……它们不是现实的穷亲戚，或现实最终可以决定的某种不明确的东西，它们是阐明现实和在现实中开始显露一个世界的意义。"①

总之，现实就是这样要求审美阐明并通过审美阐明，一方面肯定了审美对象的真实性，另一方面肯定了自身的真实性。惟其如此，我们才既可以从被理解为德彪西的作品所表现的世界的德彪西世界走向被理解为德彪西的环境的德彪西世界，又可以从被理解为德彪西的环境的德彪西世界走向被理解为德彪西的作品所表现的世界的德彪西世界。因为，共同的情感先验为两个世界的往返穿越作了本体的保证。

三、人类学的证明

1. 人在世界中

无论是现实世界还是审美世界都是人的世界，人不仅在审美对象的世界中，人也在现实世界中。人不仅是审美的人和现实的人，人也是处在审美世界和现实世界之间的人。因此，要证明审美对象的真实性，人是一个最基本的维度。但在经验的证明和先验的证明中，杜夫海纳都还没有做到这一点。在经验的证明中有"主体的真实"和"内容中的真实性"环节，在先验的证明中有情感先验的存在方面，似乎都已涉及了人。但仔细分析就会发现，在这些地方并没有把人放在一个中心的位置上。经验证明中的"主体的真实"，不是指独立于审美对象之外的人的真实，而是指投射在或内含于审美对象之中的主体的真实；"内容中的真实性"限定在审美世界与现实世界两个世界本身之间的"再现"关系，而没有去突出人作为再现活动的主语；先验的证明完全以情感先验为中心展开，其中固然涉及了情感先验的存在方面（即主体方面），但那是为论证情感先验的宇宙论方面

---

① 〔法〕杜夫海纳：《审美经验现象学》，韩树站译，文化艺术出版社1996年版，第573页。

（即审美对象方面）服务的；把审美对象的情感先验扩大到现实世界的构成因素，只是在先验的层面上对审美对象的世界与现实世界的关系从"表现"的角度作了新的表述。因此，人类学的证明是审美经验乃至审美对象真实性论证深化的必然要求。从更大的视野看，人类学的证明构成了向本体论证明的过渡环节。让我们来品读杜夫海纳的两段话：

> 审美经验之所以阐明现实是因为现实是作为存在的反面——人是这种存在的见证——而存在的。因此，艺术表现现实，因为现实和艺术都从属于存在。这样，我们就该否认人具有审美经验的主动性，而把这种主动性以某种方式赋予存在。这可能吗？意义不是通过人才达到的吗？我们能在把意义等同于存在的情况下谈什么意义有一种存在（这种存在的服务者是人，它的表现是现实）吗？无论如何，到目前为止，我们还只能为审美经验的真实性找到一种人类学的证明。①
>
> 审美的本性是揭示人性，但审美唯一依靠的是人的主动性。而人归根到底只是因为自己的行动或至少用自己的目光对现实进行了人化才在现实中找到人性。因此，审美不能说明无人性的自然所具有的表现性的东西，除非是通过大胆的推论。②

这两段话旨在强调人在审美活动中的主动性或主体地位，强调意义通过人才能到达。这与海德格尔《存在与时间》中此在所处的基础性地位，以及把意义规定为是此在的一种生存论性质的思路是极为相近的。

我们说既有一个审美世界又有一个现实世界，与此相应，便既有一个审美主体又有一个现实主体；我们也曾说审美世界与现实世界的关系是世界自身与自身的关系，因此也可以说在同一的世界里审美主体与现实主体的关系是主体自身与自身的关系。因此，所谓"人在世界中"，就不仅仅意味着不同的主体或在审美世界中或在现实世界中，而更重要的是意味着同一个主体在两个世界之间的生存运动。这种生存运动的趋向，或是从现

---

① ［法］杜夫海纳：《审美经验现象学》，韩树站译，文化艺术出版社 1996 年版，第 581 页。
② 同上书，第 588 页。

实到艺术，或是从艺术到现实。前者的主体状态是创作，后者的主体状态是欣赏。借助于欣赏者，审美对象以其真实性促使我们完成构成一种现实性的运动；借助于创作者，现实以其现实性促使我们完成构成一种审美对象真实性的运动。

2. 创作者：从现实到艺术

作者在世界中，首先是在现实世界中，"现实"就是他不得不展开的"此"，时间、空间、他人、他物和自身都出现在这里。这就是他对现实的介入，也是现实对他的介入，于是有了属于他自己的悲欢离合、人生际遇，他在这种介入中成为自己。如杜夫海纳所言："成为自我绝不是孤身独处，与世隔绝，而是同意存在于世界，即使在艺术创作的借口下也绝不逃避。而且这种创作，只有当它是一个不逃避自己命运的人的作品时才有实质。"① 所谓作品，恰恰就是介入现实的人的作品，作品的真正性由作者介入的深度来衡量。能设想没有巴尔扎克的《人间喜剧》、没有托尔斯泰的《复活》、没有梵高的《星月夜》、没有曹雪芹的《红楼梦》、没有鲁迅的《呐喊》吗？

作者承受着现实并应和现实的要求把现实反映在他的作品中，于是，我们看到作品不仅表明作者的个性，而且表明他曾经生活过的那个现实世界的性质。从先验的层面看，作品表现的东西就是现实的表现，因为作者"在表现自己并忠实于自己的存在先验时，他不可能不表现围绕它、支撑他、撞击他的现实，他的一切活动都是对这种现实的反应"②。从经验的层面看，作品再现的东西就是现实世界的面貌，因为表现这个灵魂必须有一个承载它的躯体，这就是再现。再现使作品成为某一个时代的象征，甚至当作品并不企图再现与它的创作同时的这种现实时，它仍然为这种现实作证。

3. 欣赏者：从艺术到现实

如果说从作者的角度看，审美世界的出现需要现实；那么从欣赏者的

---

① ［法］杜夫海纳：《审美经验现象学》，韩树站译，文化艺术出版社1996年版，第586页。
② 同上。

角度看，现实作为现实出现需要审美世界。

欣赏者在世界中，首先是在审美世界中。在这个世界先验的层面上，"艺术教给我们运用任何感知都运用的各种先验进行感知，它有助于这些先验的运用。审美对象按照安排它的模式与身体相配合，它严格地描绘空间和时间，具有一个典型对象的容易掌握和令人信服的呈现。尤其是，它教给我们把握构成它并揭示世界的一个面貌的情感先验"①。审美对象唤起我们的审美知觉，从而去发现对象内部的一个世界，并进而感受到它的情感先验。当我们带着审美对象所给予的绝对经验回到现实世界时，情感先验以其意向性之光照亮现实，赋予现实以意义，现实就这样有了表现性。因此，欣赏者与现实就具有了一种双向关系：现实因欣赏者情感先验的意向性之光而具有了统一性，成为一个类似审美对象的世界的主体性世界，具有了表现性；反过来，现实的表现性只能被是体现这种存在先验的人去读解，它首先呈现于这一主体，然后从现实中被主体采纳。按此思路追溯起来，可以说是审美世界先验地确证了现实世界的真实性，但它是在现实之前给予的真实性，是在对象之前作为意义给予的世界。

在审美世界经验的层面上，艺术训练了我们辨别韵律的耳朵和欣赏绘画的眼睛，它教给我们怎样进行具体的观看和聆听。这首先是因为，"在这之前，我们还不曾看：我们在看到米开朗基罗画的奴隶之前，不曾看过人体上半身的抽搐能力；在看到梵高画的光束之前，不曾看过蓝蝴蝶花的扭曲形象；在阅读巴尔扎克的《猫滚球布店》以前，不曾看过巴黎的古老街道；在阅读萨特的《心灵之死》以前，不曾看过失败的愁容"②。在进行现象学的还原之前，我们的感官已经被各种理论和知识遮蔽了，我们已看不到事情的本来面貌，我们见山不是山，见水不是水。这其次是因为，通过艺术，感官获得新生，艺术把我们带回到了开始的地方。"艺术指引和激发我们对这种现实的感知：内瓦尔和印象派画家教我们如何看法兰西岛，雷斯和高乃依教我们如何看投石党运动或肖像画家教我们如何看人的

---

① ［法］杜夫海纳：《审美经验现象学》，韩树站译，文化艺术出版社1996年版，第583页。
② 同上书，第585页。

面孔。"①

从创作者的角度看,审美活动本来是对现实的模仿和超越;从欣赏者的角度看,现在事情仿佛在倒转回来,由于欣赏者从艺术到现实的运动,现实却在模仿艺术。花园模仿公园,农田模仿花园,天空模仿风景画家,大海模仿诗人,大街上女人们的梳妆打扮和仪表举止仿佛在模仿电影明星。这些现象所表征的是,现实在人化的同时进行审美化。这就是现实世界对审美世界真实性的证实。

四、本体论的证明

1. 主体与客体的互证

以情感先验来证明审美对象之真实性,从理路上来看,主要是通过申述情感特质作为审美对象的存在方式和构成因素而完成的,但前提首先是情感先验作为主体的存在方式和构成因素,主体的先验情感是审美经验和审美对象之所以可能的条件。在专论"情感先验"的第四编第一章里,第二节的题目就是"作为宇宙论现象和存在现象的先验",杜夫海纳在这里明确表示,情感先验的客体方面是"宇宙论现象",情感先验的主体方面是"存在现象",宇宙论现象和存在现象只是同一先验的两个侧面,情感特质同时是作品和主体的构成因素。在这里,既不能把客体从属于主体,如果这样就会陷入唯心主义;又不能把主体从属于客体,如果那样就会陷入现实主义。这两种解释都忽视了主体与世界关系的复杂性。对情感先验既表征客体又表征主体、既体现于客体中又体现于主体中、既构成客体又构成主体、既是主体中的最深的东西又是审美对象中的最深的东西这种现象所显示出来的主体与客体关系的复杂性,杜夫海纳用如下两种方式作了互证:一是作者与作品的互证,一是欣赏者与作品的互证。

作者作为一个主体与对象作为一个世界,其地位是平等的。主体的一个世界的概念应该倒转过来,用世界的一个主体的概念来补偿。杜夫海纳就此写道:"一个主体一定要有一个世界,因为主体联结到一个世界时才

---

① [法]杜夫海纳:《审美经验现象学》,韩树站译,文化艺术出版社1996年版,第587页。

是主体；同样，一个世界一定要有一个主体，因为有了见证人世界才是世界。作者通过作品的世界表现自己，作品的世界也通过作者表现自己。"①为此他举拉辛为例进行说明。艺术作为创造是主体与客体相互规定的创造，固然说是拉辛创造了拉辛的世界，但也可以说是拉辛的世界创造了拉辛；主体与客体都是在创造中成为自身。艺术的真实性也是主体与客体相互规定的真实性，正是因为拉辛是真实的，所以有拉辛世界的真实性；但是拉辛也必须是真实的因为有一种拉辛世界的真实性需要拉辛。

这已经从理论上证明了主体与客体的平等地位，但是，"创作行为"本身容易诱惑人们赋予主体以优先地位，创作过程中艺术家的激情、灵感似乎都强化了这一印象，这实际上仅是创作表现方式之一的"心在物先"而已。杜夫海纳为避免这种情况容易造成主体处于优先地位的判断，特地援引欣赏者以资平衡。"作品像迫使人们感知自己那样迫使公众接受自己，公众只有通过作品才存在。正如拉辛的世界创造拉辛一样，拉辛的作品——依然是拉辛世界的一部分——也创造自己的公众。所以与其说公众拥有作品，倒不如说作品拥有公众。这个公众似乎来自作品，它似乎延伸和阐明作品。因此，在与存在现象的关系中宇宙论现象似乎处于主动地位。"在杜夫海纳看来，通过强调作品对欣赏者的主动性就可以平衡作者对作品的主动性。其实，作品对欣赏者的主动性也不过是艺术活动的另一种表现方式"物在心先"的表现而已。不需要作这种强调，欣赏者与作品的关系在实质上也是平等的，"实际上这二者都不处在主动地位，因为反过来公众也创造作品，因为只有作品找到一个与它相称的意识，只有人们在作品中找到表现自己的机会，或者至少在作品中找到自己的一种表现时，作品才得到承认。"②

另一现象学美学家莫里茨·盖格尔在论证审美价值的客观性与主观性关系时也是运用了这种互证方法。基于把美学建设成为一门严格的特殊的科学的立场，盖格尔倾其全力批判心理主义美学的观点，所以在对作为一种独立现象的审美价值的研究上，他首先把审美价值从正在进行体验的主

---

① ［法］杜夫海纳：《审美经验现象学》，韩树站译，文化艺术出版社1996年版，第493页。
② 同上书，第494页。

体之中孤立出来，以便寻找审美价值的客观性依据。他由此得出的结论是"价值作为特性是属于这个艺术作品的"①。但盖格尔不是简单地把它们归结于这个艺术作品，而是从有机体的角度出发把它们结合在这个艺术作品之中。盖格尔说得非常明确："我们必须承认客观性，并且与此同时通过艺术的主观性来理解它。因为对于自我、对于体验来说，艺术通过意味达到了顶峰——我们寻找艺术不是为了领会这些价值，而是为了得到比我们日常的体验更深刻的体验。"② 正是借助于这个关节点，盖格尔便从审美价值的客观性研究转到审美价值的主观性研究上来。

审美价值主观性的含义是，艺术作品只是为了人们才存在，美只存在于它与体验它的人类的关系之中，只是对于主体、对于自我的体验，艺术才具有意味。一个客体的价值正在于它以其感性存在的特有形式呼唤并在某种程度上引导了主体审美经验的自由的创造。黑格尔说过：艺术作品"在本质上是一个问题，一句向起反应的心弦所说的话，一种向情感和思想所发出的呼吁"③。中国古代美学家对此也说过类似的话："夫美不自美，因人而彰。兰亭也，不遭右军，则清湍修竹，芜没于空山矣。"④ 其实，他们这里所说的都是审美活动的意向性问题，一方是对象，另一方是作为主体的自我，审美价值就存在于对象与自我的关系中，但这个关系并不是物我之间空间距离上的平均数，而是超越了物与我而上升为更高层次的第三种焕然全新的东西，是别一世界，是澄明之境，是高峰体验。

在这里，我们应当注意盖格尔在表述审美价值与主客体关系时用语的差异，就审美价值与审美对象的关系看，审美价值是对象属性；就审美价值与主体的关系看，审美价值是主观意味。把客体、价值、主体联结为一个整体的表述则是"价值是某种事物所具有的特性，是因为它对于一个主体来说具有意味。价值是在客体方面的一种客观投射，主体则认识到，这种客观投射的意味是由于主体才存在的。某个事物之所以具有价值，是因

---

① ［德］莫里茨·盖格尔：《艺术的意味》，艾彦译，华夏出版社 1999 年版，第 210 页。
② 同上书，第 212 页。
③ ［德］黑格尔：《美学》第一卷，朱光潜译，商务印书馆 1979 年版，第 89 页。
④ 柳宗元：《邕州柳中丞作马退山茅亭记》，见《柳宗元集》，中国书店 2000 年版，第 384 页。

为它对于一个主体（或者对于一些主体）来说具有意味；某个事物是一种价值，则是因为它已经完全获得了这种意味"①。

2. 走向存在本体

通过主体和客体的相互规定，固然证明了情感先验为主体和客体所共有，所谓"既构成客体又构成主体"，但只要停留在同一个层次上，它也就仅仅说明了主体与审美对象之间所具有的相互意向性关系而已，而远没有从本源上证明两者的同一性。要做到这一点，就需要把情感先验推到先于主体和客体的层次上去，把它作为在规定这两个方面之前的东西来把握。杜夫海纳对此有非常清醒的认识，对此他反复地加以申说：

> 在这里，可以看到我们的思考绕到了本体论，先验的逻辑意义滑进了本体论的意义，可能条件变成了存在的一种属性。先验只是因为它是存在的一种属性，这种属性既先于主体又先于客体，并使主客体的亲缘关系成为可能，所以它同时是客体和主体的一种规定性。②
>
> 先验为主体和客体所共有，只是因为先验奠定主体和客体的基础，因为它在本质上属于存在。任何哲学，只要不满足于把对象层次和存在层次对立起来，不把先验说成是对对象的感知的单纯主观条件，都不得不从先验过渡到本体论。③

当把情感先验推进到本体层次的时候，它变成了存在的一种属性。存在先于主体和客体，并奠定主体和客体的基础，使主客体的亲缘关系成为可能。杜夫海纳把这个先于主体和客体的存在称之为"原始现实"、"原始状态"、"整体的和没有分割的情感特质"。在拉辛和拉辛的世界之先，有前拉辛的情感特质；在作为音乐现实的音符和作为感情现实的柔情之先，有原始的柔情。叶秀山在分析杜夫海纳这一思想时指出："艺术的世界是一

---

① 张云鹏：《审美价值与存在的自我》，见中国人民大学报刊复印资料《美学》2002 年第 5 期，第 40 页。
② ［法］杜夫海纳：《审美经验现象学》，韩树站译，文化艺术出版社 1996 年版，第 495 页。
③ 同上书，第 501 页。

个活的世界，是真实的世界，是主体的真理性的见证。真实的世界不是主体与客体分化以后的世界，而是分化之前的本源性的世界，这个世界是分化以后的世界的基础和条件，因此情感的性质先于客体的属性，也先于主体的情绪。杜弗朗说，音乐的'柔和'早与音符和情绪之分，'字'的意义，也早于'音位'和'义位'之分。这种先于音符的'柔和'、先于语音的'意义'，使'音乐'成为'音乐'，'字'成为'字'，因而作为先天条件就由纯知识性转化为存在性，即作为一个'对象'之存在的条件，这就是康德所说的，经验之可能条件，也就是经验对象之可能条件。在现象学和存在哲学看来，这句话应理解为无论经验或经验对象都源于人作为存在的本源性状态，而不是源于知性作为工具之抽象的形式的必然性、先天性，'存在'的条件，同时即是'存在性''对象'的条件。"①

　　从对术语的运用看，在"情感先验"这一章，杜夫海纳是通过把分割的情感特质推进到整体的情感特质而走向存在本体的，其核心术语是"情感"；而在"审美经验的本体论意义"一章，则是通过把人是意义的创造者推进到人是意义的见证者而走向存在本体的，其核心术语是"意义"。在审美对象真实性的人类学证明中，他强调人在审美活动中的主体地位，但在本体论的证明中，他转而说体现在先验中的意义是由主体创造并带给万物的这种人类学的解释是不够的。但如何把出现在主体、客体以及现实中的意义推进到本体的层次，杜夫海纳显然未能达到论述情感先验时所具有的清晰，他只是笼统地说："我们曾经承认审美对象有一个存在和一个独立于知觉之外的真实性，尽管它需要知觉来承认。但是，一种本体论的观点促使我们更上一层楼，承认意义有一种存在——意义本是存在——这种存在既早于意义在其中显示的客体，又早于意义对之显示的主体，同时为了自我完成，又求助于客体与主体的这种连带关系。"②"存在在这里就是意义本身，或者如我们所提出的，就是这样一种先验：它先于自己的存在的规定性和宇宙论的规定性，它仿佛同时建立主体和客体、人和世

---

①　叶秀山：《思史诗》，人民出版社1988年版，第338页。

②　［法］杜夫海纳：《审美经验现象学》，韩树站译，文化艺术出版社1996年版，第590页。

界。"① 如果我们要完善论证的环节，其思路似乎应该是：人在世界中存在，其生存展开状态的领悟、现身情态、沉沦都标志着人在创造意义并体验意义，因此可以说意义构成了人存在的一种方式。显示于人身上的意义是审美对象之所以可能的前提条件，并成为审美对象的构成因素。当审美对象以其意义之光照亮现实时，现实就具有了这种意义。而作为本体的意义则早于上述被分割的意义，并使主体和客体、人和世界及其关系成为可能，这个意义就是存在。

从情感到存在和从意义到存在是杜夫海纳走向本体的两条道路，但殊途同归，最终走向的都是存在。所谓两条道路不过是走向本体的两种表述方式的差异，究其实质，两条道路就是同一条道路，因为在审美对象的世界里，情感就是意义，意义就是情感；而最深的情感、最深的意义就是存在本身。杜夫海纳说："情感意义——虽然它包含不明确的和不可数的因素，但毕竟是一种意义——如何出现在现实之中。如果说这种意义是现实的意义，那么不应该赋予它以本体论的地位吗？促进或读解这种意义的人和带有这种意义的现实不都依附于这种意义吗？如同人类学现象和本体现象都依附于本体论现象一样。"② 这就是说，处在本体层次上的情感意义就是存在本身，而存在对于主体与客体、人与世界来说既是其可能性的条件又是其构成因素，因而杜夫海纳也把存在称之为"存在先验"。照此说来，存在先验就是本体层次上的情感先验。

3. 艺术与存在

存在就是存在自身的发生、显现，而艺术乃是存在发生的本源性方式之一。在《艺术作品的本源》中，围绕艺术与存在的内在关联，海德格尔就艺术与真理、艺术与作品和艺术家之关系提出了一系列命题。

1）艺术是艺术作品和艺术家的本源。③

---

① ［法］杜夫海纳：《审美经验现象学》，韩树站译，文化艺术出版社1996年版，第589页。
② 同上书，第580页。
③ ［德］海德格尔：《林中路》，孙周兴译，上海译文出版社1997年版，第41页。

2）艺术是真理自行设置入作品。艺术就是真理的生成和发生。艺术就是自行设置入作品的真理。①

3）艺术作品以自己的方式开启存在者之存在。这种开启，即解蔽，亦即存在者之真理，是在作品中发生的。②

杜夫海纳深受海德格尔艺术与存在思想的影响，当把情感先验推进到存在本体时，他提出了与之相关的一种艺术本体论的看法。当从艺术的角度思考人对存在的从属关系时，杜夫海纳指出了现实与艺术关系的两个基本点：

首先，现实与艺术之间的关系不是艺术模仿现实，而是现实对艺术有所期待，现实或自然需要艺术。其根据在于，艺术与存在有关，存在参与艺术。现实、自然当然有它自己的意义，但它得不到表达，现实自身遮蔽了自身。现实没有完全进入存在，这时事物只是事物之所是。艺术作为存在发生的本源性方式，能够让事物进入敞开领域，诚如海德格尔所言："由于艺术的诗意创造本质，艺术就在存在者中间打开了一方敞开之地，在此敞开之地的敞开性中，一切存在（者）遂有迥然不同之仪态。"③ 所谓"迥然不同之仪态"就是超出了自己之所是而成为自己之可能是，这一敞开领域在存在者中间使存在者发光和鸣响。以此，艺术表达了现实的意义，从事物中认出了人的面孔。

其次，现实需要艺术家把自己表现在作品之中。但这里存在着一个问题：既然人从属于存在，艺术家从属于艺术，现实已经对存在、对艺术有所期待了，为何又说现实需要艺术家把自己表现在作品中？这里的根结在于：存在为什么需要人？因为存在的显现要求人，艺术需要艺术家。海德格尔认为"人不是存在者的主人。人是存在的看护者。……人在其存在的历史的本质中就是这样一个存在者，这个存在者的存在作为生存的情况是：这个存在居住在存在的近处。人是存在的邻居"④。杜夫海纳就是按照

① ［德］海德格尔：《林中路》，孙周兴译，上海译文出版社 1997 年版，第 61、55、23 页。
② 同上书，第 23 页。
③ 同上书，第 55 页。
④ 孙周兴选编：《海德格尔选集》上，上海三联书店 1996 年版，第 385 页。

海德格尔的这个思想来解释艺术家的真实性的。艺术家之所以创作是因为他感到存在召唤他，感到自己负有一种对存在负责的使命。他在作品中表现自己，不是单纯为了取得表现自己这样一种乐趣，不是炫耀自己以求仰慕，也不是像一个有罪的人默默忏悔以求解脱；他是被选定来表现自己的，自我表现是完成超越他的一项任务的手段。这项任务就是在作品中让现实、自然存在。因此，"对他来说，存在与创作之间没有分界线，他的创作行为和现实之间也没有。他的行为处于主客体的区分之外。这种行为不是把人和现实摆在对立地位，因为在体现人性时，它既完善了人又完善了现实，同时又显示了它们之间的密切关系"①。创作者的创作与存在的一致性，扩大到欣赏者身上就是欣赏与存在的一致性。审美对象恰如自然需要艺术一样，也需要欣赏者来承认它和完成它。欣赏者以自己的欣赏行为参与了审美对象的存在，这时他发现自己进入的审美对象的世界也是自己的世界，他在发现一个是自己的世界的世界时发现了自己。

叶秀山对杜夫海纳现实与艺术关系的评价是："这就是从存在论观点对'艺术'与'现实'关系的一种理解。'艺术'给'现实'以'意义'，但这种'意义'并不是外加上去的，而是'现实'作为'存在'的意义。就存在论来看，'现实'不是死的'自然'，而是人的生、老、病、死的环境的界限，艺术使这种'意义'明朗化，使这个'世界'呈现于人的面前，所以在这个意义下，虽说是通过艺术家的创作呈现出来，但同时也是'现实'呈现其自身，'世界'自己呈现出来。"②

杜夫海纳的艺术本体论来自海德格尔，但是远没有达到海德格尔思想的丰富性和表述上天马行空式的奇异性，杜夫海纳艺术本体论思想还是单薄的和局促的，还是让我们回到海德格尔吧。什么是本源？什么是艺术作品和艺术家的本源？海德格尔回答说："艺术让真理脱颖而出。作为创建着的保存，艺术是使存在者之真理在作品中一跃而出的源泉。使某物凭一跃而源出，在出自本质渊源的创建着的跳跃中把某物带入存在之中，这就

---

① ［法］杜夫海纳：《审美经验现象学》，韩树站译，文化艺术出版社 1996 年版，第 597 页。
② 叶秀山：《思史诗》，人民出版社 1988 年版，第 343—344 页。

是本源一词的意思。"①

第二节　表现性

杜夫海纳审美对象的表现性理论与艺术史和美学史上的"表现说"既存在着密切关联，又有质的差异。艺术史和美学史上的"表现说"主要是一种与"再现说"相对的关于艺术起源的理论，从其内涵的发展演变来看，我们会发现这个学说经实际上经历了从主体表现到艺术表现这样一个过程。

19 世纪英国浪漫主义诗人华兹华斯、雪莱等人的表现论是一种主体表现论。华兹华斯认为诗歌的本质就在于表达诗人的情感："一切好诗都是强烈情感的自然流露。"② 雪莱在《为诗辩护》中则把主体情感的表现，由作者推及读者："诗人在表现社会或自然时，其表现方法所产生的快感，能感染别人，并且从别人心中引起一种复现的快感。"③ 美国艺术理论家布洛克曾区分"表现"的两种含义，一种类似于人们以哎哟的喊声来表现自己痛苦的情感，一种则指用一个句子来表达作者想要传达的某种意义。主体表现论侧重于指第一种含义，即艺术家通过画布、色彩、书面文字、砖石和灰泥等创造出一件艺术品，以此把自己内心存在的某种情感或情绪释放或宣泄出来。而这件艺术品又能在观看和倾听它的人心中诱导或唤起同样的感情或情绪。19 世纪的美学家欧仁·维龙和文学家托尔斯泰对文学艺术所做的情感表现的定义，都属于这种主体表现论。

浪漫主义的主体表现论，其主体情感与艺术作品是分离的，因此在这里就存在着一个令人困惑的问题：作为主体的一种内在心理状态的情感，怎么可能释放到一个外部物理对象中并被他人所感觉到？克罗齐和科林伍德一派的表现说力图客服浪漫主义的表现论所遇到的这个困难。在主体一

---

① ［德］海德格尔：《林中路》，孙周兴译，上海译文出版社 1997 年版，第 61 页。

② ［英］拉曼·塞尔登：《文学批评理论》，刘象愚、陈永国等译，北京大学出版社 2000 年版，第 183 页。

③ 伍蠡甫、胡经之选编：《西方文艺理论名著选编》中，北京大学出版社 1986 年版，第 69 页。

极，他们排斥了"直接情感"。克罗齐认为情感的自然流露或直接表现不是艺术；科林伍德则对克罗齐的这个观点加以反复申说，指出表现情感不是唤起情感、不是暴露情感、不是释放情感。那么对于主体来说艺术所表现的是什么呢？克罗齐说，艺术即直觉。直觉是心灵赋予杂乱无章的、无形式的质料、物质、印象以形式，是心灵主动的赋形活动。在此，主体通过直觉所把握的是形象。对于科林伍德来说，艺术是情感的表现的真实含义是："他意识到有某种情感，但是却没有意识到这种情感是什么；他所意识到的一切是一种烦躁不安或兴奋激动……他通过做某种事情把自己从这种无依靠的受压抑的处境中解救出来，这种事情我们称之为表现他自己。"① 他所谓"做某种事情"就是通过想象赋予他所意识到的情感一个形象。在对象一极，他们把对象心理化。克罗齐认为直觉只在内心完成，不需要外在媒介。所以，艺术不是物理事实，而是想象活动中的意象。由此，他得出的结论是，直觉就是表现。"每一个直觉或表象同时也就是表现。没有在表现中对象化了的东西就不是直觉或表象，就还只是感受和自然的事。心灵只有借造作、赋形、表现才能直觉"②。在这一点上，科林伍德与克罗齐完全一致，他认为，艺术不是音响、色彩或文字本身，而是艺术家总体活动中的想象性经验。"通过为自己创造一种形象性经验或想象性活动以表现自己的情感，这就是我们所说的艺术。"③ 总之，克罗齐和科林伍德的表现主义美学，是把主体和对象统一在主体心灵之内来规定"表现"的，这个"表现"固然已从主体的直觉转化为艺术的表现，但在此，艺术（实指艺术作品）被彻底主体化了。因此，对表现主义美学来说，艺术表现也就是主体表现。对于他们与浪漫主义在表现上的差异，布洛克作了如下的评论："那种作为某种内在心理状态的感情，常常是艺术品的源泉，但并不是艺术品最后表现出来的东西，这种原始的感情在表现中已发

---

① ［英］科林伍德：《艺术原理》，王至元、陈华中译，中国社会科学出版社 1985 年版，第112 页。

② ［意］克罗齐：《美学原理·美学纲要》，朱光潜译，人民文学出版社 1983 年版，第14 页。

③ 同①，第 156 页。

生了变化。"① 这种变化就是指从某种情感状态（或体验）向着审美理解转化。布洛克仅仅注意到了"表现"在主体方面的变化，而忽略了对象方面的变化。

表现主义美学对"表现"的理解尚处在从主体表现向艺术表现转变的途中，真正完成这种转变的是苏珊·朗格为代表的符号论美学。苏珊·朗格为艺术做的定义是："艺术，是人类情感的符号形式的创造。"② 苏珊·朗格把人类情感分为两种：一种是"主观情感"，一种是"客观情感"，主观情感蕴含在主体自身之内，客观情感包含在非人格化的事物中。苏珊·朗格把符号也分为两种：一种是语言逻辑符号，一种是艺术表现符号。语言逻辑符号与事物的概念相连接，并且存在于由表达事物的综合概念构成的符号体系中。艺术表现符号则与人的主观现实、情感和情绪相连接，并且赋予这些内部经验以形式，这是一个可见可听的感性形式。通过这些感性符号形式人们就可以感受到人类普遍的情感，这就是艺术符号的表现性。苏珊·朗格曾区分"表现"一词的两种含义，一是自我表现——宣泄我们的各种感情，这是情感症候的表现性；一种是使用恰当妥帖的词句再现一个观点，艺术的表现性就是这种符号的表现性。她说："艺术完完全全是表现性的，每一行文字，每一声音响，每一种姿态，无不如此。所以它百分之百地是符号性的。"③ 艺术符号作为一个整体来说，就是情感的意象。至此，我们看到，苏珊·朗格首先将主体的主观情感进行了排除，也就是说，表现不是主体的表现。然后将艺术符号与客观情感连接起来，并进一步把这种艺术符号整体看作是审美对象——意象，这就把表现最终落实在了对象身上。艺术符号的表现就是艺术表现，艺术表现就是对象（意象）的表现。

杜夫海纳的表现论来源于美学史上的表现说，但又超越了表现说。杜夫海纳审美对象表现理论与苏珊·朗格艺术表现论相同的地方在于，它们都是指对象的表现；不同的地方在于，苏珊·朗格完全排除了主体之表

① ［美］布洛克：《美学新解》，滕守尧译，辽宁人民出版社1987年版，第142页。
② ［美］苏珊·朗格：《情感与形式》，刘大基、傅志强、周发祥译，中国社会科学出版社1986年版，第51页。
③ 同上书，第70页。

现，而杜夫海纳则大力强调审美对象之主体性表现。杜夫海纳与浪漫主义
和表现主义美学相同的地方在于，三者都重视主体表现，但不同的地方在
于，浪漫主义的主体与审美对象是分离的，杜夫海纳的主体是内涵于审美
对象之中的；表现主义的审美对象完全主观化了，没有自在的独立存在；
而杜夫海纳的审美对象虽然是意向对象，但这是一个知觉对象，它在主体
之外有着独立的存在。他们之间最后的区别是，杜夫海纳的审美对象表现
理论存在着一个先验的本体的维度，即存在表现，尽管他的论述不充分；
而浪漫主义、表现主义和符号论美学则始终停留在主客体的层面。

一、审美对象作为主体

审美对象的存在形态是感性，而"感性本身就是主体"①。从存在方式
看，审美对象既是一个自在的存在，又是一个自为的存在。作为"自在的
存在"，它是一个物；作为"自为的存在"，它是一个准主体。审美对象是
作为一个"自在—自为"的感性整体在世界之中存在的。

1. 审美对象"在世界之中存在"

审美对象作为"自在的存在"，它和普通对象一样存在于自然的空间
和时间里。譬如，教堂位于城市中心，诗集存放在图书馆，绘画陈列在画
廊，等等。这时，世界作为一切境域的境域构成了审美对象出现的背景，
它支托并滋养着审美对象，使其成为真实的对象；而审美对象也召唤世
界、肯定世界，作为"物"组建着世界这个境域总体。

审美对象作为"物"，它也和万物一起在物的时间里存在着。这具体
地表现为，它有生有灭，在存在的过程中，它具有"物的脆弱性"。一座
教堂可以被雷电击毁，一座图书馆可以被付之一炬，绘画可以被糟蹋，文
学书籍可以被焚烧。尤其是造型作品，它的躯体会随着时间的流逝而衰老
和破损，譬如建筑物或雕像所用的石头，其纹理和结构遭到损坏时，建筑
物和雕像的美也会受到影响。作为"自在的存在"，审美对象与物有着相
同的命运。

---

① ［法］杜夫海纳：《审美经验现象学》，韩树站译，文化艺术出版社1996年版，第262页。

但审美对象不仅是一个"自在的存在",而且是一个"自为的存在"。"自在的存在"与世界的关系是"在之内","自为的存在"与世界的关系是"在之中"。海德格尔把"在世界之中存在"规定为此在的基本建构,同样,我们也可把"在世界之中存在"规定为审美对象的基本建构。海德格尔说:"'在世界之中存在'这个复合名词的造词法就表示它意指一个统一的现象。这一首要的存在实情必须作为整体来看。我们不可把'在世界之中存在'分解为一些可以拼凑的内容,但这并不排除这一建构的构成环节具有多重性。"① 在把审美对象在世界之中存在看作一个整体的前提下,我们可以在此指出它的三个构成环节,并加以简要说明。

(1)准主体。作为向来以在世界之中的方式存在着的存在者,审美对象是一个"此在"式的准主体。此在的特征在一定意义上也就是审美对象这个准主体的特征:其一,审美对象的本质就是去存在、去是,而非现成存在,不是什么;其二,审美对象这个存在者在其存在中对之有所作为的那个存在,总是它自己的存在。这有两重含义:一是这个在其存在中对自己的存在有所作为的存在者把自己的存在作为它最本己的可能性来对之有所作为,也就是说,审美对象总作为它本己的可能性来存在。在此,审美对象与此在有所不同,此在既可本真地存在,又可非本真地存在;而审美对象只有本真的存在,而且只有本真地存在它才是审美对象。一是审美对象总是个性地、风格化地存在,在审美对象这里,没有平均状态的"常人",只有天马行空的"这一个";审美对象没有日常生活,只有辉煌的节日。

(2)世界。对审美对象来说有两个世界,一个是外部世界,一个是内部世界。外部世界就是作为"自在的存在"置身其中的世界,同时作为"自为的存在"也会和这个世界发生关系,从而表现出与普通对象不同的存在特点,杜夫海纳称这个世界为"只有那个世界"。内部世界是审美对象自身包含着的一个自己的世界,审美对象就是这个世界的本源,而世界则是审美对象本身的一种性质,没有自己世界的对象根本就不是审美对象。

---

① [德]海德格尔:《存在与时间》,陈嘉映、王庆节译,生活·读书·新知三联书店1999年版,第62页。

（3）"在之中"。普通对象在世界之中，如海德格尔所说的，是作为一个现成东西摆在另一现成东西之内，如椅子在教室之中，教室在学校之中，学校在城市之中。这种现成东西与另一现成东西的时空关系，是"在之内"。而审美对象在世界之中则是"在之中"，"在之中"意指审美对象的一种存在建构，它是审美对象的一种存在性质。如果用一个词汇来表述这种性质，这就是"表现"，表现就是审美对象的展开状态，就是它的类似于此在的"此"。审美对象的表现，其具体展开则有超越、表演、言说等方式，最终则趋向建立世界。

2. 准主体

在第一章论审美对象的存在方式时，我们曾专门申说审美对象是一个"自为—准主体"，其大意是：审美对象双重地与主观性相联系。作者创造了作品，因而审美对象含有创造它的那个主体的主体性；观众按审美对象的要求感知作品，因而审美对象在知觉的视域中显示了自己的主体性意志。这可以说从创作主体和接受主体两个向度基本解释清楚了审美对象之所以成为主体的原因。

但是在那里，我们还仅仅是指出了审美对象与主观性的联系，而没有把这种联系内在化和结构化。现在我们要在此基础上深入一步论证，审美对象把创作主体和接受主体内在化了，现实作者内在化为现象学的作者，现实观众内在化为现象学的观众。现象学的作者和现象学的观众成为审美对象的结构性因素，审美活动发生之前，审美对象的这个主体性结构是潜在存在；当审美活动发生时，这个主体性结构由潜在存在转化为显在存在。

（1）现象学作者

尽管现实作者创造了作品，但是现象学作者不是现实作者，因为他外在于作品。现象学作者内在于作品，与作品共生共存。杜夫海纳说：

> "我们描述其创作行为的作者实际上是在作品中出现的、对公众而言的现象学作者。"①

---

① ［法］杜夫海纳：《审美经验现象学》，韩树站译，文化艺术出版社 1996 年版，第 57 页。

"审美对象向我们呈现的那个艺术家，我们也知道他不是真实的艺术家，而是属于审美对象的艺术家。"①

"作品身上带着创作的烙印，它代表它的作者。可是，谁是这位作者呢？在现象学看来，作者也是一个现象，因为他向读者展示自身——可是仅仅在作品中，而不是在其他任何地方。"②

在作品之外的作者是一个经验的人，批评家当然可以从社会学、历史学、心理学和心理分析学的角度研究这个人，可以询问他的门房、医生或出版商，写出他的传记，但是由此所获得的只是关于一个作家的真理，而不是作家的真理，更不可能导致对作品的理解。而存在于作品之中的作家，是一个经过了现象学悬置之后的作为现象的作者，悬置的具体表现就是"作者的最好的存在便是当他失去存在之时，便是当他不谈自我、把他的世界奉献给我们之时"③。当作者失去现实自我的存在而赢得现象的自我的存在时，作家就是自己的作品。所以，作品的世界也就是作者的世界，两者是同一的。这时，我们用作者的名字称呼这个世界，如巴尔扎克的世界、魏尔伦的世界，如此等等。在论艺术家的真实性时，杜夫海纳曾断言，艺术家是为了主观存在而牺牲客观存在的那个人，他选定存在于自己的作品中而不存在于世界和历史之中。因此，作者的真实性不是作为传记对象的那个真正的人的历史真实性，而是呈现于作品中的、我只是通过作品认识的那个人的真实性。"作品就是它的真正面目的那个人。"④

因为发现了现象学的作者，杜夫海纳要求批评家必须按作品去认识作者，走从作品到作家再从作家到人这条历史路线，而不是相反。因为从人出发是找不到作家的。与杜夫海纳观点相似的是艾略特的非个人化理论，而把这种理论推向极端的则是罗兰·巴尔特的"作者之死"。"废除作者（这里，可以用布莱希特名副其实的'间离'说来解释，作者像文学舞台上最远处的小塑像一样消失了），不仅仅是一个历史事实或者写作行为，

---

① ［法］杜夫海纳：《审美经验现象学》，韩树站译，文化艺术出版社 1996 年版，第 191 页。
② ［法］杜夫海纳：《美学与哲学》，孙非译，中国社会科学出版社 1985 年版，第 160 页。
③ 同上书，第 161 页。
④ 同①，第 144 页。

还彻底改变了现代文本（换言之，此后的文本写作和阅读以这样的方式进行：作者从各个层次来看都是缺场的）。时间关系发生了变化。相信作者时，他总是被当作自己作品的过去：作品与作者自动地站在一条直线上，这条直线被分成以前和以后。作者被认为是孕育作品的人，就是说，他先于作品而存在，为了作品他思考、生活、承受苦痛。他先于作品的关系就如同父亲先于子女的关系。现代作家则截然相反，他与文本同时诞生，绝对不是先于写作或超越写作的存在，不是以其作品为从属的主体。存在只是阐述的那一刻，并且只有此时此地每一个文本才被永远地写作。"①

从现实作者转向作品文本本身，这是巴尔特的解构主义与杜夫海纳悬置现实作者相一致的地方，但是，杜夫海纳以此所强化的是审美对象的主体表现性，即超越自身走向意义；而巴尔特则通过对作者权威的否定而最终否定了作品的终极意义，作品不过是能指自身的无穷无尽的相互指涉、游移和置换的游戏。现象学美学和解构主义美学在否定现实作者的问题上，道路相似而目的地截然不同。

（2）现象学公众

审美对象与创作者的主观性相联系，使其将作者纳入自身结构成为现象学作者；按此道理，审美对象与欣赏者的主观性相联系，也应使其将欣赏者纳入自身结构成为现象学的观众，但是，杜夫海纳没有做出这样的表述。关于作品的接受者、欣赏者、观众、读者，杜夫海纳提出的一个具有代表性的概念是"公众"。所谓公众，即临场观看表演的那个密密麻麻的人群。但杜夫海纳不是在"个人的集合"而是在"人类"和"普遍性"意义上界定公众的：

> "这个公众基本上不是一些个人的集合，因为它不是一个你和我的关系的无限扩大，而是一个我们的直接肯定。"②

> "审美对象能使公众构成人群，因为它把自己看作是一种最

---

① ［英］拉曼·塞尔登：《文学批评理论》，刘象愚、陈永国等译，北京大学出版社 2000 年版，第 341 页。

② ［法］杜夫海纳：《审美经验现象学》，韩树站译，文化艺术出版社 1996 年版，第 93 页。

高的客观性，这种客观性把各个人联合起来，强迫他们忘掉个人的特殊性。……作品强迫我放弃自己的差异性，迫使我变成我的同类人的同类人。"①

"面对审美对象的人超越自己的特殊性，走向人类的普遍性。"②

面对审美对象，观众虽然仍是个人，但他已经从个体走向了人类，成为"我们"，成为"公众"。相反，当观众在剧院里目光不是盯住舞台而是注意邻座，在音乐会上不是倾听音乐而是吹口哨，在绘画展览会上不看绘画而是耸起肩膀，这时他就变成了一个具体的人。这就说明，对杜夫海纳来说，"公众"是可能的、理想的观众，它构成了现实观众的目标。尽管如此，杜夫海纳从未明确表述"公众"是现象学的。

在什么意义上我们可以把"公众"称之为现象学的？或者说我们有什么理由可以把"公众"纳入到审美对象自身中成为其结构因素。理由有三：

其一，审美对象是知觉对象。在欣赏者知觉之前，作品仅仅是一个潜在的审美对象，如一幅不曾展出的绘画、一份未经出版的手稿、一个没有上演的剧本。只是借助于欣赏者的知觉，审美对象才从潜在存在转变为显在存在，辉煌呈现的感性是感觉者和感觉物的共同行为。杜夫海纳认为拥有公众是审美对象的特征。由此得出的结论是，审美主体通过知觉内在于审美对象。这是来自于杜夫海纳自身的证明。

其二，审美对象所内含的现象学作者是一个"说"者，而相应的就存在一个"听"者，这就是"公众"。"说"与"听"、"表演者"与"见证人"是审美对象的先验的对话结构，正是这个结构使得现实作者的创作活动和现实观众的欣赏活动成为可能。海德格尔曾把"此在"在世作为共在，并把话语看作是"此在"在世展开状态的一种方式。在这样一个前提下，他认为"听"对话语具有构成作用。"每一个此在都随身带着一个朋

---

① ［法］杜夫海纳：《审美经验现象学》，韩树站译，文化艺术出版社 1996 年版，第 94 页。

② 同上书，第 96 页。

友；当此在听这个朋友的声音之际，这个听还构成此在对它最本己能在的首要的和本真的敞开状态。"① 这种思想给我们考察审美对象的主体性以及在审美对象的视域中作者与公众构成的对话关系提供了有益的启发。我们也可以在模仿的意义上说，审美对象作为准主体也随身带着一个朋友，这就是"公众"。这是来自海德格尔的证明。

其三，接受美学的代表人物伊瑟尔受现象学的启发，把读者看作是文学文本语义和实际潜能得以实现的指示框架，由此提出了"隐含的读者"这一概念。"隐含的读者"首先是作为本文结构的读者角色，他牢牢地植根于本文的结构之中，也就是说隐含的读者构成了本文的结构要素。隐含的读者不是实际读者，也不是从实际读者中推导出来的抽象物。隐含的读者与实际读者的关系，是先验与后验、可能性与现实性的关系，伊瑟尔说："他体现了所有那些对一部文学作品来说是必要的先在倾向性——它们不是由经验的外在现实而是由文本自身所设定的。"② 这种"先在倾向性"构成了实际读者接受这一角色时所产生的一种特殊张力背后的决定性力量。作为本文结构的"隐含的读者"同时也是一种"反应邀请结构"，他期待接受者出现，迫使读者抓住本文。从这个意义上讲，隐含的读者是作为结构化行为的读者角色。当本文诱发了读者的结构化行为时，隐含的读者才能被完全实现。伊瑟尔对这一现象作出了如下的解释："虽然文本的透视角度自身是既定的，但它们的逐渐汇集与最终交接点却没有在语言上得到系统的表述，因而还必须把它们想象出来。"由此他得出了这样的结论："读者的有利视点与透视角度的交接点在观念化活动中就逐渐连接起来，读者因而不可避免地被引入到本文的世界之中。"③ 显然，隐含的读者就是一个现象学的读者。这是来自阅读现象学的证明。

（3）表演者与见证人

杜夫海纳认为审美对象的出现需要两个条件：一是作品必须得到表演，一是要有一个欣赏者或观众出现在作品面前。根据我们对审美对象因

---

① ［德］海德格尔：《存在与时间》，陈嘉映、王庆节译，生活·读书·新知三联书店1999年版，第191页。

② ［德］伊瑟尔：《阅读行为》，金惠敏等译，湖南文艺出版社1991年版，第43—44页。

③ 同上书，第46页。

内含作者和公众而具有主体性的分析，现象学的作者和现象学的公众就是审美对象的表演者和见证人，并互为表演者和见证人。表演者和见证人的概念再次确认审美对象是一个准主体。

艺术作品要求表演，而创作就是表演，创作和表演合二为一，此时作者就是表演者。杜夫海纳所举的例子有：音乐家作曲时在钢琴上边弹边写，或者充当乐队指挥；建筑师充当承包人；莫里哀和莎士比亚亲自登台演出；拉辛在创作《米特里达特》时狂热地背诵。其实，按创作就是表演的道理，剧作家即使不登台演出，音乐家即使不进行弹奏，诗人即使不背诵诗句，只要他在进行创作，他就是在表演。

艺术可分为表演艺术和非表演艺术，与此相应，杜夫海纳联系到作者而把它表述为"表演者不是作者的艺术"和"表演者即作者的艺术"。在非表演艺术中，我们说作者就是表演者，因为创作就是想象中的表演；那么在表演艺术中，如戏剧、电影、舞蹈等需要特定的表演者——演员，此时作者在哪里呢？我们说，在这里作者是表演者的表演者。

如果说作者作为表演者参与了审美对象从抽象存在到感性存在的过渡、从存在到显现的过渡；那么，欣赏者作为公众也同样参与了审美对象显现的过程，因此，欣赏者也是表演者。杜夫海纳说："如果艺术作品想要显现，那是向我显现；如果它想要全部呈现，那是为了使我向它呈现。表演在欣赏者的面前举行，因此欣赏者也参加了表演。严格说来，欣赏者还是一位表演者，甚至是唯一的表演者。"① "一个剧本等待着上演，它就是为此而写作的。它的存在只有当演出结束时才告完成。以同样方式，读者在朗诵诗歌时上演诗歌，用眼睛阅读小说时上演小说"②。这是与身体的表演有所区别但在本质上是完全一致的内在化了的想象的表演。

在表演艺术中，欣赏者双重地参与表演：作为公众的一员，他协助作品的表演，使作品趋向于完成；同时他又是作品所要求的见证人。当见证人应作品之邀将自己呈现于作品之时，也就深入了作品之中，进入了作品的世界，并与这个世界共存。在非表演的艺术或独自欣赏的艺术里，虽说

---

① ［法］杜夫海纳：《审美经验现象学》，韩树站译，文化艺术出版社1996年版，第72页。
② ［法］杜夫海纳：《美学与哲学》，孙非译，中国社会科学出版社1985年版，第158页。

表演是由作者本人一劳永逸地承担的，不会像欣赏者协助戏剧演出那样发生欣赏者给予合作的问题。也就是说欣赏者在此只是见证人，但实际上成为见证人就是成为一个表演者。在这里，公众与作者重合了，成为同一个主体。杜夫海纳在此力图区分表演者与欣赏者的不同，"表演者是为了体现作品，欣赏者是为了把握作品"①。这种区别大致是"表演"与"看"、"说"与"听"的差异。但这仅仅是表演者与欣赏者关系的一个方面，而另一个方面则是两者的同一。"把握作品"就是"体现作品"，"看"就是"表演"，"听"就是"说"，见证人就是表演者，反之亦然。在这个互动过程中，审美对象得以完成，作品因此从一个潜在存在转化为一个辉煌呈现的感性对象。

3. 审美对象与世界

如前所述，审美对象关涉两个世界，一个是其置身于其中的外部世界，一个是自己所开出的内部世界。我们可把前一个世界称作"关于审美对象的世界"，把后一个世界称作"审美对象的世界"。"审美对象的世界"已经在第二章"世界"部分论述过了，在这里侧重于论述审美对象与外部世界的关系，以此显示它与普通对象的根本不同在于它所具有的表现性。

无论是审美对象还是普通对象，都是以现实世界为背景而出现的。但是普通对象是依附于现实世界的，它从现实世界中获得自己的存在。因此，它只具有相对的独立性。我们只有通过世界并在世界中才能把握普通对象。审美对象虽然存在于世界中，但它是作为不属于世界但又构成自己特有的世界之物出现的，因此它似乎不承认世界，它力图超越自己的物的地位，要求独立。这表明审美对象是一种主体性的并发扬光大一个世界的可能性的存在。这种主体性和发扬光大一个世界的可能性具体体现在空间与时间中。

（1）在空间中

普通对象在世界中，世界成为它将自己突出出来的背景。在知觉中，对象形体和背景的区分，一方面肯定了对象的独立性，另一方面又肯定了

---

① ［法］杜夫海纳：《审美经验现象学》，韩树站译，文化艺术出版社1996年版，第78页。

对象与世界的必然联系。所以，普通对象不但不否认世界，而且还召唤世界、肯定世界。

审美对象也出现在世界的背景之上，但它要求突出自己，要求我们承认它的独立性。这具体表现为：首先，它往往带有自己的背景，这些背景是由一些明显地专为充当它的预报者和保护者、专为引起人们对作品的重视的对象组成的。譬如，绘画的画框把它与墙壁隔开，美术馆把它与日常世界隔开，戏剧需要剧场把外部世界隔开，教堂把信徒与尘世隔开。其次，审美对象要求我们为它的出现特地创造一个精神环境。譬如，音乐会演奏之前的肃静，阅读文学作品时的独处、安静和舒适。这时，这种审美对象所需要的精神环境就已经不是对象借以显现的背景，它已经是对象自身的光辉和它呈现的氛围。甚至我们的出现本身也构成为对象的一部分，我们这些欣赏者就是审美对象的表演者。审美对象所要求的这种独立性在时间艺术和语言艺术中体现得尤为充分，时间性给予时间艺术以鲜明的独立性和清楚的内在性，当我们闭上眼睛来听音乐或诗歌时，日常世界便被彻底地悬置和隔离了。

空间艺术由于它的材料的分量和物的结构处于日常世界的空间，所以它不可能与周围环境完全隔离。墙壁始终存在于画框周围，城市始终存在于剧场周围。那么，在这种情况下，审美对象如何独立地显现呢？杜夫海纳说："审美对象把它的周围纳入自己的世界，使之审美化；它把周围变成自己王国的州府，变成自己治下的臣民。"[①] 审美对象在这里行使的是审美王国至高无上的统治权。例如，欣赏凡尔赛宫，它在花园、城市和天空这个背景中鲜明地显示出来；同时，由于凡尔赛宫的魅力，作为背景的花园、城市、天空以及这座建筑物向我们讲述的历史也都获得了一种审美的特质，与凡尔赛宫共同构成一个完整的审美对象——宫廷意象。同样，墙壁因挂在墙上的画而增添了光彩，如同枞木小屋因供上神像而被神圣化了一样。当审美对象行使它的审美王国的统治权，通过对现实的审美化把现实非现实化的时候，当初用来分隔它与周围世界的事物，便具有了两重特性：既隔离它又体现它。杜夫海纳说："没有一个画框不是被理解为墙壁

---

① ［法］杜夫海纳：《审美经验现象学》，韩树站译，文化艺术出版社1996年版，第185页。

和绘画之间的中介的，没有一张书页的空白不是被感知的，没有一点沉寂不是被听到的。但是这些分隔本身以及这些间隔所暗示的整个环境都被作品转变成它自己的实体。"①

问题在于，当分隔本身以及这些间隔所暗示的整个环境都被审美化时，审美对象对周围世界行使统治权的边界在哪里呢？答案是：在审美知觉所能达到或停止的地方。

（2）在时间中

如果说审美对象作为"自在的存在"存在于自然的时间中，那么作为"自为的存在"，它则存在于人的历史时间中。根据海德格尔的观点，人的历史时间是存在论上的时间，是本真的原始时间。与自然科学将时间看作是由一系列"现在"之点组成的框架不同的是，存在论上的本源性的时间是此在的时间性的到时，作为时间性到时的时间，"过去"、"现在"、"将来"不可分割地统一在一起。"过去"不是现已不在的东西，"将来"也不是尚未存在的东西，"现在"不是点。时间不是由一个一个"现在"之点连接起来的东西，而是连续性中的一些不同状态，也就是人作为此在的不同的状态。正因为此在"在其存在的根据处是时间性的，所以它才历史性地生存着并能够历史性地生存"②。因为这一存在者的存在是由历史性组建的，所以此在实际上向来有其历史并能够有其历史。作为准主体的审美对象同此在一样也是历史性地存在着，审美对象并不活动于既定的历史框架之中，而是具有自己的"演历结构"，"此在的演历本质上包含有开展与解释"③。杜夫海纳正是在海德格尔存在论时间的意义上阐发审美对象在时间中的表现的："作品是一种作为的产物：任何审美对象都是一个'历史的丰碑'。审美对象又如何处在历史上呢？它处在历史上主要不是通过自己的躯体（躯体属于物的时间），而是通过自己的形式和意义，通过人在它身上感知和读解的东西，通过它讲述的有关人的情况和人讲述的有关它的

---

① ［法］杜夫海纳：《审美经验现象学》，韩树站译，文化艺术出版社1996年版，第188页。
② ［德］海德格尔：《存在与时间》，陈嘉映、王庆节译，生活·读书·新知三联书店1999年版，第426页。
③ 同上。

情况。"① 审美对象与历史的这种存在关系表现在以下两个方面：

其一，审美对象在历史中历史性地存在。审美对象不是作为一个现成之物被放进现成的历史框架之中的，它是作为活的存在被人的目光带进了历史的时间。所以，它的命运——或诞生，或灭亡，或复生，或湮没不见，或焕然一新，取决于把握它的目光的意向或能力；它的显现取决于表演者，每一次表演都是一次新发现。杜夫海纳把审美对象把自己交付给守护人的这种独特命运的表现称作"现象化"。因此，"不管在历史中还是在世界中，审美对象都不能要求彻底的独立：它只有在历史中并通过历史才有自己的生命，因为创造它或感知它的人也是存在于历史之中的"②。但是这并不意味着审美对象是受历史决定的，审美对象在其本质上是在追求过一种自足独立的生活。其中的原因在于，在一般的历史变迁中，审美对象是它自己历史的本源，或者至少它的历史与一般历史的关系不是由狭义的决定论所决定的。在这里，我们应当注意到审美对象与三种时间发生关联，一是客观时间，二是主观时间，三是表现的时间。作为自在的存在，审美对象处在客观时间中；作为自为的存在，审美对象一方面在主观时间中存在，另一方面又含有自己内部的时间。正是这个它所揭示的世界所含有的时间维度使审美对象超越了历史，具有了自己的生命。时间性与超时间性、历史性与超历史性在审美对象身上是辩证地统一在一起的。

其二，审美对象在历史中以某种方式表现历史。审美对象虽然进入了历史和时代，但它不是历史和时代的使者。对于置身其中的历史和时代，它既不像镜子一样地去作被动反映，也不像知识一样地去作逻辑证明，它有的只是通过风格去谈论作者并通过作者去见证时代、歌唱时代。"通过在音乐中或建筑中所显示的那个吕利或芒萨尔，我们回到了伟大的路易十四时代。不知姓名的哥特人，但他在我们看来就像芒萨尔等同于凡尔赛宫那样等同于哥特风格，要求哥特时代来作证。同样，贝宁人要求贝宁文化来作证。如果一个时代的真实性存在于这个时代所做的或它首先允许做的东西之中，那么作品用这种方式付与我们的或许就是时代的真实性，正如

---

① ［法］杜夫海纳：《审美经验现象学》，韩树站译，文化艺术出版社 1996 年版，第 189 页。
② 同上书，第 190 页。

作者的真实性一样"①。杜夫海纳所举的例子使我们看到，审美对象的风格是作者个人风格和时代集体风格的统一，所以我们能通过个人风格见出时代的面貌。

审美对象与时间和历史构成的这种存在性关系，在审美对象的载体所可能有的各种变化中得到了鲜明的体现。杜夫海纳说作品只是间接地存在于载体之中，这是我们所不能完全同意的。我们的观点是，审美对象既直接又间接地存在于载体之中。所谓直接地存在，意味着审美对象是一个知觉对象，离开载体知觉又在哪里呢？所谓间接地存在，意味着审美对象是它自己的躯体但又不仅仅是躯体，它要超越载体建立世界，超越"物"成为"象"。审美对象的载体存在着三种变化的可能：一是毁灭，二是被人为地截取成片段，三是遭到破坏或损耗而成为遗迹。在载体全部毁灭的情况下，审美对象也就死亡了，这说明审美对象也是一个有时限的存在者。在载体被人为地截取成片段的情况下，这些片段会构成新的审美对象，譬如孤立的一句诗或一个乐章，可以从整体中脱离出来自身成为另一个完整的对象。载体遭到破坏或损耗成为遗迹，这时遗迹仍然是审美对象。希腊神殿的半已消失的檐壁仍动人地说出运动的速度，残缺的阿波罗胸膛仍然表现出高贵。在这里，最为充分地体现出审美对象与历史的关系："遗迹则像人一样有年龄：它的过去就写在它的现在之中。它不是这里的，而是来自别处的。它是历史性的，因为它自己在叙述自己的历史。遗迹的肌肤带有时间的烙印。"②

二、主体表现性

1. 表现与主体性

审美对象为何具有表现性？或者说，审美对象具有表现性的原因在哪里？杜夫海纳对这个问题回答的基本思路，是把它归到审美对象所具有的主体性上来，表现即审美对象作为准主体的意志的表达。杜夫海纳说：

---

① ［法］杜夫海纳：《审美经验现象学》，韩树站译，文化艺术出版社1996年版，第191页。
② 同上书，第198页。

"表现使人认识的是一个主体或一个准主体。"①

"它首先属于一个主体，是发出符号和自我外化的能力。因此，它首先需要有一种表现自己和传达的意志。"②

"表现就是显示出一个能制造符号的自为，这个自为还能脱离它所制造的符号在外化时实现内化。"③

"表现揭示我们，因为它使我们成为我们表现的东西。它在构成一个外部时创造了一个内部。因而才有一种内心生活的可能。"④

"表现是相互主体性的基础。"⑤

"人们经常用作品的作者的姓名来称呼表现，因为作品的这一特色似乎也指作者：它是作品和作者共有的，又像是他们之间的活的纽带。"⑥

从存在形态看，审美对象有形式、意义、世界三个因素；从存在方式看，审美对象作为准主体有自在、自为、为我们等诸多侧面。这些因素和侧面通过相互之关系聚集凝结为一个生命般的整体而具有表现性，所以表现首先是审美对象作为一个整体的表现。审美对象的整体表现就是感性表现。"感性越显著，表现也越显著。艺术只有凭借感性、并按照使原始感性变成审美感性的操作才能表现"⑦。感性的最高峰也就是表现的最高峰。

但对审美对象感性整体的表现也可以从其构成部分和不同角度作出分析。从主体的角度看，审美对象作为主体有一个身体，身体的表现就是表演和歌唱；主体可以述说、可以制造符号，这种语言行为（其结构内涵着你与我、说与听）就是表现；主体的表演、歌唱、述说和倾听就是揭示某种情感特质，表现就是把情感特质作为整体的和没有分割的情感特质来揭

---

① ［法］杜夫海纳：《审美经验现象学》，韩树站译，文化艺术出版社1996年版，第418页。
② 同上书，第419页。
③ 同上书，第421页。
④ 同上书，第419页。
⑤ 同上书，第364页。
⑥ 同上书，第364页。
⑦ 同上书，第170页。

示的东西。从感性的构成要素看，表现就是审美对象的"形式"超越自身、走向意义并打开一个世界。在这里，形式的"超越"就是表现，意义是表现的内容，世界是表现的舞台（境域）。形式凭借意义所打开的这个世界是一个"人的世界"，因此审美对象的世界也归属于主体性。从意向性角度看，审美对象期待、引发和操纵欣赏者这种外部意向性是表现，从"形式"指引到"意义"，再从"意义"指引到"世界"，或从"世界"指引到"意义"，再从"意义"指引到"形式"这种内部意向性也是表现。

在以上简短的分析中，我们会注意到，主体角度、感性构成要素角度和意向性角度所涉及的表现存在着一个交叉点，即语言或符号。主体制造符号，形式就是符号本身。其实，从符号学的角度看，审美对象就是符号化了的对象，所以，审美对象的表现也就是符号的表现。而且分析审美对象的表现只有从符号入手才能有所言说。

下面的论述，我们就回到语言符号，通过分析语言符号内部的特定结构关系来揭示审美对象作为主体所具有的表现性。

2. 从意指到表现

语言符号的基本构成要素是能指和所指。能指是符号对感官发生刺激的显现面，或是音响形象，或是物质形体，总之它是符号的物质形式，是意义的载体。所指是符号的内容即意义，也就是系统中的符号的意指对象部分。皮尔士认为所指是事物或客体，索绪尔认为所指是概念。我们可综合两家之说，确定所指既包括指称（指示的事物）又包括含义（代表的思想）。能指与所指相配合，形成一种意指关系，就构成了一个符号，而符号之间的关系的总和就构成了符号的体系。

杜夫海纳立足于对符号能指与所指之间所形成的不同关系来区分能指对象和审美对象。所谓能指对象是指那些虽可归入实用对象，但又与陶瓷、编制和木器这类实物对象不同，而是由符号构成的对象，如科学著作、教理入门书、相册、路标、广告等。它的作用既非引发人的行动也非满足人的实际需要，而是传播知识。这说明能指对象是知性符号，而审美对象是意象性符号。审美对象与能指对象的区别就是知性符号与意象性符号的区别，其别有三：

其一，能指对象的所指对象是真实的，而审美对象的所指对象则是非真实的。能指对象的真实性在于它的所指对象是真实地存在于外部世界，并可以得到验证。而审美对象所再现的对象是不在场的东西，例如，马拉美诗中的"花"这个词并不宣告那里真有一朵花。审美对象的真实性不是依附于对象再现的内容，而是依附于对象再现内容的方式，这已经就是表现了。假如艺术作品"首先根据外部世界而不是根据自身希望成为真实的作品，如果它认为它表达真实（或是要我们去认识这种真实，或是要我们在真实中采取行动）因而它的意义能在真实中得到验证，那么这个作品就不是审美的"①。当然，能指对象作为知性符号也可能没有指称，这时它与审美对象的区别主要表现在含义的不同上。能指对象的含义是自觉意识所把握的超个体的集体赋予的具有普遍性的符号内容——意义；而审美对象的含义则是非自觉意识所把握的个体的特殊体验——涵义。意义是可以言说的思想，而涵义是不可言说的"意味"或"意思"。

其二，能指对象的价值按其所指来评判，而审美对象则不按其题材来评判。所指对象的真实与否只是能指对象和审美对象表层的差异，深层的差异则表现在价值的评判上。即便是虚构的，审美对象也存在着一个所指层面——杜夫海纳用"主题"或"题材"称之。这也就是说，审美对象也有它的意指，例如，梵高《白色的果园》中所画的花季的桃花树，《星月之夜》中的星月夜，高更《塔希提少女》中的少女，雷诺阿《伊雷娜肖像》中的伊雷娜。但意指并不意味着再现对象对世界事物的模仿，它只意味着再现了或说出了某种东西。审美对象的价值并不在再现和说出的东西的价值。"最伟大的或最美好的作品并非总是那些主题最伟大或最美好的作品。……著名的莫瓦萨克大教堂的门像柱告诉我们，人与妖怪的殴斗不次于亚伯拉罕的牺牲，吐鲁兹—劳特累克画中的贪吃妇人完全抵得上一位公爵夫人"②。因为审美对象让我们参照的是它自身，而不是让我们参照其他东西的一个符号。相反，一部科学著作的价值在于它的内容，它的形式完全从属于内容。这也就是说，审美对象的价值在于其形式，能指对象的

---

① ［法］杜夫海纳：《审美经验现象学》，韩树站译，文化艺术出版社 1996 年版，第 148 页。
② 同上书，第 148 页。

价值在于其内容。原始艺术从实用对象向审美对象的转变就是从内容到形式的变化，杜夫海纳称其为"发生形变"。在原始社会，原始艺术如图腾、壁画、雕塑不过是原始社会对共有信仰的一种象征性表达，其意义是神秘的，不是审美的。但当代人由于忽略了产生这些作品的信仰，仅仅关注这些作品本身，因此它不再是象征了，它变成了审美对象。在此，主题（题材）——意指的对象——通过形式变成表现性的："真正有表现性的不是神学书籍中讲的'最后的审判'，而是吉斯勒贝尔雕刻的'最后的审判'；不是病理学教科书中描写的疾病，而是一种原始舞蹈模拟表演的疾病。"①

审美对象与能指对象的以上两点区别，最终指向的都是表现性上的差异。因此，问题的焦点就在于，是什么原因造成了两者的表现性差异？

其三，两者能指与所指之间的关系不同。在能指对象中，是从能指径直走向所指，符号在它所带来的意指面前消失了；在审美对象中，能指略过所指而回到能指自身，因此，所指内在于能指。对能指与所指之间的这种关系，杜夫海纳作了非常感性的描述："在极端的意义上，我们可以说，基督教徒正因为是基督教徒，所以反而对基督教艺术视而不见。"② 基督教徒所具有的信仰功利性使其掠过能指而径直走向所指，结果导致基督教艺术从一个审美对象变成了能指对象。但在审美对象中，情况则正相反，"审美对象并不同我谈论它的主题；是主题而且是以主题被处理的方式在向我说话"③。"审美对象中的意指根本没有独立的存在。它的存在只能通过揭示它的审美对象，它不先于审美对象而存在"。"真正的主题存在于作品本身"④。在这里，"主题"和"意指"指的是"所指"，"主题被处理的方式"、"审美对象"和"作品本身"指的是"能指"。"音乐诉说的东西只能用音乐来诉说"要求的是按照审美对象中能指与所指构成的关系来对待艺术作品，如果用能指对象中能指与所指的关系来评价作品，结果就会导致"任何对音乐的说明都立刻受到作品本身的评判"。

---

① ［法］杜夫海纳：《审美经验现象学》，韩树站译，文化艺术出版社 1996 年版，第 155—156 页。
② 同上书，第 154 页。
③ 同上书，第 155 页。
④ 同上书，第 156 页。

艺术作品或审美对象当然不是一种绝对的纯感性的东西，在审美感性中它包含着一个现实层面，因而它保持着意指能力并实际上有所意指。譬如，这张画是一张静物画，画的是放在高脚果盘中的梨，这本小说、这个戏剧、这部影片是某人的故事。我们之所以继续被过去时代的作品所打动，是因为引起作品创作的信念在一定程度上通过作品传达给了我们。但是，审美对象不会让我们停留在这一意指层面，它要求我们从意指走向表现。从意指到表现实质上就是现实感性符号如何向审美符号转化的问题。这是如何可能的呢？途径有二：首先，感性符号的表象经过艺术加工和特殊的组织，转化为更为感性的意象。譬如，瓦莱里和魏尔伦诗中一些比喻的运用：正午称作公正的人，大海称为十全十美的、酷爱自己蓝色皮肤的水蛇，女子称作秋季晴朗的、玫瑰色的美丽天空。诗人对词句所作的这种独出心裁的拼凑，对声音的这种悦耳动听的组合，目的就是使之超越意指从而具有表现性。由于审美符号由意指走向了表现，审美对象由原始感性走向了审美感性，所以，审美对象不论证，它显示。"因此，儿童懂得母亲的微笑，游客懂得森林的阴森恐怖，医生懂得病人的缄默或走投无路的神情。审美对象就是以同样的方式向我们说话的"①。它给我说的东西是不能用这个世界的术语来表达的。例如，罗丹的青铜雕塑，"它那柔和的倾斜姿态、它那两个拒绝拿任何东西低垂的指头，确实向我说出了有力、灵活，乃至温柔；它手背上那突起的青筋向我道出了人类的艰苦生活以及对平静和休息的渴望。但这只手不要我去参照任何真实的历史，因为它表现的这一切都属于它自身，也只有在它向我打开的那个世界里才是真的。在那个世界里，没有真实的手，但手不再是真实的手之后都变成了真的手"②。其次，审美符号从所指回到能指，一方面瓦解了所指的现实意义，另一方面强化了能指。因此，对象形式化也感性化了。但是审美对象不可能仅仅是一个纯粹形式，感性化了的形式产生了自己的意义——超越性意义，这就是表现。杜夫海纳意识到了这一点，所以他提出了"意指"的地位问题，以及审美知觉如何把握这种意指作用。他意识到了在审美对象的

---

① ［法］杜夫海纳：《审美经验现象学》，韩树站译，文化艺术出版社 1996 年版，第 168 页。
② 同上。

世界里，力量、精细、对休息的渴求都具有绝对的意义。他对这些现象的解释是，作品总有一个主题，但这个主题既不吸引欣赏者的注意力，也不模仿现实，其原因在于它是另一种意指的手段。"主题"即现实符号的意指，"另一种意指"即审美对象的意义。从意指到表现的道理虽大体上讲清楚了，但明显缺乏逻辑的严密性和清晰度。在此，为了更深入地理解这个问题，让我们看看巴尔特的解释。巴尔特在《符号学原理》中把符号系统分成两个层次，这两个不同层次的系统会发生交叉，即"系统交错"。第一层次符号系统由能指（"表达平面"）与所指（"内容层面"）构成，它借助于能指与所指之间的意指作用来说明符号本身说了什么。第二层次符号系统不能凭空产生，它建立在第一层次符号系统的基础之上，由第一层次的能指与所指共同构成第二层次符号系统的能指平面。这时，在这个更高的层次上产生了对应于新的能指的新的所指，这个新的所指指向符号之外的某种乃至某些东西。巴尔特称新的所指为"内涵"，称新的能指为"外延"。巴尔特在比喻性的意义上说，内涵代表外延的"换挡加速"，就如神话是普通指示行为的"换挡加速"一样。"换挡加速"指的是超越性意义的产生过程：其一，它瓦解了第一层次系统中的实指意义，而生成为文学的或审美的虚指意义；其二，它超越了第一层次系统中的确指意义而成为文学的或审美的泛指意义。"换挡加速"就是语言符号从意指（第一层次）走向表现（第二层次）。

3. 审美语言的两种表现形式

在杜夫海纳看来，存在着两种语言：理性语言和表现语言。理性语言是一种词语存在，它诉诸理解；表现语言是一种姿态存在，它诉诸知觉。与其说存在着两种语言，不如说语言有两种功能：陈述功能和表现功能。当语言行使它的陈述功能时，它传达思想、陈述真理，它的唯一特性是准确性：能准确地说出它所要说出的东西。从其能指与所指的结构关系看，所指是一种客观意义，而能指被自己的意义所吞噬，它完全服务于思想或服务于自身需要思想的行动。当语言行使表现功能时，它就发生了彻底的变化，理性语言变成了审美语言，它因此具有了诗学价值。

俄国形式主义的代表人物雅各布森曾在日常语言中区分出六种因素，

在此基础上再区分出六种功能。图示如下：

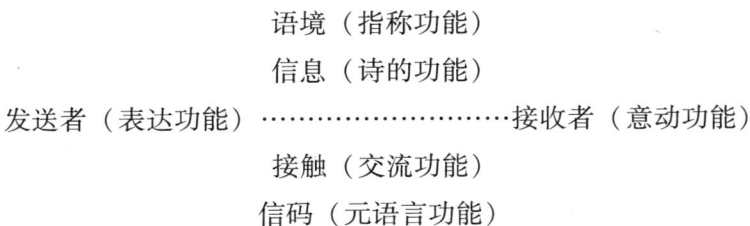

语境（指称功能）

信息（诗的功能）

发送者（表达功能）……………………接收者（意动功能）

接触（交流功能）

信码（元语言功能）

任何语言传达行为都是在发送者和接收者之间进行的，发送者把信息传给接收者，信息要想生效，则需要联系某种语境，因为语境使信息具有意义；信息需要发送者和接收者的接触，接触可以是口头的、视觉的、电子的等多种形式；接触必须以信码作为形式，如言语、数字、书写、音响构成物等。在这六个因素之中，对每一种因素的偏重和突出都会形成语言的一种特殊功能。如果交流倾向于语境，那么指称的功能就占支配地位；如果交流倾向于信息的发送者，那么表达的功能就占支配地位；如果交流倾向于信息的接收者，那么意动的功能就占支配地位；如果交流倾向于接触，那么交流的功能就占支配地位；如果交流倾向于信码，那么元语言的功能就占支配地位；如果交流倾向于信息本身，那么可以说诗歌的或美学的功能就占据支配地位。特伦斯·霍克斯在《结构主义和符号学》一书中对此评论说："语言的'诗歌的'功能是增强'符号的可触知性'。结果，它系统地破坏能指和所指、符号和对象之间的任何'自然的'或'明显的'联系。正如雅各布森所说，它'加强了符号和对象之间的基本对垒'。由此看来，语言艺术在方式上不是指称性的，它的功能不是作为透明的'窗户'，读者借此而窥见诗歌或小说的'主题'。它的方式是自我指称的，它就是自己的主题。"①

　　雅各布森的语言功能分析比杜夫海纳更为细致、系统，更具学理性，在不同功能的命名上也更为准确。杜夫海纳的语言表现功能相当于雅各布

――――――――――

　　① ［英］特伦斯·霍克斯：《结构主义和符号学》，瞿铁鹏译，上海译文出版社 1987 年版，第 86 页。

森倾向于信息的诗的功能，而非倾向于发送者的表达功能。因为对杜夫海纳来说，主体（作者、公众、表演者和欣赏者）都是内在于审美对象的。辨清这一点，有助于我们准确地理解杜夫海纳关于审美语言所具有的两种表现形式。

第一种表现形式是显示对象。"这时，只要语言本身含有意义，它就是表现性的；它像是把自己所表示的对象活生生呈现摆在我们面前。梅洛－庞蒂所谓的'原始话语'意味着产生一种意义，它不同于仅仅表达一种先存在的思想并意味着讲话者和听话者之间已经实现思想交流的那种话语。因此，诗的词语具有诗人欢迎的那种强大的魅力。艺术的其他材料也是如此：颜色不再像是亚里士多德世界中的一种符号或偶然的东西，它也使对象涌现出来。同样，交响诗《大海》的声音不再是海洋的声音，而是海洋本身。或者不如说，海洋成了声音，恰似德彪西这部作品中的金发女郎或月下平台成了声音一样。一旦声音不再是声音，它也就不再是一个对象的属性而变成了对象的表现；这时，寂静可以有声音，犹如黑夜可以有色彩一样"①。现实之物的属性，由于形式得到强化或者说符号的可触知性的增强而成为对象本身。所以显示对象就是对象自身的显示，这也就是表现。

第二种表现形式是显示人。如果说"显示对象"是就我们与对象的关系而言，那么"显示人"则是就一个我与一个你的相互主观性的关系而言。在此，"对象"成为主体。"显示对象"使语言感性化，"显示人"使语言成为一种具有身体主体性的"姿态"。被理解为姿态的这种表现，它直接揭示的是人的感情。比如，一位朋友在远处向我挥手，我完全可以不懂这种手势的明确含义，但从中我能看出不安、急切或气愤，就像别人用我不懂的语言说话时，根据他的声调我可以把握它的情绪一样。在姿态和意义之间没有缝隙，意义完全内在于姿态之中，表现使符号与所指完全一致：说话时声音的这种颤抖是胆怯，这种激烈和沙哑的吵闹是气愤。审美语言就是这样以身体的姿态表现了主体的情感，"而感情恰恰是存在于世界、同世界建立某种关系、揭示世界一个面貌和在世界上体验某些经验的

_____

① ［法］杜夫海纳：《审美经验现象学》，韩树站译，文化艺术出版社1996年版，第161页。

某种方式。正是在感情中建立起人类与世界的最初关系，显示出'自为'的那种不可捕捉的自发性。所以，我们是从这种表现力中认出一个'自为'的"①。从杜夫海纳的整体论述看，他所谓"显示人"、所谓"姿态"是指人在进行语言表达时，不仅仅是在说"话"，而且同时伴随着身体动作、声调和表情。这时，语言成为姿态存在，所以它是主体自我显示的手段，说话总是说"主体"这个自己。

杜夫海纳把"显示对象"和"显示人"这两种表现形式看作是语言所具有的两重性，两种表现方式之间的关系，杜夫海纳认为是相辅相成地结合在一起的。因为语言既是话语，又是姿态。对说话者来说，话语突出姿态，姿态又加重选择用词的分量；对听话者来说，话语和姿态在配合一致或对比中互相得到说明。虽然如此，但在衡量何者更具表现性的时候，杜夫海纳还是向姿态倾斜，认为姿态是表现性的真正所在之处。他认为显示对象这种表现形式应该从属于显示人这种表现形式。他说："审美对象有表现性，因为作者在审美对象中表现了自己。这倒不是因为作者在显耀自己或卖弄自己，而是因为他在表现时也表现了自己：在他像诗人那样吟咏对象、像画家那样显示对象、像音乐家那样仅仅歌唱对象的时候他就表现了自己。在所有这些情况下，在他所说或所再现的东西之外，都有一个世界出现，这个世界我们称之为作者的世界。"② 通过以上的论述，我们看到，杜夫海纳最终还是把语言的表现性归结为主体的表现性。

三、存在的表现

杜夫海纳以他的审美对象表现性排除了浪漫主义的主观情感和主观意志的表现，同时又以审美对象的主体表现性挣脱了一般世间对象所居的客体地位，这就把审美对象推向了超越主客对立的本体地位。因而，真正来说，审美对象所具有的表现性是存在的表现。由于杜夫海纳对这一问题论述几近空白，所以笔者只能根据自己的理解分别从"表现与情感特质"、"存在性与主体性"、"道说（Sage）与道说（Sagen）——存在的召唤与应

① ［法］杜夫海纳：《审美经验现象学》，韩树站译，文化艺术出版社1996年版，第163页。
② 同上书，第166页。

合"几个方面对此作一阐释。

1. 表现与情感特质

在对审美对象的真实性进行先验的证明时，我们曾说情感特质既存在于主体也存在于客体，存在于主体显示为主体的存在方式，存在于客体显示为客体的构成因素。但对主体和客体而言，情感特质是一个先验。

当把情感先验推进到本体层次的时候，它变成了存在的一种属性。杜夫海纳把这个先于主体和客体的存在称之为"整体的和没有分割的情感特质"，而表现就是揭示这种情感特质。"真正的表现并不是出自某种自我表现的意志表现，这种表现过度热情而且没有击中它的目标。真正的表现更不是在对象这方面向理解力示意并邀请我们去理解或使用这一对象的东西。一件日常用具并不能比一件无意义的或平庸的东西更加能被审美化。当对象的深刻性为了在观众身上唤起某种情感特质——这种情感特质可以被归入某种情感范畴之内——的独特知觉而重新升至表面并全部呈现在感性之中时，真正的表现就会在这些深刻性中出现。"① 在纯粹知觉中，审美对象所唤起的某种情感特质"重新升至表面并全部呈现在感性之中"，这就是从动态的角度所表达的"审美对象是感性的辉煌呈现"这一命题的含义，因而，真正的表现就是感性的呈现。

这里的问题在于，如果特质是由表现揭示的，那么说特质是一个先验，可能会给人以自相矛盾的印象。杜夫海纳对此的回答是：首先，先验只能在后验中，因此只能在与一个经验有关时才显示。其次，表现不是像感知和辨认外观那样的一种经验，或者说它起码是一种原始经验。按照海德格尔，原始经验就是对存在的领会，这就是非理性、非逻辑的"思"，而这种思往往是以诗的方式表达出来的，因为诗是存在的语言。诗思合一通向存在、领会存在并表达存在，由此得出的结论是：审美对象的表现就是存在的表现。

---

① ［法］杜夫海纳：《美学与哲学》，孙非译，中国社会科学出版社 1985 年版，第46—47 页。

2. 存在性与主体性

在意义一节，我们曾把主体分为三个层次：意识主体、身体主体、自由主体。审美主体是自由主体，而与之相对的审美对象则是审美意象。审美主体在与审美对象所构成的超主客关系中，扬弃了意识主体的抽象性和片面性，同时克服了身体主体的被动性，在更高的层次上回复了身体主体的感性与整体性，成为具有自由创造性的个性化主体。与之相应，审美对象也生成为一个感性、自由、风格化的有生命的意象并展现为意象世界，意象世界是完整的、充满意蕴的感性世界。由此，审美对象所具有的主体性是纯粹感性的主体性。

海德格尔在《艺术作品的本源》中指出，既非艺术家使艺术品成为艺术品，也非艺术品使艺术家成为艺术家，而是"艺术"使他们分别成为艺术家和艺术品。但"艺术"又非一个抽象的"概念"，或一个"本质"，像"种子"一样慢慢成长为"艺术品"或"艺术家"，所以"艺术"并不是"艺术品"或"艺术家"的属性（无论是现实的或潜在的），而是它们的"存在"，"艺术""就是""艺术的存在"。"艺术"，在海德格尔看来，是一个存在性的概念，如同"语言"、"时间"、"历史"一样；就像"语言"让"人""说话"一样，是"艺术"让"人"成为"艺术家"，让"作品"（物品）成为"艺术品"①。这也就是说，艺术品是"艺术"的"创作品"，是"艺术"的"表达"、"表现"。艺术家创造艺术作品不过是代"艺术"而"立言"（表现）。审美对象作为纯粹知觉中的还原了的艺术作品在它辉煌呈现的时刻才真正是存在的表现（涌现、显现）。

叶秀山论杜夫海纳美学思想，结合萨特和梅洛－庞蒂的相关说法，提出"存在性即是主体性"的命题。这个作为"存在性"的"主体性"，是永远也不能"复归"为"客体"的"主体性"，是永远不能完全"对象化"的"主体性"，因而艺术作品作为一种"对象"，只能是主体的一种"表现"，我们面对一件艺术品，就好像面对一个人那样，不可能从他的"表象"的观察、研究真正把握这个"人"，而要在与这个"人"的"交往"中了解这个"人"，这就是不能完全归结为"知识"的"存在性"关

---

① 叶秀山：《思史诗》，人民出版社 1988 年版，第 310—311 页。

系，也就是"主体间的"关系①。这一段话见解深刻，但若具体到审美对象的主体性和存在性，则需要作一些引申和发挥。假如"存在性"可以分层的话，则有三个层次：认知存在性、世间生存存在性、自由生存存在性，分别对应于科学世界、生活世界和意象世界。认知存在性和世间生存存在性都在一定程度上遮蔽着存在，而自由生存存在性则是存在的解蔽和敞开。据此可以说，审美对象的存在性因其纯粹感性主体性而成为自由的纯粹感性的存在性。如此就可以说，审美主体与审美对象之间的交往，固然是主体间的，但不是认知主体和世间主体间的交往，而是自由主体间的交往，因而具有充分的主体间性。这种充分的主体间性的心理表现形式就是高峰体验：陶醉、忘我、合二为一、进入存在性世界，其生命表现形式则是"感兴"。

3. 道说（Sage）与道说（Sagen）——存在的召唤与应合

如果从语言的角度来看审美对象所具有的存在表现性，就需要回到海德格尔后期关于存在的语言与人的语言及其关系的思考。"存在与语言"是后期海德格尔的思想主题，但"存在"与"语言"都还是西方传统形而上学的概念，这些既定的概念在一定程度上限制甚至歪曲了其思想的本真表达。在后期的一些文本中，他尝试以"大道"（Ereignis）和"道说"（Sage）等非形而上学的词语来替代形而上学的"存在"（Sein）和"语言"（Sprache）等概念，海德格尔称此为"要在道路的不同阶段上始终以恰到好处的语言来说话"②。

正如"存在"不是什么，"大道"也不是什么，"我们既不可把大道（Ereignis）表象为一个事件，也不可把它表象为一种发生，而只能在道说之显示中把它经验为允诺者。……对这个在道说中运作的大道，我们只能这样来命名：它——大道——成其本身（Es—Ereignis—eignet）"③。根据这里的表述，作为最不显眼的、最质朴的、最切近而又最遥远的、允诺终

---

① 叶秀山：《思史诗》，人民出版社 1988 年版，第 320 页。
② ［德］海德格尔：《林中路》，孙周兴译，上海译文出版社 1997 年版，第 71 页。
③ ［德］海德格尔：《在走向语言的途中》，孙周兴译，商务印书馆 1997 年版，第 220—221 页。

有一死的人终身栖留于其中的最温柔的法则，大道是在道说中运作而成其本身的，此"道说"（Ssge）乃是大道说话的方式，是大道（Ereignis）的显示和运作，海德格尔以之表示他在非形而上学意义上思考的语言。根据海德格尔"道说与存在（Sage und Sein），词与物（Wort und Ding），以一种隐蔽的、几乎未从被思考的、并且终究不可思议的方式相互归属"①，我们也可以把"道说"（Sage）看作是存在的语言。作为大道的显示和运作，作为归属存在的语言，道说（Sage）是语言的本质整体，是寂静之音。道说（Sage）的基本含义有二：显示和聚集。显示即"把在场者释放到它的当下在场中，把不在场者禁围在它当下的不在场中"，使其入于澄明而自行显示、自行诉说；聚集即让被显示者持留于自身。

相对于大道之言——道说（Sage），人之言则为道说（Sagen）。大道之"道说"（Sage）与人之"道说"（Sagen）的关系表现为两个方面：

一方面，人之"道说"归属于大道之"道说"，大道之"道说"是人之"道说"的根源；人归属于大道，人总是在倾听大道之"道说"中而有所"道说"，而且人只能通过道说才有所道说；人之"道说"是对大道之"道说"的回答和应合。"作为听者的人归本于道说，这种归本有其别具一格之处，因为它把人之本质释放到其本己之中，却只是为了让作为说者也即道说者的人对道说作出应答，而且是从人的本己要素而来。此本己要素乃是：词语的发声。终有一死的人的应答性道说乃是回答。任何一个被说的词语都是回答，即应对的道说（Gegen – sage），面对面的、倾听着的道说。"②

另一方面，大道之"道说"（Sage）作为寂静之音需通过人言而得以表达，这实质地体现了存在对于人的指令与召唤。大道居有人，所以大道能使人进入大道本身的需用之中。大道与人所构成的这种"需用"、"使用"、"被用"的关系，体现在语言方面即是大道用人来让"道说"成为"说"，也就是"把无声的道说带入语言的有声表达中"。海德格尔把这种由"道说"（Sage）到"说"（Sagen）的语言转换称之为"开辟道路"，

---

① ［德］海德格尔：《在走向语言的途中》，孙周兴译，商务印书馆1997年版，第203页。
② 同上书，第223页。

此"道路"既是通向语言的道路,又是大道成其本身的道路。这个道路公式就是:把作为语言的语言(大道之道说)带向语言(人之道说)。

大道的"道说"(Sage)作为存在的召唤有显示和聚集两层意思,"显示"为澄明,"聚集"为遮蔽;而响应大道之说的人之道说(Sagen)作为存在的应合于是就有了两种形式:诗与思,诗是解蔽,思是聚集。作诗与运思是人的本真的语言,与此不同的还存在着另一种人言:即被计算性技术所形式化了的语言,海德格尔称之为"座架的语言"。"道说(Sagen)和说(Sprechen)不是一回事。某人能说,滔滔不绝地说,但概无道说。相反,某人沉默,他不说,但却能在不说中说许多。"① 诗与思虽是人之道说的两种形式,但因两者都是从那种道说而来而相互归属,所以,一切凝神之思都是诗,而一切诗都是思。惟其如此,海德格尔才把大道的"道说"(Sage)又规定为"把诗与思共同带入紧邻关系中的切近",而大道也就成了"把诗与思带到切近处的那个切近本身"。

总而言之,在艺术的存在中,在审美对象的存在中,大道的"道说"与人的"道说"合二为一,共属一体地表现为存在的召唤与应合。诗人不说,诗人被存在或神明借用来说,在诗中出场的是绝对者、永恒者。若说诗人有说,则诗人乃受天命而说。据此可以理解杜夫海纳如下的话——"不是艺术家在说话,而是他的作品在说话"②。如果我们立足于世界的角度来看艺术的这种存在现象,则可以说,艺术的"表现"是一个"世界"的表现,因而既不能归结为客体——模仿一个客观的世界,也不能归结为主体——表现艺术家的主观世界,而是"说"一个世界,或让这个世界自己"说"出来。而这个"说"出来的世界则是一个超越客观世界和主观世界的"本源而真实的世界"。

---

① [德]海德格尔:《在走向语言的途中》,孙周兴译,商务印书馆1997年版,第214页。

② [法]杜夫海纳:《美学与哲学》,孙非译,中国社会科学出版社1985年版,第113页。

第三节　自然性

一、"艺术作品——审美对象"与自然

按照一般美学理论的观点，不同的审美领域存在着不同类型的审美对象，于是有艺术美、社会美、自然美之基本划分。杜夫海纳论审美对象由艺术领域逐渐扩大到自然和技术领域，在《审美经验现象学》中，出于对典型、纯粹的审美经验的追求，他把审美对象限制在艺术领域，于是有"审美对象是作为被知觉的艺术作品"之定义。而随着审美经验从现象学向本体论的推进，杜夫海纳意识到人与自然关系的根源性，于是基于自然之物而存在的审美对象进入其美学研究的视野，他写了《诗学》一书和"自然的审美经验"、"先验与自然哲学"等论文。由于技术发展对人类生活日益增长的影响，以及技术与艺术的密切相关，杜夫海纳注意到"随着工业美学的诞生，技术对象往往作为审美对象被提出来"①。由此他写了"审美对象与技术对象"一文。据此，我们可以把杜夫海纳的审美对象，以其存在的不同领域而分成四类：艺术的审美对象、自然的审美对象、实用的审美对象、技术的审美对象。

杜夫海纳对以上类型审美对象的研究，频繁运用的方法之一就是对审美对象与其他对象以及不同种类的审美对象做出种种区分，企图以此揭示各种审美对象的特点。他提到的对象概念有：自然之物、人为之物、自然对象、生命对象、实用对象（日常用品）、技术对象、使用对象、能指对象、艺术作品、美的对象、审美对象等。在此，我们应当注意的是，杜夫海纳对上述对象的比较研究存在着许多不足的地方。第一，对所提到的对象未能进行严格的划界规定，以致相同的对象有不同的称谓如自然之物与自然对象、自然对象与生命对象、实用对象与使用对象，不同种类的对象之间存在交叉和蕴含如实用对象与技术对象、美的对象与审美对象；第二，未能对这些对象进行层次的区分，由此造成审美对象与不同的非审美

① ［法］杜夫海纳：《美学与哲学》，孙非译，中国社会科学出版社1985年版，第212页。

对象之间关系的阐述存在着模糊性；第三，尽管他对不同领域的对象之特点作出了说明，但未能立足于自然的角度对上述非审美对象向审美对象的转化提供统一的知觉意向性的说明。由此导致的结果是，杜夫海纳未能就审美对象具有自然性这一侧重于美的存在特性作出系统而清晰的现象学描述和分析。

1. 不同对象的区分

胡塞尔的哲学被称之为"工作哲学"，他常常采用的一种方法就是先做几个区分，把平常混在一起的概念分开，以便剥离出他所需要的东西。在此，我们借鉴胡塞尔的这种方法，把杜夫海纳提到的各种对象看作是一个复杂的系统整体，首先选择一特定角度作为基准点，然后进行层次的区分，进而对不同层次上的对象进行界定。

在《审美经验现象学》中，杜夫海纳以物体是否带有人的痕迹为基准来区分自然之物和人为之物，这样一来，他就把生命体排除在自然之物之外另设生命对象进行分析。在"自然的审美经验"中，他以人工制作为基准，把对象分为"自然的"和"人工的"。照此推论，自然对象包括了风景、植物、生命体等所有非人工的对象，它既可以指个体的自然之物，又可以指整体的自然环境；而人为对象则包括实用对象（日常用品、使用对象）、技术对象、能指对象、艺术作品等。如果以"有用性"为标准，则上述两类对象皆可进一步分为实用的和非实用的。自然之物因有用性可成为科学研究和经济生活的对象；如果在审美的静观中，那么自然之物又可转化为审美对象而成为非实用的。而人工对象除艺术作品是非实用的之外，其他对象皆是实用性的。审美对象则自成一类，它既不属于自然对象又不属于人工对象，但在不同的领域又与它们发生特定的关系。由于这种特定的关系，在审美经验这个根源的层次上，审美对象既是"自然化"的，又是"人工—人化"的，而且"自然化"就是最高程度的"人化"，"人化"也就是"自然化"。

把自然对象与人工对象做一比较，可以看出两者各自的特点。自然对象的特点在于，它是种种偶然性的不稳定产物，它身上带有偶然的形象，它自生自灭，不受人控制，不含人性。而人工对象，由于它的产生出于人的目的，因而具有秩序、规律，含有人性。前者把人带进蛮荒的野性世界，后者把人引入文化的世界。

艺术作品在这些对象中具有非常特殊的地位，一方面，它出自人的"制作—创造"，具有人为性，带有人的痕迹；另一方面，它存在的唯一趋向是成为审美对象，假如艺术作品不能转化为审美对象，那么它与其他人工对象没有质的区别。前一方面使其与自然之物保持着距离；后一方面使其与实用对象存在着区别。杜夫海纳在他美学体系的大格局中，非常严格地区分审美对象与艺术作品，以此为审美主体和审美知觉进行现象学的还原留出余地，但在区分审美对象与其他对象时却常常模糊两者的界限。这就在一定程度上造成了理解审美对象自然性的困难。

艺术作品地位的独特性还进一步表现为，无论是自然对象还是实用性对象，如果它们要成为审美对象，首先必须悬置其实用性。从主体的角度看，这种现象学的悬置就是中断日常生活经验，转功利性诉求为超功利性态度。这种中断不仅意味着事物自身连续性的断裂，而且意味着事物自身对日常经验特性的否定。于是，事物在审美知觉中首先"转化—还原"为艺术品。正是在这个节点上，也只有在这个节点上，我们才能准确地理解朱光潜先生就自然美说过的话："自然中无所谓美，在觉自然为美时，自然就已告成表现情趣的意象，就已经是艺术品。"[1] "其实，'自然美'三个字，从美学观点来看，是自相矛盾的，是'美'就不自然，只是'自然'就还没有成为'美'。""如果你觉得自然美，自然就已经艺术化过，成为你的作品，不复是生糙的自然了。"[2] 自然对象如此，实用对象也是如此，物虽有别，其理攸同。由此，我们会发现，艺术作品处在审美对象与功用对象的临界点上。

需要特别注意的是，区分艺术作品与审美对象并不意味着两者之间存在着绝对的界限，实际上，艺术作品与审美对象处在同一个审美经验的过程中，两者彼此交融、不可分割。在审美知觉中，它们就是同一个对象。从这个角度看，杜夫海纳对艺术作品与审美对象不做区分自有其本然的道

---

① 朱光潜：《朱光潜美学文集》第一卷，上海文艺出版社 1982 年版，第 153 页。

② 同上书，第 487 页。

理，同时也有他不得已的苦衷，因为理性表述划不清它们的界限。如果硬要划界，可以在比喻性的意义上说，艺术作品处在审美知觉过程的"始"点，审美对象处在审美知觉过程的"终"点。"始""终"之间就是现象的"转化—还原"。

明确了这一点，我们首先来看"艺术作品—审美对象"与实用对象的区分。艺术作品与实用对象虽都为人工制作，但求实用和求静观的目的不同，导致两者在"用"上存在差别，一为"有用"，一为"无用"。从制作活动方式来看，一个表现为无目的的自由感性的创造，一个表现为有目的的智性制作；前者与对象自身的"发展—显现"协调一致，后者则对对象施加暴力。制作活动方式的不同，造成了"艺术作品—审美对象"与实用对象在形式对材料关系上的巨大差异。实用对象的物质材料与形式（又称"感性特质"）是分裂的，形式仅作为手段发生作用，物质材料作为物的实体才是目的。"艺术作品—审美对象"的形式与物质材料之间，在审美知觉中存在着一个转化，即"物质材料"转化为"形式"，"形式"成为"感性—对象"本身。实用对象的形式是没有个性的，它标明实用对象是制造品，但丝毫都不能表明谁是制造者。制造标准化产品的现代工人，打磨燧石的史前人，在制品完成之后，他们便消失了，消失在实用对象的使用中。"艺术作品—审美对象"的形式是个性化的，借助于这种个性化的感性形式，艺术家活生生地呈现在作品中。或者说，"艺术作品—审美对象"向我们叙述这个作者，它把我们带到那个人生活过的世界。"由此可见，人为对象把我们置于一个人的世界。在这个世界里，它向我们提出一种技术行为，要求我们通过使用工具或器具变成具有人性的人。因为器具体现积淀在对象中的一般人性，但只是附带地使我们同它的制造者进行交流。审美对象则把我们置于你和我的层次，而不使我们处于彼此对立的地位。别人不但不窃取我的世界，反而把他的世界向我开放，而我也把自己向他开放。……艺术家正是这样显示于他的作品之中。"①"艺术作品—审美对象"个性化的标志就是风格，而风格就是作者出现的地方。

如果我们从自然的角度来看实用对象和"艺术作品—审美对象"的形

---

① ［法］杜夫海纳：《审美经验现象学》，韩树站译，文化艺术出版社 1996 年版，第 145 页。

式，可以说实用对象的形式离自然远了，而"艺术作品—审美对象"的形式离自然近了。何以如此说？这就需要谈谈"艺术作品—审美对象"与自然对象的关系。

艺术作品是人的有目的的"制作—创造"，而自然对象是大自然偶然性的生成，这是两者之间的根本区别。但是艺术作品的目的性表现为无目的性，它的规则和法度显现为没有规则和法度，虽出人工，宛若天成，真正的艺术品永远带有自然的外表；艺术创造的必然性显现为偶然性——偶然得之。而自然虽然是无目的的，但按康德的看法却具有形式的合目的性，所以它能引起人的愉快的情感。形式的合目的性把自然的多样性变相统一起来显示出"规则—规律"。这样，我们看到，艺术作品和自然对象极为"接近—相似"，艺术作品可以走向自然，自然也可以走向艺术。"真正的对立在于自然物和人工物之间，丝毫不在于自然与艺术之间。"①

杜夫海纳从两个方面论述了艺术作品向自然的接近。当艺术与自然结成同盟时，自然保持着自己的自然特征，并把这一特征传给艺术。这时，艺术服从自然，同自然协调一致，如村庄里的一座教堂，花园里的一个喷水池。当艺术与自然相分离时，例如音乐厅中的音乐、美术馆中的绘画、图书馆中的诗歌，这些艺术作品自身也含有自然的因素。杜夫海纳非常明确地指出，这个自然因素就是审美对象。"审美对象一直就存在在那里，只等待我前去感知赏光。它像物那样顽强地呈现出来"②。

如果说，艺术作品通过走向自然、服从自然而与自然"接近—相似"，那么作为向审美知觉感性呈现的审美对象则就"是"自然。审美对象是辉煌地呈现的感性，但感性是形式感性，这个形式就是前面所讲的个性化乃至风格化了的形式，是感性形式。"形式使审美对象不再作为一个实在对象的再现手段而存在，而是有它自身的存在。审美对象的真实性不在它的身外，不在它所模仿的现实之中，而是在它自身。形式赋予它所统一的感性的这种本体论上的满足，使我们完全可以说，审美对象就是自然。"③

---

① ［法］杜夫海纳：《美学与哲学》，孙非译，中国社会科学出版社 1985 年版，第 44 页。
② ［法］杜夫海纳：《审美经验现象学》，韩树站译，文化艺术出版社 1996 年版，第 114 页。
③ 同上书，第 120—121 页。

2. 非审美对象的审美转化及其问题

自然对象、实用对象、技术对象虽然不是审美对象，但在一定条件下可以转化为审美对象。如何转化呢？首先让我们来看杜夫海纳对此所做的思考。

（1）自然对象的审美化

这里的自然对象指的是自然之物和自然环境。论自然对象的审美化，首先面对的一个问题是，是否所有的自然物（自然风景）都是美的？或者更准确地说，是否所有的自然物都可以审美化呢？"肯定美学"的观点是，所有的自然物都具有全面的、肯定的审美价值。"自然是美的，而且不具备任何负面的价值"；"自然总是美的，自然从来就不丑"①。这种观点可概括为如下命题："自然全美"。杜夫海纳的看法与"肯定美学"不同，他认为，自然中存在着"既非审美的、又不能加以审美化的事物"，它包括：第一，没有意义的东西，即平庸或淡而无味的东西；第二，那种不能具有隐喻性的对象，不能说出那些在情感的支持下精神可以获得"含糊不清的话"的对象；第三，那些人工的、任意的、专断的、自然中所有显得不自然的事物。

在杜夫海纳看来，平庸相对于伟大，平淡、乏味和单调相对于深刻。平庸不是一个贬义词，而是一个表现那个丝毫没有什么可表现的东西的词。他举例说："不管从多远的地方去看山，山也显得大；不管从多近的地方去看一茎小草，草也显得小。"② 在这里，杜夫海纳区别小与大的标准是作为最终裁判者的感官，"一眼看去是小的东西就是小的，这个判断不需要更高一级审判庭去复审，它把作为知觉对象的这个对象的感性真理确定下来，不需要区分这是真正的大还是表面的大"③。最终说来，渺小、平淡无奇就是感官没有在自然对象身上发现意义，相反，带有情感的感官在自然身上所能看到的第一类意义是伟大和深刻。这样，杜夫海纳首先把能够加以审美化的自然之物确立为"崇高"，从而也就排除了"秀丽"（优

① 彭锋：《完美的自然》，北京大学出版社2005年版，第94—95页。
② ［法］杜夫海纳：《美学与哲学》，孙非译，中国社会科学出版社1985年版，第40页。
③ 同上。

美)等其他存在形态。美学史上论崇高之在客体还是在主体有两种观点,一是朗吉努斯、博克等人,把崇高归之于自然对象(如尼罗河、多瑙河、莱茵河、海洋)或自然对象的感性性质(体积的巨大、晦暗、力量、无限、空无、壮丽、突然性等);一是康德把崇高归之于主体的理性观念:"对于自然界的崇高的感觉就是对于自己本身的使命的崇敬,而经由某一种暗换赋予了一自然界的对象(把这对于主体里的人类观念的崇高变换为对于客体)。"① 杜夫海纳一方面认为崇高在于自然对象,以此强调自然的无人性以及与人的对立,另一方面又把自然的崇高与人的精神空间相联系。最终由这两者的对立达到在更高的层面上的同一:"真正的崇高存在于这二者之中。在这个条件下,自然把我自己的形象反射给我,对我来说,它的深渊就是我的地狱,它的风暴就是我的激情,它的天空就是我的高尚,它的鲜花就是我的纯洁。"② 在这里,杜夫海纳指出了主体精神与自然的崇高之间存在着一种隐蔽的密切关系,并通过两者的相异性而得到显示:事物既是精神的对立面,又是精神自身,是精神在自然身上感到被召唤从而回到自身。

所谓"具有隐喻性的对象",首先是指作为感性存在的自然对象,其次是指它能够诉诸人的包含精神的肉体的感觉力。事物以其感性的外形与人的肉体进行交流,因而精神在情感的支持下可以获得自然对象的"含糊不清的话",也就是它的感性形态的意义。因而,"不具有隐喻性的对象",或者是指概念的自然对象,或者是指非肉体的精神所意向的自然对象。

自然对象虽然是自然的,但在自身的表现上却可能是"不自然"的。其中原因,或是因人工造成了它的任意和专断而显得不自然,或是因自身没有表现出应有的必然性而显得不自然。

总括以上三点,可以反过来说,既是审美的(侧重于对象),又能够加以审美化的(侧重于主体与对象之感性关联)的自然对象,应具有三个条件:伟大和深刻、感性、表现自然。其中,感性和表现自然在本体的层次上是一致的,需要加以检讨的是伟大和深刻。自然对象的表现形态是多

---

① [德]康德:《判断力批判》上,宗白华译,商务印书馆1964年版,第97页。
② [法]杜夫海纳:《美学与哲学》,孙非译,中国社会科学出版社1985年版,第41页。

种多样的，除大的之外还有小的，除崇高的之外，还有优美的、丑陋的等等。小的、优美的乃至丑陋的自然对象也同样会以其"感性"和"表现的自然"转化为审美对象，从而具有意义和价值。

至此，我们可以把自然对象审美化之所以可能的条件约减为一句话："不管自然人化与否，只要它是具有表现力的又是自然的时候，它就成为审美对象。"①

（2）实用对象的审美化

实用对象尽管不像艺术作品那样专为审美而制作，但它也可以被审美地感知，从而可以被认为是美的。因为实用性本身不足以产生真正的作品，所以实用对象的审美化需要满足三个条件：第一，对象与背景融为一体，例如一所茅屋之所以迷住艺术家的眼睛，是因为它与半野生花草、空旷的小山谷、橡树的浓荫浑然一体，十分和谐。在这个审美知觉的过程中，作为实用对象的茅屋悬置了它的实用性，向自然还原，此时茅屋是作为自然的要素而不是因为它是茅屋而取悦于人的，并进一步与知觉边缘域形成的背景融合成为一个新的对象。第二，实用对象的用途迫使它们与自然配合协调，例如公路沿山而上，好像它们本身就是向上的运动，防波堤与风平浪静的港湾相映成趣。这时，对象自身的实用因素变成了自然因素。第三，它们还必须"歌唱"。"歌唱一词是什么意思呢？这个词是：在感性的极度优美与繁复中，一切都不必细说就都说出来了。"② 杜夫海纳以建筑物和语言为例区分了"说话的建筑物"和"歌唱的建筑物"、"日常语言"和"诗歌语言"。"说话的建筑物"和"日常语言"是分别用来居住和进行交流的，这时它们是实用对象。"歌唱的建筑物"、"诗歌语言"是用来进行观赏的，这时它们是审美对象。在公路上行走的时候，过桥的时候，住在乡村小屋里的时候，公路、桥和小屋都是说话的实用对象。而当我们停止行动，站在某个特殊的地方作静观的时候，公路在爬坡，桥显示了它拱形的曲线，房屋与田园结成整体。一方面，观赏者的目光把它们组成了一幅图画；另一方面，实用对象在悬置实用性的同时突出了它的形式

---

① ［法］杜夫海纳：《美学与哲学》，孙非译，中国社会科学出版社1985年版，第44页。
② 同上书，第213页。

方面，"说话"变成了"歌唱"。

（3）技术对象的审美化

按"有用性"进行区分，技术对象属于实用对象，但杜夫海纳进一步将实用对象区分为使用对象（如服装、家具、房屋）和技术对象（如工具、机器、工厂）。两者的共同点是，它们都是制造出来的，都表明技术性，都用作达到某种目的的手段。不同点是，使用对象已经构成产品，它们在消费与享用中达到了自己的直接目的，而技术对象却处于生产流程之中，为针对其他目的的动作服务。杜夫海纳区分两者的目的在于突出各自审美化的差异，使用对象把有用与愉快和美结合在一起，而技术对象则更严格地服从于功能性的需要，而美是外加上去的。

作为严格服从功能性需要的技术对象审美化的根据何在？首先，杜夫海纳从技术活动与审美活动的密切关系、技术与艺术的相互影响、技术对象与审美对象的接近作了一定程度的说明。从发生学的角度看，在"美"与"有用"这两个概念形成之前，新石器时代的制陶者就已经把技术和艺术融为一体了，于是"有用"自发地取得了美的形式。随人类历史的发展，技术与艺术逐渐分化，成为人类两种具有不同性质的活动；但随着技术水平的进步，技术与艺术又产生了密切的关联。这表现为，一方面艺术的生产往往求助于技术手段，另一方面技术也唤起新的艺术研究，即技术对象往往作为审美对象被提出来。其次，就技术对象自身来看，它包含功能特性和形式特性。技术对象功能的发挥在于人的掌握和使用，而作为呈现功能的形式在技术对象与人之间起一种中介作用，由此对形式提出的要求首先是人化，其次是美化，事实上，人化和美化是并驾齐驱的。在此，技术对象的功能与形式达到了有机的统一。日本美学家竹内敏雄说：技术对象的美在于"功能的合目的性活动所具有的力的充实与紧张并在与之相适应的感性形式中的呈现。"①

技术对象在何种条件下能够转化为审美对象？杜夫海纳一方面认为提出一个美的标准是不可能的，另一方面又说对艺术作品的静观在提供审美经验的标准。这样，杜夫海纳先是立足于艺术作品的审美转化提出了三个

---

① 转引自徐恒醇：《技术美学》，上海人民出版社 1989 年版，第 156 页。

条件，然后再回转来以此为参照探讨技术对象审美转化的两种情况。

艺术作品审美转化的三个条件是：第一，感性必然性的表现。第二，感性中必须出现一种完全内在于感性的意义。第三，世界。或者是对象自身打开一个特有的世界，或者至少是与外部世界协调一致。

技术对象不是艺术作品，它在审美化的过程中一方面向这三个条件切近，另一方面又表现出自己的特殊性。一种情况是，当技术对象完全失去用途，并脱离自己的环境，像一件艺术品一样被置放到博物馆时，它便变成了审美对象。另一种情况是，技术对象在使用中，在它发挥其功能的环境里，在它的功能与形式的统一中被审美化。这时所产生的不是纯粹的审美经验而是边缘性的经验，"技术对象要成为美的，必须对眼睛说话，而如果要成为有用的，必须对手说话，或者要成为被理解的，必须对智慧说话一样"①。使用中的技术对象的审美化是一种复合的经验过程，眼睛、手、智慧并用，欣赏者、使用者和理解者同一。杜夫海纳因此区分了审美对象和美的对象，审美对象是一心一意追求美的艺术作品通过审美知觉完成并认可的对象，而美的对象则是在无意中成为美的，而且当它受到审美作用时也不失去其他性质——愉悦性、功能性、可理解性。与"艺术作品—审美对象"相比，技术的审美对象则是"技术作品—美的对象"。

（4）差异及其问题

如上所述，艺术作品、自然对象、实用对象、技术对象尽管存在的领域不同，但都可以转化为审美对象。但由于它们之间自身特性存在差异，也就造成了各种对象审美化之间存在差异。杜夫海纳对此做过较多论述，他的比较一贯的做法是把非为审美的对象与专为审美的对象做比较，以显示其不同。这包括"自然对象—审美对象"与"艺术作品—审美对象"、"技术对象—美的对象"与"艺术作品—审美对象"的比较。

"自然对象—审美对象"与"艺术作品—审美对象"存在着如下不同点：从自然对象与艺术作品的差异看，其一，自然对象没有被严格地规定界限，而艺术作品则不然，画被镜框、交响乐被演奏前的寂静、诗歌被我读的书页和读的时间所严格规定。其二，自然对象的形式不简明，这包括

---

① ［法］杜夫海纳：《美学与哲学》，孙非译，中国社会科学出版社 1985 年版，第 215 页。

轮廓、线条、色彩等所有方面，既不固定又不断变化；而艺术作品由于是艺术家的创造，形式简明、固定而且突出。从"自然对象—审美对象"与"艺术对象—审美对象"的差异看，其一，所呈现的空间不同，绘画通过透视或色彩效果打开的空间、音乐通过音量和节奏运动打开的空间是观念上的空间；而风景的空间则是一个刺激身体的真实的空间。其二，艺术作品所激起的感性有其自身的结构和逻辑，它比再现对象的结构和逻辑更有力、更严密；而自然对象所激起的感性则具有不可预见性和不可思议性，其结构和逻辑的严密性大为降低了。从欣赏者的角度看，自然的审美意向性是不纯粹的，原因在于我们不能完全进行自然还原，不能把自然完全中立化。在自然景象面前，我们被纳入自然的变化之中，受其影响，与其交流，仿佛与它混为一体。而艺术的审美意向性则是纯粹的，面对艺术作品所再现的对象，我们中止了对它存在的信仰，而让对象本身在我们身上充分发展。

"技术对象—美的对象"与"艺术作品—审美对象"存在着如下不同点：其一，技术对象因其标准化是无名的，而艺术作品则以其个性化呈现它的作者。其二，技术对象是抽象的，而艺术作品则是感性的。技术对象的抽象性表现为：首先，统治技术对象的规范作为技术对象服务的目的是外在于技术对象的；其次，技术对象向世界施加暴力而征服世界，用被创造的自然代替了原生的自然，因此技术对象脱离了世界。如果说它有一个世界，那也是技术的世界。而审美对象则是具体的，它充分地、明确地、按照一种内在的必然性在感性的光辉中存在着。审美对象也以其超越性而脱离世界，但它自身却包含着一个世界。其三，从其与自然的关系看，"技术对象—美的对象"即便被嵌入世界并与世界融为一体时，它的审美性能主要来自世界。它在自然中，并通过自然才终于又变成自然的。而"艺术作品—审美对象""在表现感性的这种光辉的必然性时，直接就是自然，比自然还要自然。所以，审美对象把自然引向自身，在表现自然的同时，又使自然非现实化"。①

综观上述，可以看出，杜夫海纳对以上对象所做的区分表现出如下的

---

① ［法］杜夫海纳：《美学与哲学》，孙非译，中国社会科学出版社1985年版，第218页。

特点和局限性：其一，在各种对象与审美对象的关联中，大多侧重在对艺术作品、自然对象、实用对象、技术对象一极论其差异。其二，对各种对象向审美对象的转化，更多地侧重于具体经验的描述，未能剥离出纯粹的审美经验。其三，以艺术作品作为参照比较的对象，但他没有注意到，自然对象、实用对象、技术对象在向审美对象转化的过程中存在着一个中介环节，即艺术品。也就是说它们首先转化成艺术品，然后才进一步转化为审美对象。其四，未能就各种对象转化而成的最终的审美对象的一致性或共性作出自然性的说明。其五，虽然在对各种对象的审美化的具体说明中暗含了主体审美知觉的作用，但没有明确的统一的表述。显然，除艺术作品引发的审美经验之外，杜夫海纳对其他对象所引发的审美经验的描述和分析并没有将现象学的还原贯穿到底。

在此，我们本着现象学回到事情本身的原则，结合"艺术作品—审美对象—审美知觉"这个理论框架，立足于所有对象审美化过程中自然化的趋向，对审美对象存在的自然性作一整体说明。

在审美知觉之外，任何对象（包括艺术作品）都是一物，尽管有的是自然之物，有的是人造之物，但作为物的本性没有本质的区别。在审美知觉的范围之内，这些"物"因为被主体的审美态度悬置了它的有用性而转化为"艺术品"，这些"艺术品"是处于可能状态的审美对象。审美知觉与艺术品相遇，使其感性得以辉煌地呈现从而成为审美对象。图示如下：

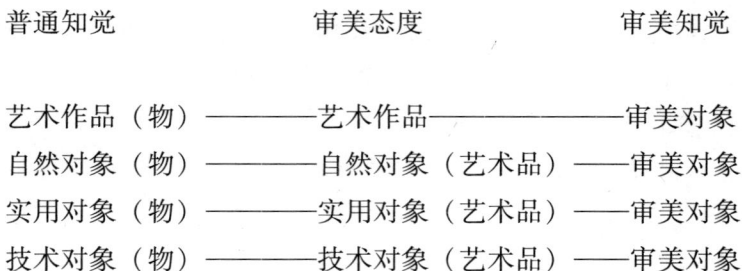

普通知觉　　　　　　　　审美态度　　　　　　　　审美知觉

艺术作品（物）————艺术作品——————审美对象
自然对象（物）————自然对象（艺术品）——审美对象
实用对象（物）————实用对象（艺术品）——审美对象
技术对象（物）————技术对象（艺术品）——审美对象

由图示可以看出，无论是艺术作品还是实用对象和技术对象，在转化为艺术品时，就开始通过走向自然、服从自然、与自然协调一致而与自然"接近—相似"，而自然对象则以其向艺术品的转化而走向自身；当作为艺品诉诸审美知觉而显现为辉煌的感性时，审美对象就"是"自然。

二、审美对象就是自然

"自然"一词含义繁富，自古至今对其均有不同理解。概括说来，大略如下：从自然本身及其存在状态看，有：（一）自然物及其整体——自然界；（二）隐含在自然事物之下的最终的生成力，它是自然物的本质和根据，是作为存在本身的自然；（三）万物非人为的本然状态（包括人的自然本性）；（五）人化的自然。从来源看，有：（一）神的创造；（二）宇宙精神的外化；（三）物质自身的演化。

按照胡塞尔的观点，自然（自然之物、自然世界）同其他事物一样只能是纯粹意识的相关物。在《存在与时间》中，海德格尔认为，自然不是在自然产物的现成存在中，而是在此在的生存中作为遭遇到的自然、作为周围世界的自然被揭示的。如果用传统认识论的观点去看自然，那么"那个澎湃汹涌的自然，那个向我们袭来、又作为景象摄获我们的自然"就会深藏不露。因此"植物学家的植物不是田畔花丛，地理学确定下来的河流'发源处'不是'幽谷源头'"[①]。立足于现象学的立场看自然，就应把自然作为对应于意向活动的意向对象，从不同类型的意向活动去考察自然的存在方式及其存在形态，如此方可把握处于不同情境中的自然的不同涵义。意识可分为"纯粹意识"、"身体意识"、"自由意识"。纯粹意识作为知性意识所意向的自然是经验科学的对象，由于经验科学包含以形式为对象的数学、几何学、逻辑学以及以内容为对象的广义的物理学，所以，对应于前者的是抽象概念的自然，对应于后者的是作为表象的现实个体的自然。在这种情况下，人与自然构成的是一种理论的关系。身体意识作为融知性与感性为一体的生活意识所意向的自然，是作为意象的现实的个体的自然，它成为现实生活的对象。在这种情况下，人与自然构成的是一种生活实践的关系。自由意识作为融知性意识与身体意识为一体的超越性意识所意向的自然，是作为意象的具体的理念的自然，它成为审美的对象。在

---

① ［德］海德格尔：《存在与时间》，陈嘉映、王庆节译，生活·读书·新知三联书店1999年版，第83页。

这种情况下，人与自然构成的是一种自由的关系。

审美对象作为灿烂的感性，包含自在、自为、感性存在三个层面，与此相应，"审美对象就是自然"这一命题中的"自然"有三个意思：一是作为自在的自然，它是无人性的且与人对立。二是作为自为的自然，这就是说自然也是人的意向性对象。在此，自然与人发生关系，这就是广义的"自然的人化"。在这个层面上，自然具有表现力。三是感性存在的自然，这是本体层次上的自然。这个自然具有表现力且是自然的，而且，只有当它是自然的，它才是具有充分表现力的。在此，"具有表现力的是必然性，……是必然性自己表现自己。"① 而自然就是必然性。

1. 自在的自然

在分析审美对象的构成要素时，杜夫海纳指出它的第一个方面是材料。这个"物质材料"使审美对象成为一个自然之物、纯粹之物，物质材料本身就是审美对象的定在。音乐的材料是声音，绘画的材料是颜色，建筑物的材料是大理石、砖瓦、混凝土等，诗歌的材料是发出声音的词句，舞蹈的材料是人的身体。这个"物质材料"也有它的"形"，这就是可以付诸知觉的原始感性。杜夫海纳对构成"物"的这两个方面作着循环规定，以此强调两者的同一："对感知者来说，物质材料就是从物质性也几乎可以说是从奇异性这方面来考察的感性本身。完全不需要引用一个感性的基础，因为感性自身就是对象。这样，感性得到了自身的圆满性，并表明一种丝毫不以自身为耻的物质材料。"②

孤立地看，作为审美对象的"自在的自然"的"物"，虽然是知觉活动的意向性对象，但它具有外在性，它不依赖我、不等待我而存在，它"自—在"。"审美对象的这种非实用性和感性在审美对象中享有的优先性使我们看到它有一种根本的外在性，即'自在'的外在性。这个自在不是为我们的，而是强加于我们的。我们除了去感知以外，没有其他办法。因

---

① ［法］杜夫海纳：《美学与哲学》，孙非译，中国社会科学出版社 1985 年版，第 48 页。

② ［法］杜夫海纳：《审美经验现象学》，韩树站译，文化艺术出版社 1996 年版，第 116 页。

此，审美对象与实用对象疏远了，而与自然对象接近了。"① 作为"物质材料"的"物"，处在实用和非实用的临界点上，如侧重于有用性，它就转化为实用对象；如侧重于无用性，它就转化为作为审美对象的自然对象。

自在意味着自足，外在性意味着对人而言的隐藏、遮蔽，"这个没有被内在于物的意指作用占有和激发的物，这个非表现性之物只是为了消失在存在之中才属于存在。它所表明的存在是不确定的存在。这种不确定性的存在根本不是种种规定性的统一，而是种种规定性的深渊，而是荒漠一般的存在。自然在不带有人类作出的规定性的印记时就是这种存在的形象。"② 这个隐藏、遮蔽意义上的自然之物就是海德格尔在《艺术作品的本源》中所说的作为庇护者的"大地"。

海德格尔的"大地"概念具有两种含义，一是天、地、神、人四方中参与组建世界的大地。在这里，世界是呈现着的"显"的世界，而大地则以其自身的呈现"开—显"世界并属于世界。这个意义上的"大地"也就是审美对象中能够"说话"的纯粹感性形式。一是与开显的世界相对的自行锁闭的大地，这就是审美对象的物质材料。正是因为物质材料是自行锁闭的，所以它才是作品回归之处、审美对象的世界的建基之处，是人赖以筑居的家园般的基地。"大地是一切涌现者的返身藏匿之所，并且是作为这样一种把一切涌现者返身藏匿起来的涌现。在涌现中，大地现身为庇护者"③。作为庇护者，大地倾向于把世界摄入它自身并扣留在它自身之中。

杜夫海纳正是在海德格尔作为庇护者的大地的意义上，把交响乐、纪念性建筑物、诗歌等艺术品看作是自在的自然，把物质材料看作是审美对象的"定在"。

2. 自为的自然

是主体的审美态度把普通知觉中的"物"转化为艺术品，艺术作品与主观性的联系使审美对象成为一个准主体。"自为"就意味着审美对象对

---

① ［法］杜夫海纳：《审美经验现象学》，韩树站译，文化艺术出版社 1996 年版，第 116 页。
② 同上书，第 178 页。
③ ［德］海德格尔：《林中路》，孙周兴译，上海译文出版社 1997 年版，第 26 页。

自身主观性（意志、情感、欲望）的"表达—表现"，这个"表达—表现"的过程就是从"自在"到"自为"的"转化—升华"；如果从审美对象构成要素的关系来看，则是形式超越自身、走向意义并打开一个世界。与自在是大地的自行锁闭相反，自为则是大地的涌现和世界的敞开。"大地是那永远自行锁闭者和如此这般的庇护者的无所迫促的涌现。世界和大地本质上彼此有别，但却相依为命。世界建基于大地，大地穿过世界而涌现出来"①。

如果说，"自在的自然"指的是作为"物"的自然，那么"自为的自然"则是意指的自然，是超出盲目自然的自然。但是，我们绝不可以把这个"意指—表现—涌现"看作是类似于现实生活中人的情绪、思想、意志的赤裸裸的发泄、宣言、叫喊。"自为的自然"其实质指的是审美对象作为准主体进行表现时所达到的一种状态——自然性，或者说自然性使审美对象所具有的主体性表现朴实无华、不引人注目、自然而然，从而显示出非人为的本然状态。杜夫海纳对此说得很明白："真正的艺术作品永远带有自然的外表。艺术家不但不抹去他加工的一切标记，相反，像人们在塞尚和梵高的厚涂画中所见的那样，艺术家有时还加强这些标记，条件是：它们应该是一种自然的运动本身的标记，它们应该来自身体的深处，就像一句优美的诗，似乎是从喉咙深处涌流出来，一段动人的音乐，似乎是从控制双手在键盘上往复运动的动力系统迸发出来一样。"②

"自为的自然"是"表现的自然"，表现之所以自然的根据在于，审美对象是以具有大地性的身体对同样具有大地性的身体的欣赏者在讲话，而不是意志对意志的宣言和情绪对情绪的叫喊。大地以其自行锁闭抑制着审美对象过分的表现，而同时大地也以其"永远自行锁闭者和如此这般的庇护者的无所迫促的涌现"把审美对象的表现展现为感性呈现。所以，在审美对象的世界里，金属闪烁，颜色发光，声音朗朗可听，词语得以言说。这就是海德格尔所谓的"物之物化"，物化之际，物显示自身的物性——纯粹感性，成为"象"。

---

① ［德］海德格尔：《林中路》，孙周兴译，上海译文出版社1997年版，第32页。
② ［法］杜夫海纳：《美学与哲学》，孙非译，中国社会科学出版社1985年版，第42页。

3. 感性存在的自然

自在的自然作为"物"而存在，自为的自然作为物之表现——"物化—世界化"而存在，物及其表现的最终根据何在呢？一方面，自在的自然作为"物"不含人性且与人对立，但"只有当自然是无人性的对象时，它才是表现性的，才与人相似"①，这在自然的崇高那里得到了突出的表现；而另一方面，自为的自然显示着"人为—主观性"，但"审美对象只是因为是人为的所以才是自然的"②。这种看似矛盾的审美现象的根据何在呢？

杜夫海纳在对审美经验作本体论的证明时说过的一段话可以看作是对上述问题的回答。"我们不能怀疑人与现实的协调一致。我们只是应该把这种协调关系归因于存在，而不归因于人。现实和人都属于存在，存在恰恰是能够被人读解的意义与意义能在其中安身的这种同一性。但是人的因素并不因此而不是一个因素：意义即使不是由人构成的，它也要通过人。先验一直是客体和主体的共同经验。它仍然是存在先验，而且也是构成先验，尽管构成活动不再是人的行为，而是存在通过人发生的行为。因为借助审美经验显示于现实之中的完全是人的某种东西，即某种特质，它使物能与人共存。但这不是因为物是可认识的，而是因为物向能够静观自己的人呈现出一幅亲切的面容，从这个面容中人可以认出自己，而自己并不形成这个面容的存在。人就是这样在风暴中认出自己的激情，在秋空中认出自己的思乡之情，在烈火中认出自己的纯洁热情。我们应该认真对待现实中的这种人的特质——自然的审美对象更加能说明这种特质，——而绝不能把它视为一种反映作用或拟人化的比喻"③。杜夫海纳在此从"人—主体—静观者"与"现实—客体—审美对象"这相分立的两个要素出发，向前推进到一个产生他们的在先要素，这个要素就是"存在"，而且在审美经验中它是"感性存在"，感性存在就是自然。自然在这里的意思就是隐含在人和自然事物之下的最终的生成力，它是人和自然物的本质和根据，

---

① ［法］杜夫海纳：《美学与哲学》，孙非译，中国社会科学出版社1985年版，第42页。
② ［法］杜夫海纳：《审美经验现象学》，韩树站译，文化艺术出版社1996年版，第121页。
③ 同上书，第590—591页。

是作为存在本身的自然。海德格尔曾对希腊文中的"自然"（physis）一词的含义做过考证，指出 physis 的原本意思就是存在，是存在本身的涌现着和逗留着的运作。这是最真实的自然——事物自身，这个自然是存在的本来面貌，这就是"审美对象就是自然"中的作为"是"的自然。

杜夫海纳把作为存在本身的自然称之为"必然性"。存在的必然性不是逻辑的必然性，不是预先思考过的必然性，而是自然的必然性。自然的必然性是自发性的别名，如果如杜夫海纳所说"天地所证明的不是一个偶然的世界，而是一个必然的世界"，那么"自发性之中的创造的自然只能通过在必然性中的被创造的自然，才能加以揭示"①。但假如天地所证明的不是一个必然的世界，而是一个偶然的世界，那么必然性中被创造的自然则只能通过自发性之中创造的自然才能得以揭示。关于前者，康德曾说："自然界有如此多种多样的形式，仿佛是对于普遍先验的自然概念的如此多的变相，这些变相通过纯粹知性先天给予的那些规律并未得到规定，因为这些规律只是针对着某种（作为感官对象的）自然的一般可能性的，但这样一来，对于这些变相就也还必须有一些规律，它们虽然作为经验性的规律在我们的知性眼光看来可能是偶然的，但如果它们要称为规律的话（如同自然的概念也要求的那样），它们就还是必须出于某种哪怕我们不知晓的多样统一性原则而被看作是必然的。"② 自然之物的多样性超出了规定性判断力所给予的那些规律的规定，那么就需要反思判断力为其多样性提供统一性的根据，但反思性的判断力既不能从别处拿来，更不能颁布给自然，而只能作为规律自己给予自己。这个原则就是自然的形式的无目的性的合目的性。杜夫海纳的自然的必然性明显来自康德的自然的合目的性原则。

在杜夫海纳看来，是自然的必然性给自然对象以形式。"它组成海上的每一颗不可见的泡沫钻石，使山坡增色，给屋顶提供建筑材料和倾斜度，给道路画出路线，给乡村的房屋规定方向和分布"③。我们曾说，审美

---

① ［法］杜夫海纳：《美学与哲学》，孙非译，中国社会科学出版社 1985 年版，第 49 页。
② ［德］康德：《判断力批判》，邓晓芒译，人民出版社 2002 年版，第 14 页。
③ 同①，第 45 页。

对象的形式是感性形式，审美对象作为感性是形式感性。因此可以说，形式在这里就是感性成为自然的东西。至于艺术家创造作品，从自然必然性的角度看，是自然通过艺术家表现自己。在此，艺术就是自然必然性的表现，而艺术家成了工具。审美对象在表现感性的这种光辉的必然性时，直接就是自然，甚至比自然还要自然。

　　无论是康德的自然的形式的合目的性，杜夫海纳的自然的必然性，还是海德格尔的自然阐释学，实际上都含着对多样性个体自然之物统一性和普遍性的追求。审美对象是自在自为的个体之物，但作为其根据的"存在"、"自然"却是普遍的，叶秀山把具有普遍性的"存在"、"自然"称之为"理念"，自然的理念就是自然的存在，理念的自然也就是存在的自然。经验中的事物当然有"感觉材料"这个因素，但这个"物质材料"并不是最为本原的，所谓经验事物就是面向"事情本身"。在这个意义上，我们看到的、听到的自然"不是'光谱'，不是光的传递，而是'日月山川'，……不是声音的震动的'比特'和'赫兹'，而是'风声鹤唳'，是贝多芬的'乐曲'，是广义的'语言'"①。"理念就是这样的事物。事物为事物之理念，而不仅仅是事物之材料。实际上，我们经常面对的，并非那感觉材料，而正是那事物之理念。"② "自然作为理念早于对于其感觉材料的知识。我们不是在认识了光的'粒子－波'动之后才有光的'观念－理念'，也不必等待光谱分析之后才有'红黄蓝白黑'的'观念—理念'。神说要有光，于是世界就有了光，这是关于理念的宗教的说法，这种说法折射出人们关于理念的知识早于关于感觉材料的知识。"③ 理念的自然住在语言里，语言是存在的家，因此语言也就是理念的自然的家。在这里，"语言是感性的，但不是感觉的；语言是理性的，但不是理论的"④。这种融"感性—理性"为一体的存在的语言，"搁置—超越"了外在时空，而为审美对象建构了一个内部永恒的时空，理念的自然常驻于此，诗中的"春"、"江"、"花"、"月"、"夜"是古人的，也是我们的，因为它们是同一个自

---

① 叶秀山：《科学·宗教·哲学》，社会科学文献出版社2009年版，第73页。
② 同上书，第77页。
③ 同上书，第78页。
④ 同上书，第74页。

然。或者说，理念的自然使得古代的同一个"春"、"江"、"花"、"月"、"夜""存在"下来。叶秀山就此说："自然的理念形态常驻，理念标志着那个'着'。"①

说自然是理念，并不意味着自然是概念的，概念是抽象的，而理念则是具体的、个别的，理念是黑格尔意义上的"具体共相"。在这个意义上，我们可以说，自然的必然性是感性中的必然性，它不是被认识到的，而是被感觉到的。"因为它存在于感性之中，存在于形状、色彩和音响的王国之中。屋顶的这个倾斜度、椽杆的这个高度，音调的这种变化，色彩的这种协调，切割成的燧石的这种光滑，……这是一种感性中的必然性。"② 感性为我们提供了自然的面容：林逋笔下的"梅"、冯延巳笔下的"风"不是植物学家和气象学家的经验概念，而是具体生动的"这一个"理念，所以"梅"能"疏影横斜"、"暗香浮动"，"风"在"吹皱一池春水"；即便秦观所写的"归心"貌似抽象，自然的理念也能让它感性地显现为"暗随流水到天涯"，这与心理学家的精神分析、心理实验迥然不同。感性的理念的自然是这样向人们讲话的："我是美的，哦，人们，我像一个石头梦。"

三、深度、奥秘与神性之维

审美对象存在的自然性可进一步具体地显现为深度、奥秘乃至神性。

1. 审美对象的深度

作为被感知的、由"形式—意义—世界"三要素构成的、包含着"自在—自为—感性存在"三个自然层面的审美对象，具有存在的深度。

审美对象首先是一个物，例如大教堂确实是任凭风吹雨打的一堆石头。杜夫海纳认为，对审美对象来说，最基本的是在自在层次已经具有这种它赖以成为自然的存在密度，这个存在密度就是物所具有的不透明性。海德格尔则把物的存在密度称之为"阴沉"，例如石头，我们感到石头的

---

① 叶秀山：《科学·宗教·哲学》，社会科学文献出版社2009年版，第84页。
② ［法］杜夫海纳：《美学与哲学》，孙非译，中国社会科学出版社1985年版，第212页。

沉重，但我们无法穿透它；即使我们砸碎石头，石头的碎块也绝不会显示出任何内在的和被开启的东西，因为石头碎块很快又隐回到同样的"阴沉"中了。物的存在密度为精神提供了支持和住所。

审美对象的深度，不仅显示为自在的不透明性，而且显示为意义的充实性。物质对象是审美对象的依托，但审美对象绝不等同于物质对象。审美对象不满足于自在存在，它还要负载一种超越它的意思，它还要说话。"大海用它的恬静和狂暴，用它的波涛威力和它的斑斓色彩，用它的令人望而生畏的深度来感动我们，来向我们诉说。"①审美对象的"自为"意味着意识和内在性，具有表现力的时空意识通过"时间化－空间化"建构了审美对象的世界。尽管外在的现实时间和空间不能保证审美对象的深度，但审美对象却能以自身就是的时间融将来、过去和现在诸环节为一体，形成本真的时间视域，并同化外部时间于自身；与此同时，审美对象以自身就是的空间营造艺术意境，并同化外部空间于自身。审美对象世界的存在深度就这样形成了。"审美对象在自己的存在厚度中有一种自我与自我的关系。它等同于自己的外观，但它的外观是一个世界的外观。这个世界恰恰就是使审美对象变得无穷无尽的那种多余意义在其中得以实现，或者说，得以表现而不实现的东西"②。审美对象在自为层面的深度，就是它具有的、显示自己为对象同时又作为一个世界的源泉使自身主体化的这种属性。

对象的深度是对有深度的人而言的。与审美对象是一个"自在—自为—为我们"准主体相对，欣赏者则是一个"自为—自在—为对象"的准客体。这样一来，主体的深度也会在与对象相应的层面上得到体现。在自在的层次上，主体的深度表现为让身体存在于事物之中，以身体响应审美对象的号令与召唤，对对象作肉体上的呈现，与对象进行肉体上的交织，乃至为对象而存在。在自为的层次上，主体的深度就是超越物，超越现实时间和空间，超越因果关系的支配，"变得能有一种内心生活，把自己聚

① ［法］杜夫海纳：《审美经验现象学》，韩树站译，文化艺术出版社1996年版，第451页。
② 同上书，第453页。

集在自身，获得一种内心感情"①，这就是成为自我的能力。自我以自己之所为而不是以自己之所是打开了一个属于自己世界，在这个世界里，人把过去、未来和现在凝聚成一个整体，人在当下的瞬间充满着三重经验。自为主体的深度就是自我存在的充实性与真实性。对象的深度双重地从属于主体的深度，因为客观性的深度不但应该受到自我的承认而且应该纳入自我。在"自为—自在"的层次上，主体是自由的身体主体，主体的深度属于审美感觉。审美感觉的深度表现为，把自己放在某一方位，使自身集中起来并介入到对象中去，让主体自身向对象完全呈现，而同时对象也向主体完全呈现。"只有我属于审美对象，审美对象才真正属于我"②。在审美感觉中，一方面，对象达到所有那些构成我的东西；另一方面，主体超越普通知觉向对象完全开放。如果我只是一只瞬间性的耳朵，如果我不让声音在我呈现给声音的这个自我中回荡并得到反响，我如何能感觉到音乐呢？

审美感觉把主体的整个存在带进对象并读解对象的表现，而审美对象则以其辉煌呈现的感性为主体展现一个原初的本真的意象世界。主体与对象由此达到的本然状态就是存在深度的标志，它既是审美对象存在的深度，又是感觉主体存在的深度。

2. 奥秘

杜夫海纳虽然承认艺术作品或审美对象存在着晦涩、难以理解乃至神秘之处，但他认为这是对于理解力而言的，而对于审美感觉而言，它们又变成了透明的东西。在论述审美深度不是隐蔽时，杜夫海纳表明了反对审美对象具有奥秘性的理由："提出隐蔽这种说法会否定审美对象的'显现与存在相符'这条规律。"③ 至于审美对象意义的丰富多样乃至无穷性，他把它归之于深度而非奥秘。显然，在个问题上，他有两个局限：一是在主客相对的层次上以理解力为标准来确定神秘的存在，这实际上并没有对准

---

① ［法］杜夫海纳：《审美经验现象学》，韩树站译，文化艺术出版社 1996 年版，第 443 页。
② 同上。
③ 同上书，第 447 页。

审美对象的感性存在本身；二是在感性层面上仅注意到了存在的显现所及的东西，而忽略了显现本身以及存在的遮蔽的一面。基于此，我们主张审美对象的存在，尤其是它作为自然的存在，具有奥秘性。

"奥秘"之"奥"有深、幽之意，存在的深度"让"、"使"审美对象"奥"，使其"幽"。"深幽"之"幽"有隐晦、隐藏、幽禁之意，隐藏就是不让显现，就是遮蔽。遮蔽必定带来"秘"——神秘。这是从审美对象的深度推导出的自身具有奥秘性。

从"存在"本身看，审美对象也显示出奥秘性。按照海德格尔的观点，存在既是"有"又是"无"，"有"是"显"（澄明），"无"是"隐"（遮蔽）。基于"有—无"之辩，海德格尔对两种"存在"做了区分："存在者之存在"与"存在的存在"。作为"存在的存在"，即"存在本身"，是"显—隐"一体的运作。"显"而为"存在者之存在"，但在存在者存在之际，"存在本身"抽身而去而为"隐"。存在本身既"是"又"不"，既"显"又"隐"。从"不"（"隐"）方面看，存在本身就"是"，即"显"为存在者之存在；从"是"（"显"）方面看，存在本身就"不"，即"隐"而为"无"。①

把存在本身的"显—隐"、"有—无"这层道理落实到审美对象的感性存在上来，就会发现其所显示的奥秘性。这里至为关键的一点是奥秘是显示出来的，如果审美对象不显示其奥秘性，我们就不可能感觉、体验其奥秘。

海德格尔《艺术作品的本源》中的"大地"、"世界"与审美对象的"自在"、"自为"因素相对应。"自在"、"大地"是物因素，而"自为"与"世界"则是筑居于物因素这个屋基之上的作品因素。从大的方面来说，大地的本性是遮蔽（隐），世界的本性是敞开（显）。

大地的遮蔽，首先显现为自行锁闭，其次显现为对一切涌现者的返身隐匿和庇护。大地的自行锁闭就是拒绝我们对它的穿透，并让任何对它的穿透在它本身那里破灭。当我们砸碎一块石头寻找其内在的东西时，被砸

---

① 孙周兴：《说不可说之神秘》，上海三联书店 1994 年版，第 17 页。

碎的石块依然是阴沉的。当我们把石头放在天平上计算它的重量时,得到的不过是数字而已,负荷已经逃之夭夭。当我们以分解的方式测定色彩,我们得到的不过是波长数据而已,色彩早已杳无踪迹。大地的自行锁闭向我们显示了它的存在密度和它的深不可测的奥秘,一如杜夫海纳所引柏辽兹谱写的浮士德所唱的:"浩森的自然,深奥莫测,骄傲庄严。"这是审美对象以其物因素显示出来的第一重遮蔽。

世界的敞开,首先表现为大地本身的涌现,其次表现为世界本身的世界化。大地的涌现意味着大地的去除遮蔽进入无蔽状态,与海德格尔"世界是自行公开的"的观点相反,我们以为,大地敞开自身具有逻辑上的在先性,尽管大地的显现是在世界之中的显现。大地的涌现显示了大地的大地性:在建筑作品中,石头显示了它的硕大和沉重,木头显示了它的坚硬和韧性,岩石显示了它的笨拙和所承受的幽秘。物的原始感性在这里向纯粹感性转化。大地的涌现不仅显现自身,而且以聚集天、地、神、人的方式开启世界:"岩石的璀璨光芒看来只是太阳的恩赐,然而它却使得白昼的光明、天空的辽阔、夜晚的幽暗显露出来","敞开的圆柱式门厅让神的形象进入神圣领域"①,这就是物的物化,物物化世界,世界世界化。这是"自在"向"自为"的转化。世界的敞开让存在者整体进入澄明之境,唯当存在者进入和离开这种澄明的光亮领域之际,存在者才能作为存在者而存在。但是存在者作为显现物虽然显现出来了,但显现本身却被遮蔽了。海德格尔由此说无蔽状态是最隐蔽的东西,奥秘的不是神本身,而是神的显现。这是审美对象以其作品因素显示出来的第二重遮蔽。

大地的遮蔽和世界的敞开构成"争执"。大地是作品的基地,世界是作品的天空;大地一方面开启世界,另一方面又作为庇护者把世界扣留在自身之中,因此大地是"涌现着—庇护着"的东西;世界立身于大地,同时又力图超升大地,因此,世界是"遮蔽着—敞开着"的东西。于是两者发生争执,在争执中,一方超出自身包含着另一方。争执于是愈演愈烈,愈来愈成为争执本身。由此双方在亲密性中达到统一,完成争执。这种既争执又亲密的关系表现为大地与世界遮蔽与敞开的相互转化、相互依存。

---

① [德]海德格尔:《林中路》,孙周兴译,上海译文出版社1997年版,第26、25页。

这是审美对象以其物因素与作品因素共同显示出来的第三重遮蔽。

大地与世界敞开与遮蔽的相互转化，使得事物进入存在者整体。在此，物"物化"世界，同时，物显示了自己的物性，这是物的本性——事物之本然——自然的必然性——感性存在。

审美对象以它灿烂的感性存在显现了它不同于普通事物的新颖和奇异：星月夜的旋转动荡，向日葵的熊熊燃烧，发出"不知多少秋声"的一枝梧叶，冷月无声，"抛家傍路、思量却是无情有思，困酣娇眼，欲开还闭，梦随风万里"的杨花。这永远是第一次向审美知觉呈现的感性事物，引发的永远是审美的惊异。王夫之说："自然之华，因流动生变而成绮丽。心目之所及，文情赴之，貌其本荣，如所存而显之，即以华奕照人，动人无际矣。"① 惊异不仅仅是惊诧，而是心身一体的无量无际的感兴、陶醉和迷狂。惊异只能是对于奥秘和神奇的惊异，但由数重遮蔽所显现的审美对象的奥秘，并不存在于一个幽暗的中心，而只是显现在它的感性里。对于人而言，最深的是皮肤；对于审美对象而已言，最深的是感性形式。在这里杜夫海纳说了一句很有道理的话："审美对象不隐藏任何东西：作品的全部意义都在那里，如果有什么神秘的话，那也是光天化日下的神秘。"②

3. 神性之维

全面阐述审美对象的神性内涵不是本题的任务，本题要做的是就自然与神性的关联而进一步阐述审美对象存在的自然性。

审美对象融自在的自然和自为的自然于一身而最终显现为感性存在的自然，感性存在的自然就是先验的本体的自然。所以在审美对象的世界里，"人在美的指导下体验到他与自然的共同实体性，又仿佛体验到一种先定和谐的效果，这种和谐不需要上帝去预先设定，因为它就是上帝：'上帝就是自然'"③。杜夫海纳并未对审美经验以及审美对象做过神学本体论的思考，"上帝就是自然"不过是他对自然必然性的比喻性表达而已，

---

① 转引自叶朗：《美学原理》，北京大学出版社 2009 年版，第 77 页。
② ［法］杜夫海纳：《审美经验现象学》，韩树站译，文化艺术出版社 1996 年版，第 449 页。
③ ［法］杜夫海纳：《美学与哲学》，孙非译，中国社会科学出版社 1985 年版，第 51 页。

但是他启发我们可以对审美对象的自然性作神性维度的探讨。

海德格尔指出，自然，即 natures，希腊文叫 φυσιs。φυσιs 就是希腊人所理解的存在（physis）。作为存在，physis 的意思含有两个相互联系着的方面：第一，意指生长。首先，它指自身的出现和涌现，由此进入敞开域、进入澄明，这是"自行开启"或"开启自身"之意。其次，让他物出现、显示自身并保持在场。再次，自然在一切现实之物中在场着，自然无所不在。第二，返回自身，自行锁闭。但这不是孤立地进行的返回自身和自行锁闭，而是在"有所出现同时又回到出现过程中"返回自身，是"在一向赋予某个在场者以在场的那个东西中"自行锁闭。从 physis 这两个相互联系的方面可以看出，它有一个从之出和向之归者，这就是仍然作为它本身的"混沌"。如果说，开启自身和返回自身已经有了分化和差异，那么"混沌"则是分化和差异之前的状态。混沌就是"神圣者"，它是"原初之物"。从其原初性看，"自然先行于一切事物，先行于一切作用，也先行于诸神"①。从其分化（"张裂"）过程看，自然在双重意义上是"始终过往者"，作为出现，自然是先于一切的最老者；作为返回，自然是晚于一切的最新者。虽然自然在不断地分化、张裂，但作为心脏的"混沌—神圣者"却具有亲密性，甚至就是这种亲密性本身。"万物之所以存在，只是因为万物被聚集入完好无损者的无所不在中。内在于这种完好无损者：万物亲密地存在。"②但万物"任何事物，包括任何人，都仅仅按出于自身成其本质的自然，即神圣者，在这个事物中当前现身的'方式'而'存在'"③。所以，自然是无所不在的创造一切者。从自然自身与自身的关系看，自然源出于神圣的混沌，而神圣者就是自然之本质。所以，不应把神圣者理解为自然之外的某种原初的东西，神圣者是自然的"永恒的心脏"。

就人与"自然—神圣者"的关系看，人归属于"自然—神圣者"并被"自然—神圣者"所拥抱，而诗人则因其培育（"把诗人们置于其本质的基

---

① ［德］海德格尔：《荷尔德林诗的阐释》，孙周兴译，商务印书馆 2000 年版，第 68 页。

② 同上书，第 86 页。

③ 同上书，第 77 页。

本特征中") 而与"自然—神圣者"相应合。但人（人类、诗人）不能自力地完成与神圣者的直接联系，所以人类需要诸神。神圣者是至高的直接者，而神则是一个趋近于神圣者、但始终还属于神圣者之下的较高者，诸神作为源出于神圣者的间接者，必定能在诗人心灵里投下点燃的闪电。"借此，神就担当起那个'超越于'它的神圣者，并把神圣者聚集入一种尖锐状态，把它带入那唯一的光线的这一闪中，通过这一闪，神被'指派'给人，从而对人有所馈赠。"①

按海德格尔的看法，我们正处在"逃遁了的诸神和正在到来的神的时代。这是一个贫困的时代，因为它处于一个双重的匮乏和双重的不之中：在已逃遁的诸神之不再和正在到来的神之尚未中"②。诸神的逃遁实质上就是存在的最极端的遗忘，无家可归是忘在的标志。在一个贫困的时代里，诗人的使命就是吟唱着去摸索远逝诸神之踪迹，进而道说神圣。诗人之所以能够道说神圣，其根据在于：人就住在神的近处，人是存在的守护者，人类此在在其根基上就是诗意的，人能够诗意地栖居在这片大地上。

"诗意地栖居的意思是：置身于诸神的当前之中，并且受到物之本质切近的震颤"③。由此来看，神的出场和物性的显现是人诗意地栖居的两个条件。而物性的显现有赖于物化，"物化之际物居留大地和天空、诸神和终有一死者；居留之际，物使在它们的远中的四方相互趋近，……让它们居留于在它们的从自身而来统一的四重整体的纯一性中。"④ 天、地、神、人之纯一性的具有着的映射游戏，构成了审美对象的世界。作为神圣者的"混沌"在其分化、张裂的过程中，产生了"天穹"和"深渊"，"天穹"表示光之父和激活一切的明亮的大气之父，"深渊"意味着大地母亲所孕育的锁闭者。这两者已经显示了至高的神性。诸神是神性的使者，终有一死者乃是人。在审美对象的世界里，天、地、神、人四方通过相互映射的游戏显示出了相互并存的纯一性，这纯一性既是物之物性的体现，更是神之神性的体现，由物性、神性共同通向神圣者至高的神圣性。

---

① ［德］海德格尔：《荷尔德林诗的阐释》，孙周兴译，商务印书馆 2000 年版，第 80 页。
② 同上书，第 52 页。
③ 同上书，第 46 页。
④ 孙周兴选编：《海德格尔选集》下，上海三联书店 1996 年版，第 1178 页。

由以上论述得出的结论是，审美对象因为是自然的，所以它不仅显示出物性（此岸—现实性），而且闪耀着神性（超越性）和神圣性（彼岸—理想性），它以有限通向了无限，它以瞬间蕴含了永恒，这就是审美对象向人开显的本然世界、澄明之境——"大地—天国—家园"。

参考文献

一、现象学著作

1. ［德］胡塞尔：《哲学作为严格的科学》，倪梁康译，商务印书馆1999年版。

2. ［德］胡塞尔：《逻辑研究》（第一卷），倪梁康译，上海译文出版社1994年版。

3. ［德］胡塞尔：《逻辑研究》（第二卷第一部分），倪梁康译，上海译文出版社1998年版。

4. ［德］胡塞尔：《逻辑研究》（第二卷第二部分），倪梁康译，上海译文出版社1999年版。

5. ［德］胡塞尔：《现象学的方法》，倪梁康译，上海译文出版社1994年版。

6. ［德］胡塞尔：《生活世界现象学》，倪梁康 张廷国译，上海译文出版社2002年版。

7. ［德］胡塞尔：《欧洲科学的危机与超越论的现象学》，王炳文译，商务印书馆2001年版。

8. ［德］胡塞尔：《现象学的观念》倪梁康译，上海译文出版社1986年版。

9. ［德］胡塞尔：《纯粹现象学通论》，李幼蒸译，商务印书馆1996年版。

10. ［德］胡塞尔：《经验与判断》，邓晓芒 张廷国译，生活·读书·新知三联书店1999年版。

11. ［德］胡塞尔：《内时间意识现象学》，倪梁康译，商务印书馆2009年版。

12. ［德］胡塞尔：《笛卡尔式的沉思》，张廷国译，中国城市出版社 2002 年版。

13. ［德］胡塞尔：《第一哲学》（上、下卷），王炳文译，商务印书馆 2006 年版。

14. ［德］胡塞尔：《文章与讲演》（1911—1921 年），倪梁康译，人民出版社 2009 年版。

15. ［德］胡塞尔：《伦理学与价值论的基本问题》，艾四林 安仕侗译，中国城市出版社 2002 年版. 。

16. ［德］胡塞尔：《胡塞尔选集》（上、下卷），倪梁康选编，上海三联书店 1997 年版。

17. ［德］海德格尔：《存在与时间》，陈嘉映 王庆节译，生活·读书·新知三联书店 1999 年版。

18. ［德］海德格尔：《林中路》，孙周兴译，上海译文出版社 1997 年版。

19. ［德］海德格尔：《面向思的事情》，陈小文 孙周兴译，商务印书馆 1996 年版。

20. ［德］海德格尔：《诗·语言·思》，彭富春译，文化艺术出版社 1991 年版。

21. ［德］海德格尔：《现象学之基本问题》，丁耘译，上海译文出版社 2008 年版。

22. ［德］海德格尔：《康德与形而上学疑难》，王庆节译，上海译文出版社 2011 年版。

23. ［德］海德格尔：《时间概念史导论》，欧东明译，商务印书馆 2009 年版。

24. ［德］海德格尔：《论真理的本质》，赵卫国译，华夏出版社 2008 年版。

25. ［德］海德格尔：《形而上学导论》，熊伟 王庆节译，商务印书馆 2005 年版。

26. ［德］海德格尔：《演讲与论文集》，孙周兴译，生活·读书·新知三联书店 2005 年版。

27. ［德］海德格尔：《在通向语言的途中》，孙周兴译，商务印书馆 1997 年版。

28.〔德〕海德格尔:《路标》,孙周兴译,商务印书馆 2000 年版。

29.〔德〕海德格尔:《荷尔德林诗的阐释》,孙周兴译,商务印书馆 2000 年版。

30.〔德〕海德格尔:《尼采》(上、下卷),孙周兴译,商务印书馆 2002 年版。

31.〔德〕海德格尔:《形式显示的现象学:海德格尔早期弗莱堡文选》,孙周兴编译,同济大学出版社 2004 年版。

32.〔德〕海德格尔:《存在论:实际性的解释学》,何卫平译,人民出版社 2009 年版。

33.〔德〕海德格尔:《思的经验》(1910—1976),陈春文译,人民出版社 2008 年版。

34.〔德〕海德格尔:《物的追问》,赵卫国译,上海译文出版社 2010 年版。

35.〔德〕海德格尔:《海德格尔选集》(上、下卷),孙周兴选编,上海三联书店 1996 年版。

36.〔法〕梅洛 - 庞蒂:《知觉现象学》,姜志辉译,商务印书馆 2001 年版。

37.〔法〕梅洛 - 庞蒂:《知觉的首要地位及其哲学结论》,王东亮译,生活·读书·新知三联书店 2002 年版。

38.〔法〕梅洛 - 庞蒂:《哲学赞词》,杨大春译,商务印书馆 2000 年版。

39.〔法〕梅洛 - 庞蒂:《眼与心》,杨大春译,商务印书馆 2007 年版。

40.〔法〕梅洛 - 庞蒂:《可见的与不可见的》,罗国祥译,商务印书馆 2008 年版。

41〔法〕梅洛 - 庞蒂:《行为的结构》,杨大春 张尧均译,商务印书馆 2005 年版。

42.〔法〕梅洛 - 庞蒂:《世界的散文》,杨大春译,商务印书馆 2005 年版。

43.〔法〕梅洛 - 庞蒂:《符号》,姜志辉译,商务印书馆 2003 年版。

44.〔法〕萨特:《存在与虚无》,陈宣良等译,生活·读书·新知三联书店 1987 年版。

45.〔法〕萨特:《自我的超越性》,杜小真译,商务印书馆 2001 年版。

46.［法］萨特：《影像论》，魏金声译，中国人民大学出版社 1986 年版。

47.［法］萨特：《想象心理学》，褚朔维译，光明日报出版社 1988 年版。

48.［法］杜夫海纳：《审美经验现象学》，韩树站译，文化艺术出版社 1996 年版。

49.［法］杜夫海纳：《美学与哲学》，孙非译，中国社会科学出版社 1985 年版。

50.［德］盖格尔：《艺术的意味》，艾彦译，华夏出版社 1999 年版。

51.［波］英伽登：《对文学的艺术作品的认识》，陈燕谷 晓未译，中国文联出版公司 1988 年版。

52.［德］伽达默尔：《哲学解释学》，洪汉鼎译，上海译文出版社 1994 年版。

53.［德］伽达默尔：《真理与方法》（上、下卷），洪汉鼎译，上海译文出版社 1999 年版。

54.《面对实事本身——现象学经典文选》，倪梁康主编，东方出版社 2000 年版。

二、现象学研究著作

55.［美］赫伯特·施皮格伯格：《现象学运动》，王炳文 张金言译，商务印书馆 1995 年版。

56.［德］克劳斯·黑尔德：《世界现象学》，孙周兴编，倪梁康等译，生活·读书·新知三联书店 2003 年版。

57.［德］克劳斯·黑尔德：《时间现象学的基本概念》，靳希平 孙周兴 张灯 柯小刚译，上海译文出版社 2009 年版。

58.［法］让—吕克·马利翁：《还原与给予》，方向红译，上海译文出版社 2009 年版。

59.［美］罗伯特·索科拉夫斯基：《现象学导论》，高秉江 张建华译，武汉大学出版社 2009 年版。

60.叶秀山：《思·史·诗》，人民出版社 1988 年版。

61.洪汉鼎：《现象学十四讲》，人民出版社 2008 年版。

62. 张祥龙：《朝向事情本身》，团结出版社 2003 年版。

63. 张祥龙：《从现象学到孔夫子》，商务印书馆 2001 年版。

64. 陈立胜：《自我与世界》，广东人民出版社 1999 年版。

65. 涂成林：《现象学的使命》，广东人民出版社 1998 年版。

66. 王恒：《时间性：自身与他者》，江苏人民出版社 2006 年版。

67.《中国现象学与哲学评论》（第一、二、三、四、五、六、七、八、九、十、十一辑），上海译文出版社 1995、1998、2001、2001、2003、2004、2005、2006、2007、2008、2010 年版。

68. 苏宏斌：《现象学美学导论》，商务印书馆 2005 年版。

69. 张永清：《现象学审美对象论》，中国文联出版社 2006 年版。

70. ［美］玛格欧纳：《文艺现象学》，王岳川 兰菲译，文化艺术出版社 1992 年版。

71. ［意］马利亚苏塞·达瓦马尼：《宗教现象学》，人民出版社 2006 年版。

72. ［荷］泰奥多·德布尔：《胡塞尔思想的发展》，李河译，生活·读书·新知三联书店 1995 年版。

73. ［丹］丹·扎哈维：《胡塞尔现象学》，李忠伟译，上海译文出版社 2007 年版。

74. ［法］雅克·德里达：《胡塞尔哲学中的发生问题》，于奇智译，商务印书馆 2009 年版。

75. ［法］雅克·德里达：《声音与现象——胡塞尔现象学中的符号问题导论》，杜小真译，商务印书馆 1999 年版。

76. ［美］维克多·维拉德 – 梅欧：《胡塞尔》，杨富斌译，中华书局 2002 年版。

77. ［英］A．D．史密斯：《胡塞尔与＜笛卡尔的沉思＞》，赵玉兰译，广西师范大学出版社 2007 年版。

78. 倪梁康：《现象学及其效应》，生活·读书·新知三联书店 1994 年版。

79. 倪梁康：《现象学的始基》，广东人民出版社 2004 年版。

80. 倪梁康：《意识的向度》，北京大学出版社 2007 年版。

81. 倪梁康：《胡塞尔现象学概念通释》，生活·读书·新知三联书店 2007 年版。

82. 张庆熊：《熊十力的新唯识论与胡塞尔的现象学》，上海人民出版社 1995 年版。

83. 张廷国：《重建经验世界——胡塞尔晚期思想研究》，华中科技大学出版社 2003 年版。

84. 陈志远：《胡塞尔直观概念的起源》，江苏人民出版社 2009 年版。

85. 魏敦友：《回返理性之源》，武汉大学出版社 2005 年版。

86. 高秉江：《胡塞尔与西方主体主义哲学》，武汉大学出版社 2005 年版。

87. 《现象学在中国：胡塞尔 < 逻辑研究 > 发表一百周年国际会议》，上海译文出版社 2003 年版。

88. 《胡塞尔与意识现象学》，上海译文出版社 2009 年版。

89. 罗松涛：《面向时间本身》，中国社会科学出版社 2008 年版。

90. ［德］比梅尔：《海德格尔》，刘鑫 刘英译，商务印书馆 1996 年版。

91. 《海德格尔式的现代神学》，刘小枫选编，孙周兴 李哲汇 阳仁生等译，华夏出版社 2008 年版。

92. ［美］帕特里夏·奥坦伯德·约翰逊：《海德格尔》，张祥龙 林丹 朱刚译，中华书局 2002 年版。

93. ［美］约瑟夫·科克尔曼斯：《海德格尔的 < 存在与时间 >》，陈小文 李超杰 刘宗坤译，商务印书馆 1996 年版。

94. ［德］冈特·绍伊博尔德：《海德格尔分析新时代的技术》，宋祖良译，中国社会科学出版社 1993 年版。

95. ［法］阿兰·布托：《海德格尔》，吕一民译，商务印书馆 1996 年版。

96. ［德］吕迪格尔·萨弗兰斯基：《海德格尔传》，靳希平译，商务印书馆 1999 年版。

97. ［英］S. 马尔霍尔：《海德格尔与 < 存在与时间 >》，亓元盛译，广西师范大学出版社 2007 年版。

98. ［美］瓦莱加 - 诺伊：《海德格尔 < 哲学献文 > 导论》，李强译，华东师范大学出版社 2010 年版。

99. ［美］波尔特：《存在的急迫》，张志和译，上海书店出版社 2009 年版。

100. 陈嘉映：《海德格尔哲学概论》，生活·读书·新知三联书店1995 年版。

101. 靳希平：《海德格尔早期思想研究》，上海人民出版社 1995 年版。

102. 孙周兴：《说不可说之神秘——海德格尔后期思想研究》，上海三联书店 1994 年版。

103. 张祥龙：《海德格尔思想与中国天道》，生活·读书·新知三联书店 1996 年版。

104. 张祥龙：《海德格尔传》，河北人民出版社 1998 年版。

105. 黄裕生：《时间与永恒——论海德格尔哲学中的时间问题》，社会科学文献出版社 2002 年版。

106. 彭富春：《无之无化——论海德格尔思想道路的核心问题》，上海三联书店 2000 年版。

107. 崔唯航、张羽佳：《本真存在的路标》，河北大学出版社 2005 年版。

108. 宋继杰：《海德格尔与存在论历史的解构》，江苏人民出版社 2008 年版。

109. 赵卫国：《海德格尔的时间与时·间性问题研究》，中国社会科学出版社 2006 年版。

110. 王庆节：《解释学、海德格尔与儒道今释》，中国人民大学出版社 2004 年版。

111. 孙冠臣：《海德格尔的康德解释研究》，中国社会科学出版社 2008 年版。

112. 李章印：《解构—指引：海德格尔现象学及其神学意蕴》，山东大学出版社 2009 年版。

113. ［法］马克·弗罗芒-默里斯：《海德格尔诗学》，冯尚译，上海译文出版社 2005 年版。

114. 刘旭光：《海德格尔与美学》，上海三联书店 2004 年版。

115. ［美］丹尼尔·托马斯·普里莫兹克：《梅洛-庞蒂》，关群德译，中华书局 2003 年版。

116. ［法］安德烈·罗宾耐：《模糊暧昧的哲学——梅洛-庞蒂传》，宋刚译，北京大学出版社 2006 年版。

117. ［日］鹫田清一：《梅洛-庞蒂——可逆性》，刘绩生译，河北教育出版社 2001 年版。

118. 杨大春：《感性的诗学：梅洛－庞蒂与法国哲学主流》，人民出版社 2005 年版。

119. 杨大春：《杨德春讲梅洛－庞蒂》，北京大学出版社 2005 年版。

120. 佘碧平：《梅洛－庞蒂历史现象学研究》，复旦大学出版社 2007 年版。

121. 张尧均：《隐喻的身体：梅洛－庞蒂身体现象学研究》，中国美术学院出版社 2006 年版。

122. 杜小真：《萨特引论》，商务印书馆 2007 年版。

123. 杜小真：《存在和自由的重负》，山东人民出版社 2002 年版。

124. 张旭曙：《英伽登现象学美学研究》，黄山书社 2004 年版。

三、其他相关著作

125. 北京大学哲学系外国哲学史教研室编译：《西方哲学原著选读》（上、下卷），商务印书馆 1982 年版。

126. 北京大学哲学系美学教研室编：《西方美学家论美和美感》，商务印书馆 1980 年版。

127. ［德］康德：《纯粹理性批判》，邓晓芒译，人民出版社 2004 年版。

128. ［德］康德：《判断力批判》，邓晓芒译，人民出版社 2002 年版。

129. ［德］康德：《实践理性批判》，邓晓芒译，人民出版社 2003 年版。

130. ［德］黑格尔：《精神现象学》（上、下卷），贺麟 王玖兴 译，商务印书馆 1979 年版。

131. ［德］黑格尔：《美学》（第一卷）朱光潜译，商务印书馆 1979 年版。

132. ［德］黑格尔：《美学》（第二卷），朱光潜译，商务印书馆 1979 年版。

133. ［德］黑格尔：《美学》（第三卷），朱光潜译，商务印书馆 1981 年版。

134. ［德］马克思：《1844 年经济学—哲学手稿》，刘丕坤译，人民出版社 1979 年版。

135. ［意］克罗齐：《美学原理·美学纲要》，朱光潜译，人民文学出版社 1983 年版。

136. ［英］科林伍德：《艺术原理》，王至元 陈华中译，中国社会科学出版社 1985 年版。

137. ［美］布洛克：《美学新解》，滕守尧译，辽宁人民出版社 1987 年版。

138. ［美］苏珊·朗格：《情感与形式》，刘大基 傅志强 周发祥译，中国社会科学出版社 1986 年版。

139. ［美］苏珊·朗格：《艺术问题》，滕守尧译，南京出版社 2006 年版。

140. ［德］阿多诺：《美学理论》，王柯平译，四川人民出版社 1998 年版。

141. ［美］赫伯特·马尔库塞：《审美之维》，李小兵译，广西师范大学出版社 2001 年版。

142. ［德］伊瑟尔：《阅读行为》，金惠敏等译，湖南文艺出版社 1991 年版。

143. ［英］特伦斯·霍克斯：《结构主义和符号学》，瞿铁鹏译，上海译文出版社 1987 年版。

144. ［瑞士］皮亚杰：《结构主义》，倪连生 王琳译，商务印书馆 1984 年版。

145. ［波］瓦迪斯瓦夫·塔塔尔凯维奇：《西方六大美学观念史》，刘文潭译，上海译文出版社 2006 年版。

146. ［美］雷内·韦勒克：《批评的概念》，张金言译，中国美术学院出版社 1999 年版。

147. ［英］拉曼·塞尔登：《文学批评理论》，刘象愚 陈永国等译，北京大学出版社 2000 年版。

148. ［美］M·李普曼编：《当代美学》，邓鹏译，光明日报出版社 1986 年版。

149. ［德］施太格缪勒：《当代哲学主流》（上卷），王炳文 燕宏远 张金言等译，商务印书馆 1986 年版。

150. 朱光潜：《西方美学史》（上、下卷），人民文学出版社 1979 年版。

151. 汝信：《西方美学史》（1—4 卷），中国社会科学出版社 2005、2005、2008、2008 年版。

152. 汝信：《西方的哲学和美学》，山西人民出版社 1987 年版。

153. 汝信：《美的找寻》，中国社会科学出版社 1992 年版。

154. 汝信：《汝信文集》，上海辞书出版社 2005 年版。

155. 叶秀山：《科学·宗教·哲学》，社会科学文献出版社 2009 年版。

156. 叶秀山：《哲学要义》，世界图书出版公司 2006 年版。

157. 叶秀山：《美的哲学》，世界图书出版公司 2010 年版。

158. 叶秀山：《哲学作为创造性的智慧》，江苏人民出版社 2003 年版。

159. 叶秀山：《中西智慧的贯通》，江苏人民出版社 2002 年版。

160. 叶秀山 王树人：《西方哲学史》（1—8 卷），江苏人民出版社 2004、2005 年版。

161. 阎国忠：《美是上帝的名字——中世纪神学美学》，上海社会科学院出版社 2003 年版。

162. 张世英：《进入澄明之境》，商务印书馆 1999 年版。

163. 张世英：《天人之际》，人民出版社 1995 年版。

164. 张世英：《哲学导论》，北京大学出版社 2002 年版。

165. 张世英：《新哲学讲演录》，广西师范大学出版社 2004 年版。

166. 蒋孔阳 朱立元：《西方美学史》（1—6 卷），上海文艺出版社 1999 年版。

167. 朱立元：《西方美学范畴史》（1—3 卷），山西教育出版社 2006 年版。

168. 杨春时：《美学》，高等教育出版社 2004 年版。

169. 叶朗：《美学原理》，北京大学出版社 2009 年版。

170. 赵宪章：《西方形式美学》，上海人民出版社 1996 年版。

171. 刘纲纪：《现代西方美学》，湖北人民出版社 1993 年版。

172. 程孟辉：《现代西方美学》，人民美术出版社 2001 年版。

173. 牛宏宝：《西方现代美学》，上海人民出版社 2002 年版。

174. 彭锋：《完美的自然》，北京大学出版社 2005 年版。

175. 徐友渔 周国平 陈嘉映 尚杰：《语言与哲学》，生活·读书·新知三联书店 1996 年版。

176. 杨大春：《语言 身体 他者——当代法国哲学的三大主题》，生活·读书·新知三联书店 2007 年版。

后 记

2007 年，笔者以本书为题作为"浙江省哲学社会科学规划课题"立项。在此之前，笔者曾写过《现象学方法与美学》一书，自以为对现象学的基本精神和方法有一点学术知识上的积累和体会。因此之故，立项之后的感觉是，写作本课题内容上不会遇到太大的困难和阻力，时间上也能够比较从容地按时完成并结项。但一当进入实际写作时，笔者发现上述想法显然是一种主观幻觉。要对杜夫海纳的审美对象现象学进行"现象学的阐释"，首先要面对诸现象学家大量异常艰涩的文本；其次要理解其所阐述的相同乃至相异的现象学原理，并有可能在新的阐释的基础上做出统一性的理解；再次则是运用现象学基本精神、原理和方法对杜夫海纳的审美对象现象学进行检讨、批判乃至重构。显然，对于笔者而言，这是一个巨大的存在。

于是便有了一个漫长的学与思的过程。其实，自上世纪 90 年代末贸然选择现象学以来，笔者就已经进入了这样的过程，并对其中甘苦深有体味。这一次，因新的研究课题，便需要将这个过程加以深化和拓展。文本的阅读是艰苦的，那些佶屈以至不仅聱牙而且聱脑的晦涩的文字，需要的是反反复复、一步三回头式的阅读，是转来转去、迂回曲折式的阅读。相对于学，思则更为艰辛。首先是对诸现象学家的知性概念、理论命题和哲学思想的基本理解和把握，要摒除不断出现的各种各样的"音调"而聆听他们的真正的"音乐"；其次是超越传统形而上学式的表象性思维而向"存在"本身回返的非理性、非逻辑的"思"的练习与感悟。这样的"学"与"思"，对笔者而言，并不仅仅是对象化了的专业训练，而且它蔓延泛化构成一种生活情态。就这样，笔者被现象学的问题带着走上了一条思考的磨练之路，并切实感受到了思维乃至思想的不断进步和提高。

学与思的过程是漫长的，而写作相对来说则是短暂的。大约从 2010 年春便提起笔来断断续续地写，这一方面是因为本课题规定完成的时间容不得继续拖延；另一方面则是经过前些年的阅读和思考也逐渐有了一点意思需要表达。这次的写作有两种情形和两种体验：一种是游移、磨蹭、拖延、困窘的，其间充满了迟滞的写作与思考再思考和阅读再阅读之间的往返交织；另一种是即兴或感兴式的。本书三级以上标题基本上是由理性的思索规划而来，而四级以下标题则更多的是临文之顷闪现出来的。这种写作情形和体验主要集中在 2010 年的暑期期间。此时学校放假，一切教学的事务和生活中的大部分事务放下了，日与夜的时间观念和界限也打破了，身心处于比较自由的状态。即兴式的写作是亢奋的，期间笔者体验了学术写作中所特有的想象、联想与感悟，这也许是诗思同一的内在表现情态吧。

暑期写作期间，几乎天天到江边散步，看到夜晚的江景，常常有一种感动，于是便有了这样的句子：

> 风，行走在水上
> 我仿佛看见我的灵魂在水上
> 水浪、繁星、明灭的灯火在水上
> 一片苍茫在水上
> 我是说，你在水上

在与自然气象的融会中，我的学术写作的旅程平静了，它使我有更大的勇气和毅力去面对写作中所遇到的困难和障碍。

2005 年，多年来平静的日子有了一丝晃动，于是北雁南飞，甫居杭地。三秋时节，桂花满城，风光交加。由是写成一诗：居杭初闻桂花香，惊诧莫名意彷徨。南渡何从期相许，秋风万里送芬芳。此种书写既是缘于自然之景，亦是感于人事之谊。自那时至今，转眼已六载时光，虽云短暂却也漫长，时光荏苒，常存感念。行行重行行，当此书出版之际，尤为感谢浙江大学何俊先生多年来在学术研究和写作上给予笔者的诸多关心、支持和帮助。感谢多年来一直关注笔者学术研究及写作的师长、同事、同仁和朋友们，他们的理解和厚爱使我们感到生活的温暖，他们的鼓励和支持是笔者写作的动力。感谢中国社会科学出版社责任编辑郎丰君博士所给予的帮助，他的热心和高效率的工作作风使得本书在短时间内得以出版；尤为感谢他为本书出版所付出的艰辛而细致的劳动。

最后，对浙江省社会科学规划办办公室、笔者工作单位中国计量学院在本书立项及写作过程中所给予的支持，表示诚挚的感谢。

张云鹏　胡艺珊

2011 年 6 月于杭州